高等职业教育

机械行业"十二五"规划教材

U0650941

数控铣削工艺与编程

Technology and Programming of CNC Milling Processing

◎ 胡翔云 龚善林 冯邦军 主编

◎ 杨正林 曹明顺 肖仁 副主编

人民邮电出版社

北 京

精品系列

图书在版编目（CIP）数据

数控铣削工艺与编程 / 胡翔云，龚善林，冯邦军主
编. -- 北京：人民邮电出版社，2013.10
高等职业教育机械行业"十二五"规划教材
ISBN 978-7-115-31704-9

Ⅰ.①数… Ⅱ.①胡… ②龚… ③冯… Ⅲ.①数控机
床－铣削－高等职业教育－教材②数控机床－铣削－程序
设计－高等职业教育－教材 Ⅳ.①TG547

中国版本图书馆CIP数据核字(2013)第163778号

内 容 提 要

本书以 FANUC 0i 数控系统、华中数控系统为主，将 SINUMERIK 802D 数控系统作为拓展学习任务进行介绍。全书以"模块"为教学单元组织教学内容，采取任务驱动模式编排，相关单元中安排了"课堂讨论"等小组活动内容，各学习模块后安排有习题，以体现学、思、知、行的统一。模块一为数控加工工艺基础，模块二为数控编程基础，模块三为平面铣削工艺与编程，模块四为槽与型腔铣削工艺与编程，模块五为孔加工工艺与编程，模块六为曲面加工工艺与编程，模块七为三轴与多轴加工中心铣削工艺与编程，模块八为数控铣床及加工中心操作。

本书将数控编程与工艺分析紧密结合，以实际工作任务为载体，穿插介绍刀具、夹具的特点及使用方法。不仅包括一般立式铣床/加工中心编程与操作，还包括多轴编程、卧式加工中心编程、简易工装设计、系统变量在编程中的应用等知识和技能。书中作为知识载体的实例，既能贯穿章节主要知识、技能点，又不太复杂，便于教学实施。

本书适用于高等职业教育数控、模具、机制和机电一体化专业的教学用书，也可作为职业技能鉴定培训的"双证"教材，还可用于本科院校数控加工实训指导书。

◆ 主　编　胡翔云　龚善林　冯邦军
　　副主编　杨正林　曹明顺　肖　仁
　　责任编辑　韩旭光
　　责任印制　焦志炜
◆ 人民邮电出版社出版发行　北京市崇文区夕照寺街 14 号
　　邮编　100061　电子邮件　315@ptpress.com.cn
　　网址　http://www.ptpress.com.cn
　　北京鑫正大印刷有限公司印刷
◆ 开本：787×1092　1/16
　　印张：16.5　　　　　　　2013 年 10 月第 1 版
　　字数：433 千字　　　　　2013 年 10 月北京第 1 次印刷

定价：36.00 元

读者服务热线：(010)67132746　印装质量热线：(010)67129223
反盗版热线：(010)67171154

前　言

本书是按照教育部发布的《高等职业学校专业教学标准（试行）》以及《教育部关于"十二五"职业教育教材建设的若干意见》等有关文件精神，以及国家职业标准《数控铣工》、《加工中心操作工》的要求编写的。编写组成员中有长期在数控机床制造企业、数控加工企业工作的技术专家，也有长期从事数控技术职业教育的教授，还有长期在一线从事数控编程与数控加工的高级技师。

中国特色的高等职业教育已从规模扩张发展到全面质量提升的新阶段，客观上要求高等职业教育的教材要对接国家职业标准，体现工学结合，有利于行动导向的教学实施。本教材在编写原则上注重能力为重、系统培养、中高职对接。在内容的选取上力求体现新技术、新工艺、新标准。为此，在开发本教材的过程中，集合了企业一线技术专家和长期从事职业教育的教师共同开发教材。教材编写组中，胡翔云副教授有 10 多年的企业一线技术工作经历，同时又有长期从事数控专业的教学经验；龚善林高工是湖北九洲数控机床有限公司总经理，是数控设备研发与制造方面的专家，十分热心于职业教育。他所在的企业是湖北高校省级校外实习实训教学基地，因此他与当地职业院校建立了深厚友谊；杨正林高工原为中国兵器装备总公司所属企业——华中光电科技有限公司某产品的总师，工艺设计经验丰富；肖仁高级技师是全国"五一"劳动奖章获得者，有丰富的数控编程和加工经验。在教材编写过程中，编写组经过十余次专题会议，确定了教材主要内容和体例，然后经过近两年的教学实践，不断修改后形成本书。可以说，本书是校企合作的结晶，也是教材开发团队长期生产实践和教学实践经验的总结。

本书具有如下特点：

1. 基于实际工作过程重构知识序列，便于师生实行理论—实践一体化教学；

2. 基于行动导向的教学实施原则编排教材内容，体现学、思、知、行的统一；

3. 紧贴企业生产实际，注重知识的应用，特别是在工艺文件的制定等方面充分体现职业岗位特点和要求；

4. 将多轴编程、卧式加工中心编程、简易工装设计、系统变量在编程中的应用等知识引入教材，力求避免一般数控编程教材存在的知识单一（以立式铣床编程为主）、脱离工艺实际的弊端，以方便学生形成数控工艺与编程的整体认识。

本书编写组成员分工如下表所示。

姓名	职称	职责	工作内容
胡翔云	副教授/高级工程师	第一主编	全书内容、体例的确定，教材主要内容的编写，统稿
龚善林	高级工程师	第二主编	工艺案例和全书工艺知识、多轴编程、卧式加工中心编程内容
冯邦军	副教授	第三主编	模块三　程序编制
杨正林	高级工程师	第一副主编	全书所有例题中的工艺分析、工装设计内容
肖仁	高级技师	第二副主编	全书例题、习题答案的上机调试和验证
曹明顺	讲师	第三副主编	模块四　程序编制

　　本书适用于高职高专数控、模具、机制和机电一体化专业实行理论—实践一体化教学模式的学校作为教学用书，以及作为职业技能鉴定的"双证"教材，还可作为本科院校数控加工实训指导书。

　　在本书编写过程中，虽然经过了充分的酝酿和修改，但由于数控技术发展十分迅速，不同数控系统、同一数控系统的不同版本之间存在一些差异，且限于作者水平，其中难免存在缺点和错误之处，恳请读者批评指正。

《数控铣削工艺与编程》教材研制组

2013 年 7 月 15 日

目　录

数控加工工艺基础

认识数控铣削设备

一、数控铣床及其适用范围

（一）数控铣床的分类

1. 按照机床主轴的布置形式分类

按照机床主轴的布置形式，数控铣床可分为立式数控铣床（见图 1-1）、卧式数控铣床（见图 1-2）、龙门数控铣床（见图 1-3）和立卧两用数控铣床（见图 1-4）等。

立式数控铣床的主轴与机床工作台面垂直，工件安装方便，加工时便于观察，但排屑不方便。一般采用固定立柱结构，工作台不升降，主轴箱做上下运动，并通过立柱内的重锤平衡主轴箱的质量。为保证机床的刚性，主轴轴线距立柱导轨面的距离不能太大。因此这种结构主要用于中小尺寸的数控铣床。

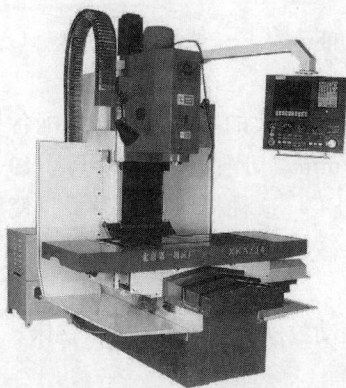

图 1-1　立式数控铣床　　　　　　　　　　　图 1-2　卧式数控铣床

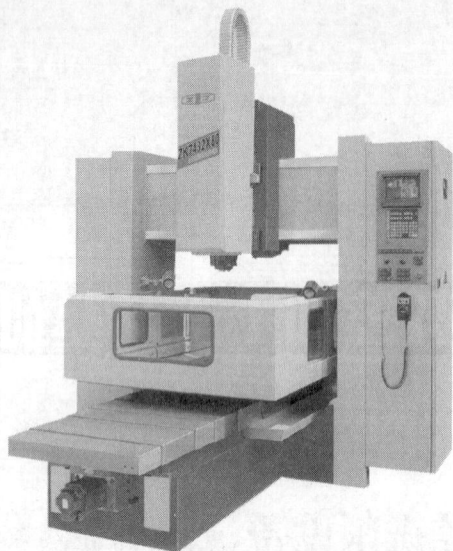

图 1-3　龙门数控铣床　　　　　　　　　　图 1-4　立卧两用数控铣床

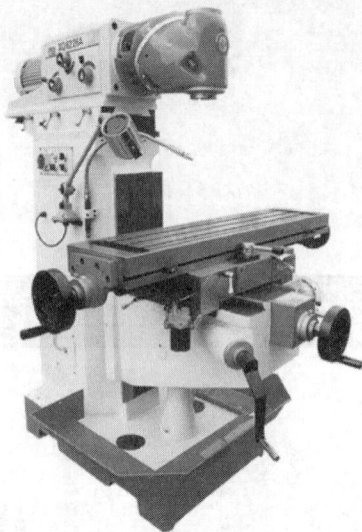

卧式数控铣床的主轴与机床工作台面平行，加工时不便观察，但排屑顺畅。一般配有数控回转工作台或数控分度头，便于加工零件的不同侧面。单纯的卧式数控铣床现在已不多，一般均配备自动换刀装置（ATC）后成为卧式加工中心。

龙门数控铣床采用对称的双立柱结构，一般尺寸较大，机床整体刚性好、强度高。它有工作台移动和龙门架移动两种形式。适用于加工飞机整体结构零件、大型箱体零件和大型模具等。

立卧两用数控铣床也叫万能式数控铣床，主轴可以旋转 90°或工作台带着工件旋转 90°，一次装夹后可以完成对工件五个表面的加工，其使用范围较一般数控铣床更广。特别是当生产批量小、品种多，又需立卧两种方式加工时，用户只需一台这样的机床就够了。

2.　按数控系统的功能分类

按数控系统的功能分类，数控铣床可分为经济型数控铣床、全功能型数控铣床和高速铣削数控铣床等。

经济型数控铣床的数控系统一般采用开环控制，可实现三轴联动加工。这种数控铣床成本低，功能简单，加工精度不太高。

全功能数控铣床采用半闭环控制或闭环控制，数控系统功能丰富。一般可实现四坐标以上联动加工，加工适应性强，应用广泛。

高速铣削数控铣床采用全新的机床结构、功能部件和功能强大的数控系统，并配备加工性能优越的刀具系统，加工时主轴转速在 8 000～40 000r/min，切削进给速度可达 10～30 m/min。它可用于对大面积的曲面进行高效率、高质量的加工。这种机床价格昂贵，使用成本高。

3.　按可控轴数分类

数控铣床按可控轴分类，可分为二轴半数控铣床、三轴联动数控铣床、四轴数控铣床、五轴数控铣床等。

（二）数控铣床的结构

不同种类的数控铣床在结构、功能上有所不同，但仍然有一些共性。它们的结构包括主轴箱、进给伺服系统、控制系统、辅助装置、机床基础件等。

（1）主轴箱

主轴箱包括箱体和主轴传动系统。用于装夹刀具并带动刀具旋转，主轴转速范围和输出转矩对加工有直接影响。

（2）进给伺服系统

进给伺服系统由进给电动机和进给执行机构组成，进给伺服系统工作时，按照程序设定的进给速度实现刀具与工件之间的相对运动。

（3）控制系统

控制系统是数控机床的"大脑"，其作用是发出控制指令，控制数控机床实现各种运动。

（4）辅助装置

数控铣床的辅助装置包括液压系统、气动系统、润滑系统、冷却系统及排屑与防护装置等。

（5）机床基础件

数控机床基础部件包括底座、立柱、横梁等，是整个机床的基础和框架。

图 1-5 所示为 XK5040A 型数控立式升降台铣床的结构示意图。

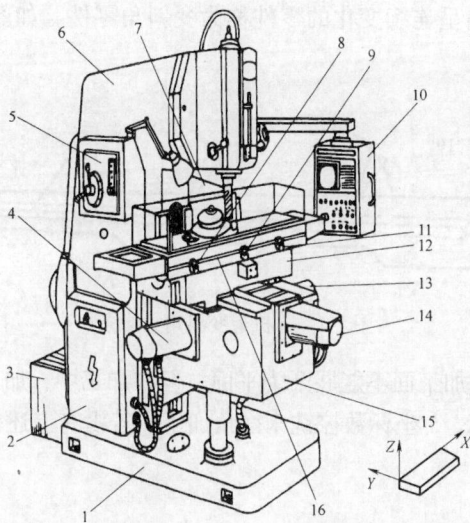

1—底座；2—电控柜；3—变压器箱；4—垂直升降（Z 轴）进给伺服电动机；5—主轴变速手柄的按钮板；6—床身；7—数控柜；8、11—保护开关（控制纵向行程硬限位）；9—挡铁（用于纵向参考点设定）；10—操纵台；12—横向溜板；13—纵向（X 轴）进给伺服电动机；14—横向（Y 轴）进给伺服电动机；15—升降台；16—纵向工作台

图 1-5　XK5040A 型数控立式升降台铣床的结构布局

（三）数控铣床适宜的加工对象

数控铣床是机械加工中最常用和最主要的数控加工设备之一，它除了能铣削普通铣床能铣削

的各种零件表面外，还能铣削普通铣床不能铣削的需要 2～5 坐标联动的各种平面轮廓和立体轮廓。根据数控铣床的特点，从铣削加工角度考虑，适合数控铣削的主要加工对象有以下几类。

（1）平面类零件

加工面平行或垂直于水平面，或加工面与水平面的夹角为定角的零件为平面类零件，如图 1-6 所示。目前在数控铣床上加工的大多数零件属于平面类零件，其特点是各个加工面是平面，或可以展开成平面。图 1-6（a）及图 1-6（c）中所示的曲线轮廓面 M 和正圆台面 N，展开后均为平面。

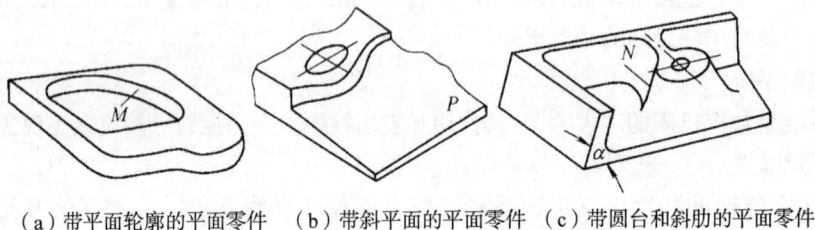

（a）带平面轮廓的平面零件　（b）带斜平面的平面零件　（c）带圆台和斜肋的平面零件

图 1-6　平面类零件

平面类零件是数控铣削加工中最简单的一类零件，一般只需用 3 坐标数控铣床的两坐标联动（即两轴半坐标联动）就可以把它们加工出来。

（2）变斜角类零件

加工面与水平面的夹角呈连续变化的零件称为变斜角零件，如图 1-7 所示的飞机变斜角梁缘条。

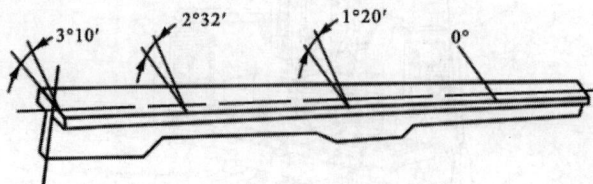

图 1-7　飞机上变斜角梁缘条

变斜角类零件的变斜角加工面不能展开为平面，但在加工中，加工面与铣刀圆周的瞬时接触为一条线。最好采用 4 坐标、5 坐标数控铣床摆角加工。若没有上述机床，也可采用 3 坐标数控铣床进行近似加工。

（3）曲面类零件

加工面为空间曲面的零件称为曲面类零件，如叶片、螺旋桨等。曲面类零件不能展开为平面。加工时，铣刀与加工面始终为点接触，一般采用球头刀在 3 轴数控铣床上加工。当曲面较复杂、通道较狭窄、加工中会伤及相邻表面及需要刀具摆动时，要采用 4 坐标或 5 坐标铣床加工。

二、加工中心及其适用范围

加工中心是在数控铣床基础上发展起来的，它与数控铣床的主要区别是加工中心有刀库和换刀装置，而数控铣床没有。

加工中心的刀库形式多种多样，有盘式刀库、链式刀库、箱式刀库等。图1-8所示为立式加工中心上广泛使用的一种盘式刀库（斗笠式）及其在机床上的布局。

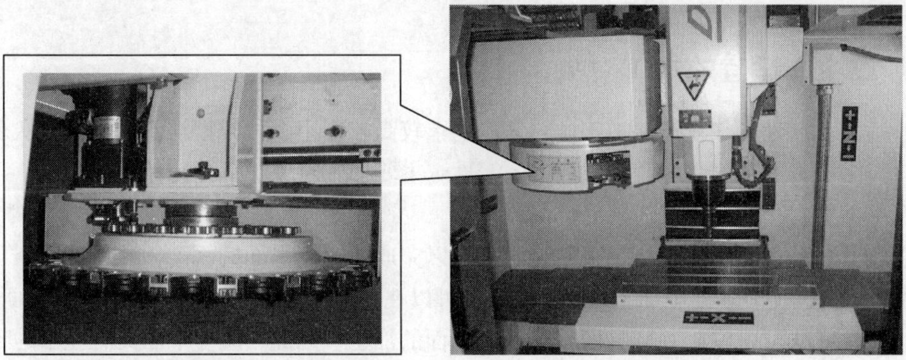

（a）斗笠式刀库　　　　　（b）盘式刀库在加工中心上的布局

图1-8　盘式刀库及其在机床上的布局

（一）加工中心的分类

（1）按主轴的位置和支承件形式分类

加工中心按主轴的位置和支承件形式不同可分为立式加工中心、卧式加工中心和龙门加工中心，如图1-9、图1-10、图1-11所示。

立式加工中心的主轴为垂直设置，其结构多为固定立柱式，工作台为十字滑台。卧式加工中心主轴轴线呈水平设置，有固定立柱式和固定工作台式两种。龙门加工中心的典型特征是具有一个龙门形固定立柱，在龙门框架上安装有可实现 X 向、Z 向移动的主轴部件，龙门式加工中心的工作台仅实现 Y 向移动。由于龙门式立柱刚性好，可以做得很大，故常用于大型零件加工。

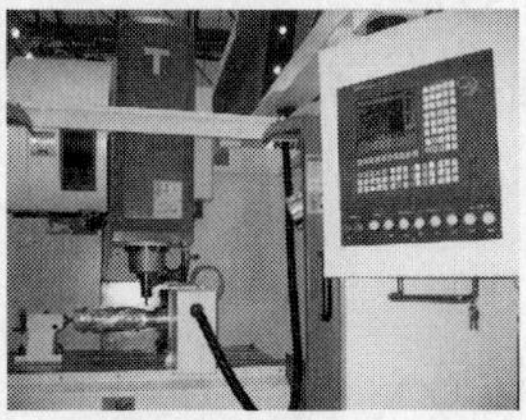

图1-9　带A轴的立式加工中心 　　　1-10　卧式加工中心 　　　图1-11　五轴龙门加工中心

（2）按功能特征分类

加工中心按照功能不同可分为镗铣加工中心、钻削加工中心和复合加工中心。

镗铣加工中心是机械加工行业用得最多的一类数控设备，有立式和卧式两种，其工艺范围主要是铣、钻、镗。镗铣加工中心控制的坐标轴数多为 3 个，高性能的数控系统可达 5 个或更多。

钻削加工中心以钻削加工为主。刀库形式以转塔头形式为主，适用于中、小批量零件的钻孔、扩孔、铰孔、攻螺纹及连续轮廓铣削等工序加工。

复合加工中心可替代多台机床实现多工序加工。在一台复合加工中心上可完成车、铣、镗、钻等工序的加工。这种方式既能减少装卸时间，提高机床生产率，减少半成品数量，又能保证尺寸和形位精度。

（二）加工中心适宜的加工对象

加工中心适宜于加工形状复杂、加工内容多、要求较高、需用多种类型的普通机床和众多的工艺装备，且经多次装夹和调整才能完成加工的零件。主要加工对象有下列几种。

（1）既有平面又有孔系的零件

加工中心具有自动换刀装置，在一次安装中，可以完成零件上平面的铣削，孔的钻削、镗削、铰削、铣削及攻螺纹等多工步加工。加工的部位可以在一个平面上，也可以在不同的平面上。五面加工中心一次安装可以完成除装夹面以外的 5 个面的加工。因此，既有平面又有孔系的零件是加工中心的首选加工对象，这类零件常见的有箱体类零件和盘、套、板类零件。

① 箱体类零件。箱体类零件一般都要进行多工位孔系及平面的加工，精度要求较高，特别是形状精度和位置精度要求较严格，通常要经过铣、钻、扩、镗、铰、锪、攻螺纹等工步。需要的刀具较多，在普通机床上加工难度大，工装套数多，需多次装夹找正，手工测量次数多，精度不易保证。在加工中心上一次安装可完成普通机床的 60%~95% 的工序内容，零件各项精度一致性好，质量稳定，生产周期短。

② 盘、套、板类零件。这类零件如图 1-12 所示。在端面上往往有平面、曲面和孔系，也常分布一些径向孔。加工部位集中在单一端面上的盘、套、板类零件宜选择立式加工中心，加工部位不是位于同一方向表面上的零件宜选择卧式加工中心。

（2）结构形状复杂、普通机床难加工的零件

被加工面由复杂曲线、曲面组成的零件，加工时需要多坐标联动加工。这在普通机床上是难以甚至无法完成的，加工中心是加工这类零件最有效的设备。常见的典型零件有以下几类。

① 凸轮类。这类零件包括有各种曲线的盘形凸轮、圆柱凸轮、圆锥凸轮和端面凸轮等。加工时，可根据凸轮表面的复杂程度，选用三轴、四轴或五轴联动的加工中心。

② 整体叶轮类。整体叶轮常见于航空发动机的压气机、空气压缩机、船舶水下推进器等，它除具有一般曲面加工的特点外，还存在许多特殊的加工难点，如通道狭窄、刀具很容易与加工表面和邻近曲面产生干涉等。图 1-13 所示是轴向压缩机涡轮，它的叶面是一个典型的三维空间曲面，加工这样的型面，可采用四轴以上联动的加工中心。

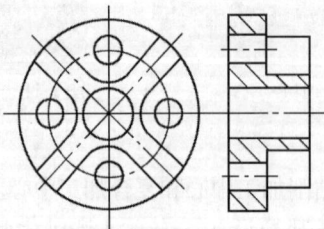

图 1-12　十字盘

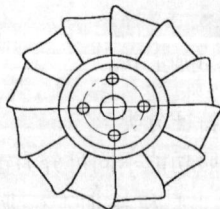

图 1-13　轴向压缩机涡轮

③ 模具类。常见的模具有锻压模具、铸造模具、注塑模具及橡胶模具等。图 1-14 所示为连

杆锻压模具。采用加工中心加工模具，由于工序高度集中，动模、静模等关键件基本上是在一次安装中完成全部精加工内容，故尺寸累积误差及修配工作量小。同时，模具的可复制性强，互换性好。

（3）外形不规则的异形零件

异形零件是指支架（见图1-15）、拨叉类外形不规则的零件。这类零件大多要点、线、面多工位混合加工。由于外形不规则，在普通机床上只能采取工序分散的原则加工，需用工装较多，周期较长。利用加工中心多工位点、线、面混合加工的特点，可以完成大部分甚至全部工序内容。

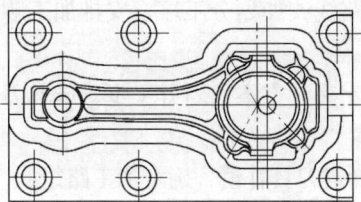

图 1-14 连杆锻压模简图   图 1-15 支架

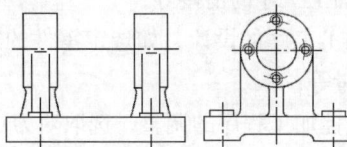

（4）周期性投产的零件

用加工中心加工零件时，所需工时主要包括基本时间和准备时间。其中，准备时间占很大比例。例如，工艺准备、程序编制、零件首件试切等，这些时间往往是单件基本时间的几十倍。采用加工中心可以将这些准备时间的内容储存起来，供以后反复使用。这样，对周期性投产的零件，生产周期就可以大大缩短。

（5）加工精度要求较高的中小批量零件

针对加工中心加工精度高、尺寸稳定的特点，对加工精度要求较高的中小批量零件，选择加工中心加工，容易获得所要求的尺寸精度和形状位置精度，并可得到很好的互换性。

（6）新产品试制中的零件

在新产品定型之前，需经反复试验和改进。选择加工中心试制，可省去许多使用通用机床加工所需的试制工装。当零件被修改时，只需修改相应的程序及适当地调整夹具、刀具即可，节省了费用，缩短了试制周期。

课堂讨论 1-1：

指出图 1-1～图 1-11 中各机床中主轴箱、主轴、工作台、数控操作面板、电控制柜、底座、床身各在什么位置。

任务二

学习数控加工基本工艺

这里只列出数控加工所用的工艺文件和数控加工基本工艺原则。数控铣床铣削平面、轮廓、槽、型腔、孔、曲面的工艺方法将在模块三～模块八中结合具体实例进一步学习。

一、数控加工工艺的主要内容及工艺文件

（一）数控加工工艺主要内容

概括起来，数控加工工艺主要包括如下内容：

① 选择适合在数控机床上加工的零件；

② 分析被加工零件的图样，明确加工内容及技术要求；

③ 确定零件的加工工艺方案，制订数控加工工艺路线，如划分工序、安排加工顺序，处理与非数控加工工序的衔接等；

④ 加工工序的设计，如选定零件的定位基准，确定夹具方案、划分工步、选取刀辅具、确定切削用量等；

⑤ 数控加工程序的调整，选取对刀点和换刀点，确定刀具补偿，确定加工路线；

⑥ 分配数控加工中的公差；

⑦ 处理数控机床上的部分工艺指令。

（二）数控加工工艺文件

数控加工工艺文件除包括传统的工艺规程、工艺过程卡片外，还包括数控加工工序卡、数控刀具调整单、机床调整单、零件加工程序单等。这些文件尚无统一的标准，各企业制订的工艺文件不尽相同。以下所列的几种工艺文件仅供参考。

1. 数控加工编程任务书

数控加工编程任务书记载并说明了工艺人员对数控加工工序的技术要求、工序说明和数控加工前应保证的加工余量，是编程员与工艺人员协调工作和编制数控程序的重要依据之一，如表 1-1 所示。

表 1-1   数控加工编程任务书   年 月 日

×××机械厂 工艺处	数控编程任务书	产品零件图号	DEK 0301	任务书编号	
		零件名称	摇臂壳体	18	
		使用数控设备	BFT 130	共 1 页第 1 页	

主要工序说明及技术要求：

数控精加工各行孔及铣凹槽，详见本产品工艺过程卡片（工序号 70）要求。

编程收到日期	年 月 日	经 手 人		批 准	
编制		审核	编程	审核	批准

2. 数控加工工序卡

数控加工工序卡与普通加工工序卡有许多相似之处，但不同的是该卡中应反映使用的辅具、刀具、切削参数、切削液等。它是操作人员进行数控加工的主要指导性工艺资料。工序卡应按工

艺过程卡上已确定的工步顺序填写。表 1-2 所示为加工中心上镗铣孔的工序卡片。

表 1-2　　　　　　　　　　　　　数控加工工序卡片

××机械厂	数控加工工序卡片		产品名称或代号	零件名称	零件图号
			JS0102-4	行星架	0102-4
工艺序号	程序编号	夹具名称	夹具编号	使用设备	车间
××	××	镗胎	××	BF130	数控加工车间
工步号	工步内容	加工面	刀具号	刀具规格	主轴转速	进给速度	切削深度	备注
1	N5～N30，ϕ65H7 镗成 ϕ63mm		T13001					
2	N40～N50，ϕ50H7 镗成 ϕ48mm		T13006					
	……							
编制		审核		批准			共页	第页

若在数控机床上只加工零件的一个工步时，也可不填写工序卡。在工序加工内容不十分复杂时，可把零件草图反映在工序卡上。

3. 数控刀具调整单

数控刀具调整单主要包括数控刀具卡片（简称刀具卡）和数控刀具明细表（简称刀具表）两部分。

数控加工时，对刀具的要求十分严格，一般要在机外对刀仪上事先调整好刀具直径和长度。刀具卡主要反映刀具编号、刀具结构、尾柄规格、组合件名称代号、刀片型号和材料等，它是组装刀具和调整刀具的依据。表 1-3 所示为数控刀具卡片。

表 1-3　　　　　　　　　　　　　数控刀具卡片

零件图号		JS0102-4		数控刀具卡片			使用设备	
刀具名称		镗刀					TC-30	
刀具编号		T13003	换刀方式	自动	程序编号			
刀具组成	序号	编号		刀具名称	规格	数量	备注	
	1	7013960		拉钉				
	2	390.140-5063050		刀柄				
	……							

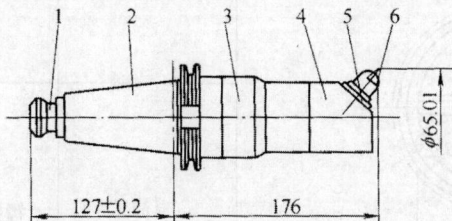

备注								
编制		审核		批准			共 2 页	第 1 页

数控刀具明细表是调刀人员调整刀具输入的主要依据。它记录了刀具机外预调的有关数据（如实测的长度、直径等），便于数控机床操作时核对刀具补偿值。数控刀具明细表如表 1-4 所示。

表 1-4   **数控刀具明细表**

零件图号	零件名称	材 料	数控刀具明细表		程序编号	车 间	使用设备
JS0102-4	行 星 架						

刀号	刀位号	刀具名称	刀具图号	刀具			刀补地址		换刀方式	加工部位
				直径/mm		长度/mm	直径	长度	自动/手动	
				设定	补偿	设定				
T13001		镗刀		$\phi63$		137			自动	
T13002		镗刀		$\phi64.8$		137			自动	
编制		审核		批准			年 月 日		共 页	共

4. 工件安装和零点设定卡片

数控加工零件安装和零点设定卡片（简称装夹图和零点设定卡）标明了数控加工零件定位和夹紧方法，也标明了工件零点设定的位置和坐标方向、使用夹具的名称和编号等。工件安装图和零点设定卡片如表 1-5 所示。

表 1-5   **工件安装图和零点设定卡片**

零件图号	JS0102-4	数控加工工件安装和零点设定卡片	工 序 号	
零件名称	行 星 架		装 夹 次 数	

			3	梯形槽螺栓	
			2	压板	
			1	镗铣夹具板	GS52-61
编制	审核	批准	第 页		
	共 页	序号	夹具名称		夹具图号

5. 数控加工程序单

数控加工程序单是编程员根据工艺分析情况，经过数值计算，按照机床特定的指令代码编制的。它是记录数控加工工艺过程、工艺参数、位移数据的清单以及手动数据输入（MDI）和设备控制介质、实现数控加工的主要依据。表 1-6 所示为数控加工程序单的一种形式。

表 1-6　　　　　　　　　　　　数控加工程序单

×××厂		CNC 机床程序单	程序编号		零件图号		机　床		
			产品名称		零件名称		共　页	第　页	
材料牌号		毛坯种类	第一次加工件数		每台数量		单件质量		
工序号	N		程序内容				备注		
标记	修改内容	修改者	日期	标记	修改内容	修改者	日期	编制（日期）	审核（日期）	批准（日期）

二、数控铣削加工工序

（一）数控加工阶段的确定

当零件的加工质量要求较高时，往往不可能用一道工序来满足其要求，而要用几道工序逐步达到所要求的加工质量。为保证加工质量和合理使用设备、人力，零件的加工过程通常按工序性质不同分为粗加工、半精加工、精加工和光整加工 4 个阶段。

粗加工阶段的任务是切除毛坯上大部分多余的金属，使毛坯在形状和尺寸上接近零件成品，因此主要目标是提高生产率。

半精加工阶段的任务主要是使主要表面达到一定的精度，留有一定的精加工余量，为主要表面的精加工（如精铣、精磨）做好准备，并可完成一些次要表面加工，如扩孔、攻螺纹、铣键槽等。

精加工阶段的任务是保证各主要表面达到规定的尺寸精度和表面粗糙度要求，主要目标是全面保证加工质量。

对零件上精度和表面粗糙度要求很高（IT6 级以上，表面粗糙度为 $Ra0.2\mu m$ 以下）的表面，需要进行光整加工，其主要目的是提高尺寸精度、减小表面粗糙度值。光整加工一般不用来提高位置精度。

零件到底要分为哪几个阶段加工，取决于零件表面质量、尺寸精度、形位精度的要求。

（二）数控铣削加工顺序的安排

（1）基面先行原则

用作精基准的表面应优先加工出来，因为定位基准的表面越精确，装夹误差就越小。例如，轴类零件加工时，总是先加工中心孔，再以中心孔为精基准加工外圆和端面。又如箱体类零件总是先加工定位用的平面和两个定位孔，再以平面和定位孔为精基准加工孔系和其他平面。

（2）先粗后精原则

各个表面的加工顺序按照粗加工→半精加工→精加工→光整加工的顺序依次进行，逐步提高表面的加工精度和减小表面粗糙度值。

（3）先主后次原则

零件的主要加工表面、装配基准面应先加工，从而能及早发现毛坯中主要表面可能出现的缺陷。次要表面可穿插进行，放在主要加工表面加工到一定程度后、最终精加工之前进行。

（4）先面后孔原则

对于箱体、支架类零件，平面轮廓尺寸较大，一般先加工平面，再加工孔和其他尺寸。用加工过的平面定位，稳定可靠。而且在加工过的平面上加工孔，比较容易进行，能提高孔的加工精度。特别是钻孔时，孔的轴线不易偏。

（三）数控加工工序的划分

在数控铣床上加工的零件，一般按工序集中的原则划分工序。划分方法如下。

（1）按所用刀具划分

以同一把刀具完成的那一部分工艺过程为一道工序。这种方法适用于工件的待加工表面较多，机床连续加工时间较长，加工程序的编制和检查难度较大等情况。加工中心常用这种方法划分。

（2）按安装次数划分

以一次安装完成的那一部分工艺过程为一道工序。这种方法适用于加工内容不多的工件，加工完后就能达到待检状态。

（3）按粗、精加工划分

即以粗加工中完成的那部分工艺过程为一道工序。精加工中完成的那一部分工艺过程为一道工序。这种方法适用于加工后变形较大，需粗、精加工分开的零件，如毛坯为铸件、焊接件或锻件。

（4）按加工部位划分

即以完成相同型面的那一部分工艺过程为一道工序，对于加工表面多而复杂的零件，可按其结构特点（如内形、外形、曲面、平面等）划分成多道工序。

三、刀具及切削用量选择原则

（一）刀具选用原则

数控铣床主轴转速较普通铣床的主轴转速高 1～2 倍，某些特殊用途的主轴转速高达每分钟数万转，因此，数控铣床所用刀具的强度与耐用度至关重要。一般来说，数控加工刀具应具有较高的耐用度和刚度，有良好的断屑性能和可调节、易更换等特点。刀具材料应有足够的韧性。

数控铣床铣削平面时，应选用不重磨硬质合金面铣刀或立铣刀。铣削大平面时，一般选用面铣刀。粗铣时选用较大的刀盘直径和刀头宽度可以提高加工效率，但刀具直径大，切削力也大。故当加工余量大且不均匀时，刀盘直径应选小些。精加工时，直径要选大些，使刀头的旋转切削直径最好能包容加工面的整个宽度。

加工凸台、凹槽和箱口面主要用立铣刀和镶硬质合金的面铣刀。铣削时先铣槽中间部分，然后再铣槽的两边。

铣削平面零件的内外轮廓一般采用立铣刀。刀具的结构参数参考如下：

① 刀具半径 R 应小于零件内轮廓的最小曲率半径 ρ，一般取 $R=（0.8～0.9）\rho$；

② 零件的加工高度 $H \leqslant （1/4～1/6）R$，以保证刀具有足够的刚度。

铣削型面和变斜角轮廓外形时常用球头刀、环形刀、彭形刀和锥形刀。

（二）切削用量选用原则

数控铣床的切削用量包括：铣削速度、进给速度、背吃刀量和侧吃刀量。从刀具耐用度出发，切削用量的选择方法：先选取背吃刀量或侧吃刀量，其次确定进给速度，最后确定铣削速度。

1. 背吃刀量（端铣）或侧吃刀量（圆周铣）

背吃刀量 a_p 为平行于铣刀轴线测量的切削层尺寸，单位为 mm。端铣时，a_p 为切削层深度；而圆周铣时，a_p 为被加工表面宽度。

侧吃刀量 a_e 为垂直于铣刀轴线测量的切削层尺寸，单位为 mm。端铣时，a_e 为被加工面表面宽度；而圆周铣时，a_e 为切削层深度。

背吃刀量或侧吃刀量的选取主要由加工余量和表面质量要求决定。

① 在工件表面粗糙度值要求为 Ra（12.5～25）μm 时，如果圆周铣削的加工余量小于 5mm，端铣的加工余量小于 6mm，粗铣一次就能达到要求。但在余量较大、工艺系统刚性较差或机床动力不足时，可分两次进给完成。

② 在工件表面粗糙度值要求为 Ra（3.2～12.5）μm 时，可分粗铣和半精铣两次。粗铣时背吃刀量或侧吃刀量选取同前。粗铣后留 0.5～1.0mm 余量，在半精铣时切除。

③ 在工件表面粗糙度值要求为 Ra（0.8～3.2）μm 时，可分粗铣、半精铣、精铣三步进行。半精铣时背吃刀量或侧吃刀量取 1.5～2mm；精铣时圆周铣侧吃刀量取 0.3～0.5mm，面铣刀背吃刀量取 0.5～1.0mm。

2. 进给速度

进给速度 v_f 是单位时间内工件与铣刀沿进给方向的相对位移，单位为 mm/min，它与铣刀转速 n、铣刀齿数 z 及每齿进给量 f_z（单位为 mm/r）的关系为

$$v_f = f_z z n$$

每齿进给量 f_z 的选取主要取决于工件材料的力学性能、刀具材料、工件表面粗糙度等因素。工件材料的强度和硬度越高，f_z 越小，反之则越大。硬质合金铣刀的每齿进给量高于同类高速钢铣刀。工件表面粗糙度越高，f_z 越小。每齿进给量的确定可参考表 1-7。工件刚性较差时取小值。

表 1-7   铣刀的每齿进给量

工 件 材 料	每齿进给量 f_z/（mm·z^{-1}）			
	粗 铣		精 铣	
	高速钢铣刀	硬质合金铣刀	高速钢铣刀	硬质合金铣刀
钢	0.10～0.15	0.10～0.25	0.02～0.05	0.10～0.15
铸铁	0.12～0.20	0.15～0.30		

3. 铣削速度

表 1-8 所示为加工常见材料时参考的铣削速度。需要说明的是，确定铣削速度之前，首先应

确定刀具寿命。影响刀具寿命的因素很多，包括铣刀类型、结构、几何参数、工件材料性能、毛坯状态、加工要求、铣削方式，甚至机床状态等。因此，表1-8中的数据仅供参考。

当背吃刀量 a_p 和进给量确定后，应根据铣刀寿命和机床刚度，选取尽可能大的切削速度，但所确定的切削速度只能作为实际应用中的初值。操作者和工艺技术人员应在具体生产条件下，经过试验、分析，找出切削用量的最佳组合数值。一般而言，经过一段时间的摸索，对工厂常见材料和刀具的使用均会找出较佳的切削用量经验值。

表 1-8　　　　　　　　　　　常见工件材料铣削速度参考值

工件材料	硬度/HBW	铣削速度 v_c/（m.min^{-1}）		工件材料	硬度/HBW	铣削速度 v_c/（m.min^{-1}）	
		硬质合金铣刀	高速钢铣刀			硬质合金铣刀	高速钢铣刀
低、中碳钢	<220	80～150	21～40	工具钢	200～250	45～83	12～23
	225～290	60～115	15～36	灰铸铁	100～140	110～115	24～36
	300～425	40～75	9～20		150～225	60～110	15～21
高碳钢	<220	60～130	18～36		230～290	45～90	9～18
	225～325	53～105	14～24		300～320	21～30	5～10
	325～375	36～48	9～12	可锻铸铁	110～160	100～200	42～50
	375～425	35～45	6～10		160～200	83～120	24～36
合金钢	<220	55～120	15～35		200～240	72～110	15～24
	225～325	40～80	10～24		240～280	40～60	9～21
	325～425	30～60	5～9	铝镁合金	95～100	360～600	180～300

注：① 粗铣时，切削负荷大，v_c 应取小值；精铣时，为减小表面粗糙度值，v_c 应取大值。

② 采用可转位硬质合金铣刀时，v_c 可取较大值。

③ 铣刀结构及几何参数等改进后，v_c 可超过表列之值。

④ 实际铣削后，如发现刀具寿命过短，应适当降低 v_c。

⑤ v_c 的单位如为 m/s 时，表列值除以 60 即可。

任务三　数控铣削加工中零件的装夹

一、工件的装夹找正方式

工件在机床上的装夹找正方式有以下3种方法。

1. 直接找正法

直接找正法是指在机床上根据工件上有关基准直接找正工件，使工件获得加工时的正确位置的方法。例如，在磨床上磨削一个要求与外圆同心的内孔。加工前，通过四爪单动卡盘和百分表直接找正外圆，使工件获得正确位置，如图 1-16（a）所示；又如在牛头刨床上铣一个同工件底面与侧面均要求平行的槽，可通过百分表找正工件侧面使工件获得正确位置，如图 1-16（b）所示，槽与工件底面的平行度要求由机床的几何精度予以保证。

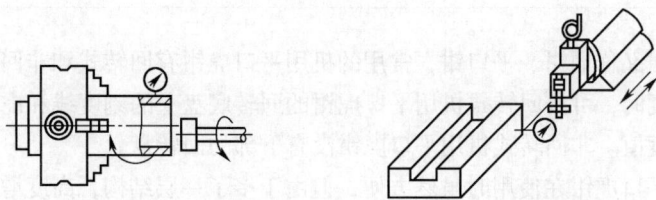

（a）通过四爪单动卡盘和百分表找正　　（b）通过百分表找正

图 1-16　直接找正法

直接找正法的定位精度和工作效率，取决于被找正工件表面的精度、找正方法和所用工具及工人的技术水平。此法一般多用于单件小批生产和精度要求特别高的场合。

2. 划线找正法

划线找正法是指事先在划线平台上划好线，然后在机床上按毛坯或工件上所划线找正工件，使工件获得正确位置的方法，如图 1-17 所示。此法由于受到划线精度的限制，定位精度比较低，多用于单件小批量生产、毛坯精度较低以及大型零件等不便使用夹具的粗加工中。

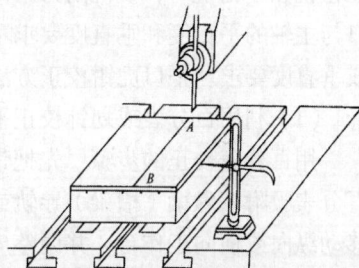

图 1-17　划线找正法

3. 用夹具装夹

用夹具装夹即通过夹具上的定位元件使工件相对于刀具及机床获得正确位置的方法。这种方法使工件定位迅速方便，定位精度较高，广泛用于成批和大量生产。

如图 1-18（a）所示为铣削轴上键槽的工序图，图 1-18（b）所示为所采用的液压铣床夹具。工件以圆柱面及端面 C 为定位基准，分别与夹具上的定位元件 V 形块 5 和圆柱销 6 接触而定位，由液压传动的压板 3 夹紧。夹具是通过定向键 7 与铣床工件台 T 形槽配合，安装在机床上的。在本工序中，键槽宽度由铣刀保证。而键槽的距离尺寸和相互位置精度，则由夹具来保证。

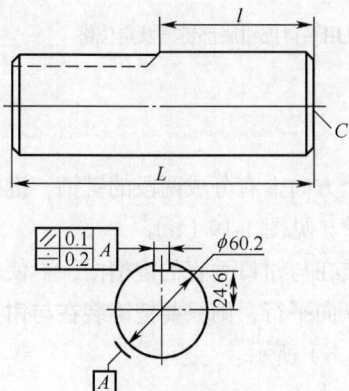

（a）轴上铣键槽工序图　　（b）采用液压铣床装夹

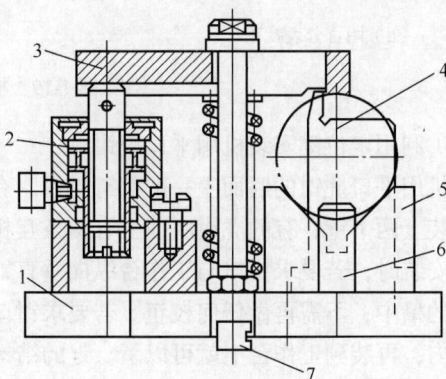

1—夹具体；2—液压缸；3—压板；4—对刀块；5—V 形块；6—圆柱销；7—定向键

图 1-18　液压铣床夹具

二、用机用平口虎钳装夹工件

机用平口虎钳又称虎钳、平口钳，常用的机用平口虎钳有回转式和非回转式两种。当装夹的工件需要回转角度时，可按回转式机用平口虎钳的回转底盘上的刻度线和虎钳体上的零位刻线直接读出所需的角度值。非回转式机用平口虎钳没有下部的回转盘。

回转式机用平口虎钳在使用时虽然方便，但由于多了一层结构，高度增加，刚性较差。所以在铣平面、垂直面、平行面时，一般都采用非回转式机用平口虎钳。

1. 机用平口虎钳的校正与工件的装夹

把机用平口虎钳装到工作台上，钳口与主轴的方向应根据工件的长度来确定，对于长的工件，钳口应与主轴垂直，在立式铣床上应与进给方向一致；对于短的工件，钳口与进给方向垂直较好。在粗铣和半精铣时，使铣削力指向固定钳口最佳，因为固定钳口比较牢靠。在铣削平面时，对钳口与主轴的平行度和垂直度要求不高，一般目测就可以。在铣削沟槽时，则要求有较高的平行度或垂直度要求。平口虎钳校正方法如下。

（1）利用百分表或划针校正平口虎钳

用百分表校正的步骤：先把带有百分表的弯杆，用固定环压紧在刀轴上，或者用磁性表座将百分表吸附在悬梁（槽梁）导轨或垂直导轨上，并使虎钳的固定钳口接触百分表测头，然后手动移动纵向或横向工作台，并调整虎钳位置使百分表上指针的摆差在允许范围内见图 1-19（a）。对钳口方向的准确度要求不太高时，也可用划针或大头针代替百分表校正。

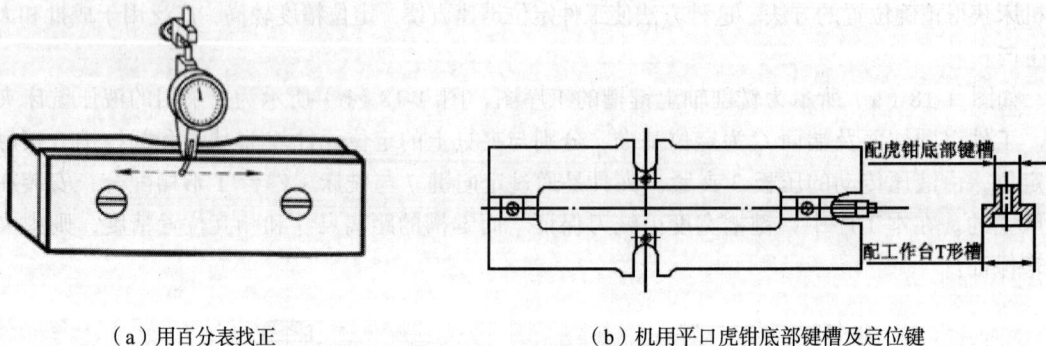

（a）用百分表找正　　　　　　　　（b）机用平口虎钳底部键槽及定位键

图 1-19　校正虎钳位置

（2）利用定位键安装机用平口虎钳

在机用平口虎钳的底面上一般都有键槽。有的只在一个方向上有分成两段的键槽，键槽的两端可以装上两个键；有的虎钳底面上有两条互相垂直的键槽，见图 1-19（b）。

在安装时，若要求钳口与工作台纵向垂直，只要把键装在与钳口垂直的键槽内，再使键嵌入工作台的槽中，不需再做任何校正。若要求钳口与工作台纵向平行，则只要把键装在与钳口平行的键槽内，再装到工作台上就可以了。键的结构如图 1-19（b）所示。

（3）工件在机用平口虎钳内的装夹

在把工件毛坯装到机用平口虎钳内时，必须注意毛坯表面状况，若是粗糙不平或有硬皮的表面，就必须在两钳口垫纯铜皮。将表面粗糙度小的平面装夹到钳口内时，垫薄的铜皮。为便于加工，还要选择适当厚度的垫铁垫在工件下面，使工件的加工面高出钳口。高出的尺寸，以能把加工余量全部切完而不致切到钳口为宜。

（4）斜面工件在机用平口虎钳内的装夹

两个平面不平行的工件，若用普通虎钳装夹，会产生只夹紧大端而夹不牢小端的现象，因此可在钳口内加一对弧形垫铁，如图 1-20 所示。

2. 机用平口虎钳装夹铣削垂直面

用机用平口虎钳装夹铣垂直面情况如图 1-21 所示。铣削时，影响垂直度误差的因素主要有以下几个方面。

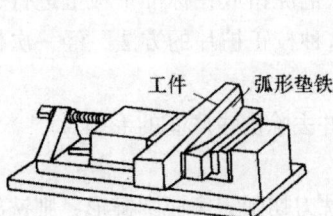

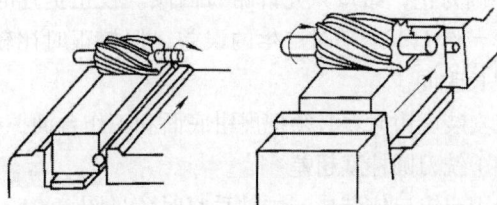

（a）钳口与铣床主轴垂直　（b）钳口与铣床主轴平行

图 1-20　在虎钳内夹斜面工件　　　　图 1-21　用虎钳装夹铣垂直面

（1）基准面没有与固定钳口贴合

在装夹工件时，即使固定钳口与铣床工作台面的垂直度很好，若工件的基准面没有与固定钳口贴合，则铣出的平面与基准面就不垂直。造成不贴合的原因有二：

一是工件基准面与固定钳口之间有切屑等杂物，因此在装夹时必须将基准面与固定钳口擦拭干净；二是工件的两对面不平行，夹紧时，钳口与工件基准面呈线接触。此时，可在活动钳口处轧一圆棒（或窄长的铜皮），圆棒放置在钳口顶至工件底面的中间为宜（见图 1-22）。

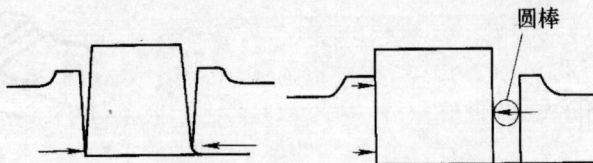

（a）工件两面不平行时的受力情况　（b）在活动钳口边加铜棒时的受力情况

图 1-22　活动钳口处安放圆棒

（2）固定钳口与工作台面不垂直

在使用过程中，由于钳口磨损和虎钳底座有毛刺或切屑等原因，会造成固定钳口与底面不垂直。在铣削垂直度要求高的垂直面时，需进行调整。

一种方法是，在固定钳口处垫铜皮或纸片。若在预铣时，铣出的平面与基准面的交角小于 90°，则把窄长的铜皮或纸条垫在钳口的上部；若铣出的垂直面夹角大于 90°，则应垫在钳口的下部，但这种情况较少出现。垫的厚度是否准确，可试切一刀，测量后，再决定增加或减少。这种方法操作起来比较麻烦，且不易垫准，因此是在单件生产时的临时措施。

另一种方法是，在虎钳底平面与工作台面之间垫铜皮或纸片。若铣出的垂直面夹角的小于 90°，则把铜皮垫在靠近固定钳口的一端；若大于 90°，则应垫在靠近活动钳口后部的一端，这种方法也是临时措施，但加工一批工件时，只需垫一次。

还有一种方法是校正固定钳口的钳口铁（又称护片）。如图 1-23 所示，校正时最好用一块表面磨得很平、很光滑的平行铁，使光洁平整的一面紧贴固定钳口，在活动钳口处放置一圆棒或铜条，把平行铁夹牢。用百分表校验贴牢固定钳口的一面，使工作台做垂直运动，在上下移动200mm以内的长度上，百分表读数的变动应在0.03mm以内。用平行铁辅助的目的是增加幅度，使偏差显著，容易找正。在没有合适的平行铁时，可用杠杆式百分表直接校固定钳口。若发现百分表上的读数超出要求时，可把固定钳口上的护片拆下来，根据差值的方向进行修磨。也可在护片与固定钳口间垫薄钢片，钢片的厚度可按比例计算。护片重新装上后需进行复校，直到准确为止，钳口只允许略有内倾。校正护片时，也可以把虎钳放在标准平板上进行，可减少工作台作上下运动时产生的误差，但校正时比较复杂。这种校正护片的方法，经一次校正可使用很长时间。

在安装虎钳时，必须把虎钳底面和工作台面擦拭干净，并去除虎钳底座的毛刺。

（3）铣刀圆柱度超差

把固定钳口安装成与主轴垂直时（见图1-21（a）），若铣刀切削刃磨成圆锥形，则铣出的平面会与基准面不垂直。然而，若固定钳口安装得与主轴平行（见图1-21（b）），则铣刀的圆柱度误差对铣垂直面影响不大。

3. 机用平口虎钳装夹铣削平行面

铣平行面时，要求铣出的平面与基准面平行，同时要求平面具有较好的平面度。

用周铣法铣平面，一般都在卧式铣床上用机用平口虎钳装夹进行铣削，工件尺寸也比较小。装夹时主要使基准面与工件台面平行，因此需在基准面与虎钳导轨面之间垫两块厚度相等的平行垫铁（见图1-24）。即使对较厚的工件，也最好垫上两条厚度相等的薄铜皮，以便检查基准面是否与虎钳导轨平行。采用这种装夹方法时，产生平行度误差的原因有3个方面。

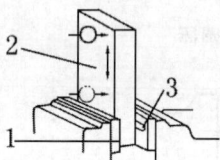

1—固定钳口的护片；2—平行铁；3—圆棒

图1-23　校正固定钳口的垂直度

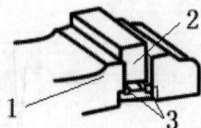

1—平口虎钳；2—工件；3—平行垫铁

图1-24　用平行垫铁装夹工件铣平行面

（1）基准面与机用平口虎钳导轨面不平行

这是铣平行面时误差产生的主要原因。造成这种现象的因素如下。

① 平行垫铁的厚度不相等。加工平行面用的两块平行垫铁，应在平面磨床上同时磨出。

② 平行垫铁的上下表面与工件和导轨之间有杂物，在安放平行垫铁和装夹工件时要擦拭干净。

③ 活动钳口在夹紧时产生上挠。活动钳口与导轨之间存在一定间隙，当活动钳口夹紧工件而受力时，会使活动钳口上挠。另外，铣刀在靠近活动钳口的一端刚铣到工件时，向上的垂直切削分力会把工件和活动钳口向上抬起。因此在铣平行面时，工件夹紧后，须用铜锤或木锤轻轻敲击工件顶面，直到两块平行垫铁的四端都没有松动现象为止。

④ 工件贴住固定钳口的平面与基准面不垂直。当工件靠向固定钳口的平面与基准面不垂直时，平面与固定钳口紧密贴合，则基准面必然与工件台面和虎钳导轨面不平行。所以在铣平面时，

在活动钳口处以平放圆棒为宜。单件生产时，可在固定钳口的上方或下方垫铜皮，以使基准面与平行垫铁紧密贴合。

（2）机用平口虎钳的导轨面与工作台面不平行

产生这种现象的原因是虎钳底面与工作台面之间有杂物，以及导轨面本身不准。所以应注意消除毛刺和切屑，必要时检查导轨面与工作台面的平行度误差。

（3）铣刀圆柱度超差

在铣平行面时，无论虎钳钳口的安装方向是与主轴垂直还是平行，若铣刀的圆柱度超差，都会影响平行面的平行度。刀杆与工作台面不平行，也会影响到加工面的平行度。

4. 机用平口虎钳装夹铣削两端面

在立式铣床上铣削两端面时，工件的装夹方法如图 1-25 所示。装夹时先使基准面与固定钳口紧贴，再用直角尺校正侧面，使侧面与工作台面垂直。经过校正后，铣出的两端面既与基准面又与两侧面垂直。

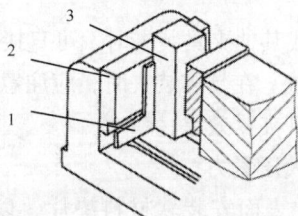

1—直角尺；2—虎钳固定钳口的护片；3—工件

图 1-25　铣两端面

在卧式铣床上铣削两端面的方法如图 1-26 所示，此时只要把固定钳口校正到与纵向进给方向垂直就可以了，加工时不需每铣两个端面都要用直角尺校正。但对垂直度要求较高的工件，固定钳口必须用百分表校正。

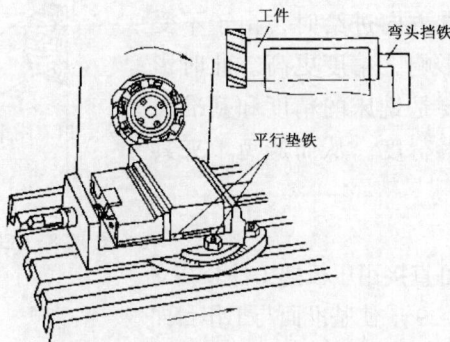

图 1-26　在卧式铣床上铣削两端面

工件长度方向的尺寸调整，可以在钳口的另一端固定一块弯头定位铁，或以钳口端为基准。对于两端面之间的尺寸，也只要调整第一件，以后不需每件调整，因此可节省不少校正时间。

当工件长度及厚度尺寸不太大时，可用两把三面铣刀组合铣两端面。

5. 铣削沟槽

用平口虎钳装夹轴类工件如图 1-27（a）所示。当工件直径有变化时，工件中心在左右（水平位置）和上下方向都会产生变动，如图 1-27（b）所示，影响键槽的对称度和深度，但装夹稳固，因此适用于单件生产。

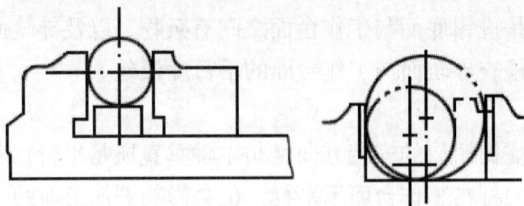

（a）平口虎钳装夹轴类零件　　（b）轴直径有变化时位置变化情况

图 1-27　用平口虎钳装夹轴类零件

三、用压板装夹工件

对于大型工件，无法采用平口虎钳或其他夹具装夹时，可直接采用压板进行装夹。加工中心压板通常采用 T 形螺母与螺栓的夹紧方式。在具体装夹时，应注意：

● 使垫铁的高度略高于工件，以保证夹紧效果；

● 压板螺栓应尽量靠近工件，以增大压紧力；

● 压紧力要适中，或在压板与工件表面安装软材料垫片，以防工件变形或工件表面受到损伤；

● 工件不能在工作台面上拖动，以免划伤工作台面。

1. 端面铣削垂直面

较大尺寸的垂直面，以用面铣刀在卧式铣床上铣削较为准确简便（见图 1-28）。用这种方法铣削，铣出的平面与工作台面垂直，所以只要把基准面安装得与工作台面贴合，就能铣出准确度高的垂直面，尤其用垂直方向进给时，由于不受工作台"零位"准确度的影响，精度更高。此时影响垂直度误差的因素，主要是铣床的精度和基准面与工作台面的贴合程度或平行度，从而避免了夹具本身精度的影响。

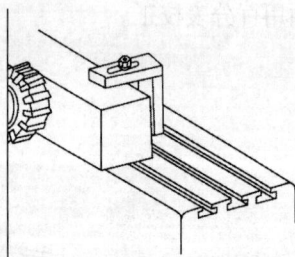

图 1-28　在卧式铣床上用面铣刀铣垂直铣面

2. 端面铣削平行面

若工件上有台阶时，则可直接用压板把工件装在立式铣床的工作台面上（见图 1-29），使基准面与工作台面贴合，然后用面铣刀铣平行面。

若工件上没有台阶时，可在卧式铣床上用面铣刀铣平行面，如图 1-30 所示。装夹时，可采用定位键定位，使基准面与纵向平行。若底面与基准面垂直，就不需再做校正；若底面与基准面不垂直，则需垫准或把底面重新铣准。垫准时，需用直角尺对基准面做检查。如精度要求较高时，可把百分表通过表架固定在悬梁上，使工作台做上下移动，把基准面校正。

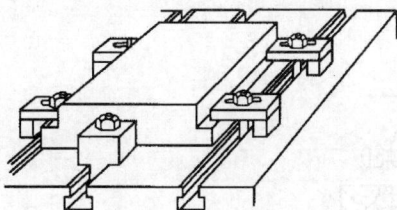

图 1-29　在立式铣床上用面铣刀铣削平行面　　　　图 1-30　卧式铣床上用面铣刀铣削平行面

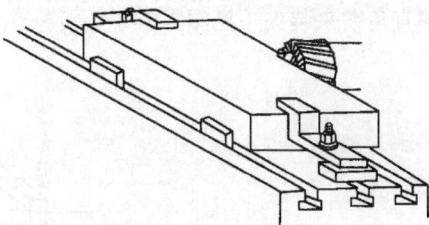

四、用卡盘装夹工件

数控铣床/加工中心上使用较多的是三爪自定心卡盘（见图 1-31）和四爪单动卡盘。三爪自定心卡盘具有自动定心作用和装夹简单的特点，因此，加工中小型圆柱形工件时，常采用三爪自定心卡盘进行装夹。使用卡盘时，通常用压板将卡盘压紧在工件台面上，使卡盘轴心线与主轴平行。

三爪自定心卡盘装夹圆柱形工件找正时，将百分表固定在主轴上，触头接触外圆侧母线，上下移动主轴，根据百分表的读数用铜棒或木锤轻敲工件进行调整，当主轴上下移动过程中百分表读数不变时，表示工件母线平行于 Z 轴。

图 1-31　三爪自定心卡盘

在加工具有固定角度或角度平均分配的零件时，常采用分度头（见图 1-32、图 1-33）来进行装夹。

图 1-32　数控分度头　　　　　　　　图 1-33　手动分度头

单件、小批量工件通常采用上述通用夹具进行装夹，装夹后要进行找正才能加工；中小批量工件和大批量工件的装夹，可采用组合夹具、专用夹具或成组夹具进行装夹，通常无需进行找正即可直接加工。

五、用直角铁（弯板）装夹工件

以直角铁装夹工件铣削平面为例。对基准面比较宽而加工面比较窄的工件，在铣削垂直面时，可利用直角铁来装夹（见图1-34）。

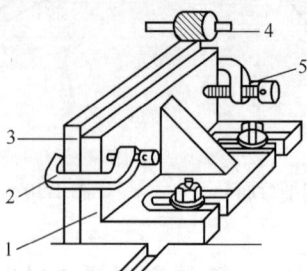

1—直角铁；2、5—U形夹；3—工件；4—刀具

图 1-34　铣宽而薄的垂直面

六、用轴用虎钳装夹工件

图 1-35 所示为采用轴用虎钳装夹铣削键槽。用轴用虎钳装夹轴类零件时，具有用机用虎钳装夹和 V 形块装夹的优点，所以装夹简便迅速。轴用虎钳的 V 形槽能两面使用，其夹角大小不同，以适应直径的变化。

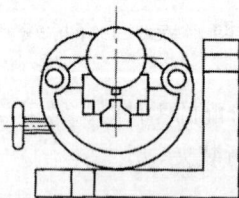

图 1-35　用轴用虎钳装夹轴类零件

七、定中心装夹工件

以定中心装夹铣键槽为例，用三爪自定心卡盘（见图 1-36（a））、两顶尖等方法装夹时，工件的轴线必在三爪自定心卡盘（或前顶尖）的中心与后顶尖的连心线上，轴线的位置不受工件直径改变的影响，用三爪自定心卡盘装夹时受三爪自定心卡盘精度的影响。若在分度头上没有三爪自定心卡盘而装有前顶尖时，则可利用鸡心夹头把工件紧固在两顶尖之间（见图 1-36（b））。这种装夹方法同三爪自定心卡盘装夹相比，工件中心的准确度要高，但刚性要差，且不稳固，装拆也较费时。

图 1-36（c）所示为自定心虎钳装夹，轴线的位置不受轴径变化的影响。但由于两个钳口都是活动的，故精确度不是很高。用这种虎钳装夹轴类零件方便、迅速，也很稳固，键槽位置不受钳口和压板的影响，但工件中心位置的准确度略差些。

一般而言，在铣床和加工中心上加工小型规则工件时，一般采用机用平口钳装夹；对中型和大型工件，则多采用压板装夹；在成批大量生产时，应采用专用夹具装夹；还有利用分度头和回转工作台（简称转台）来装夹的。不论采用哪种夹具和哪种方法，其共同的目标是使工件装夹稳固，不产生工件变形和损坏已加工好的表面，保证加工精度。

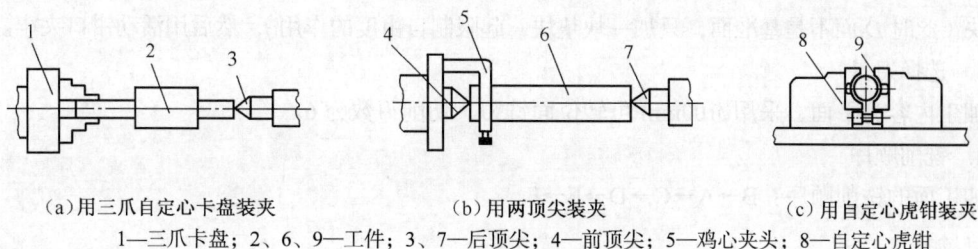

(a)用三爪自定心卡盘装夹　　(b)用两顶尖装夹　　(c)用自定心虎钳装夹

1—三爪卡盘；2、6、9—工件；3、7—后顶尖；4—前顶尖；5—鸡心夹头；8—自定心虎钳

图 1-36　定中心装夹

【例 1-1】　铣削如图 1-37 所示六面体，材料为 45 钢，各尺寸加工余量为 3mm。请确定正确的加工工艺。

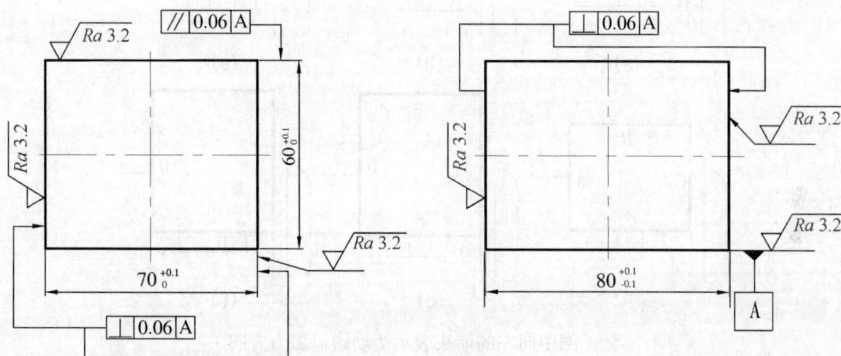

图 1-37　六面体零件

解：

1. 工艺分析

本零件虽比较简单，但表面质量、尺寸及形位精度要求较高，可采用普通铣床或数控铣床加工。零件加工的关键在于保证其垂直度和平行度。因此要选择好定位基准，每个面的铣削采用面铣刀双向铣削的方式。表面粗糙度要求 $Ra3.2\mu m$，需分粗、精加工进行。工序卡如表 1-9 所示。

表 1-9　　　　　　　　　　　六面体加工工序卡

零件号	001	零件名称	六 面 体	编制日期		
程序号		00001		编　制		
工步号	程序段号	工步内容		刀具号	切削用量		
					S 功能（r/min）	F 功能（mm/min）	背吃刀量（mm）
1		以 A 面为定位粗基准铣削 B 面，见图 1-38（a）		T01	粗：250 精：400	粗：300 精：480	粗：a_p=2.5 精：a_p=0.5
2		以 B 面为定位精基准铣削 A 面，见图 1-38（b）		T01			
3		以 B 面和 A 面为定位精基准铣削 C 面，见图 1-38（c）		T01			
4		以 B 面和 C 面为定位精基准铣削 D 面，见图 1-38（d）		T01			
5		以 B 面为定位精基准铣削 E 面，见图 1-38（e）		T01			
6		以 B 面和 E 面为定位精基准铣削 F 面，见图 1-38（f）		T01			

2. 装夹工件

工件为规则的六面体，采用机用平口虎钳装夹，需要 6 次装夹。注意按表 1-9 所确定的工步选择定位基准面。如第 1 步时，将基准面 A 靠实固定钳口（不能以活动钳口为基准），工件底面垫一块垫块（此时 D 面不是基准面，只加一块垫块，起限制自由度的作用），然后用活动钳口夹牢。

3. 选择刀具

加工内容为平面，采用 $\phi100$mm 可转位面铣刀，切削刃数为 6。

4. 铣削顺序

加工面的铣削顺序：B→A→C→D→E→F。

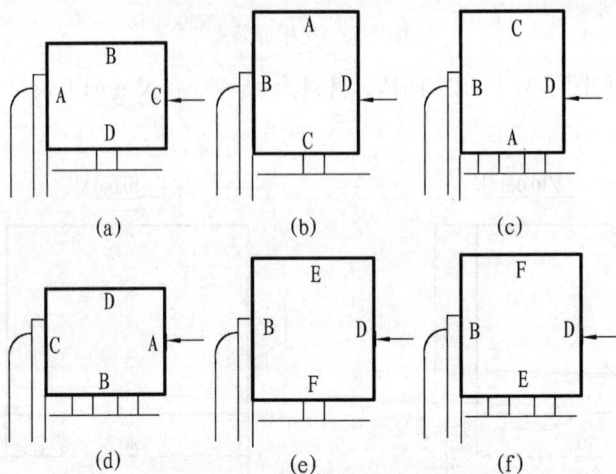

（图中向左的箭头表示活动钳口加力方向）

图 1-38　平口虎钳装夹铣六面体

课堂讨论 1-2：

图 1-39 所示为平口虎钳装夹工件示意图，请指出哪些方法是正确的，哪些方法错误的。为什么？

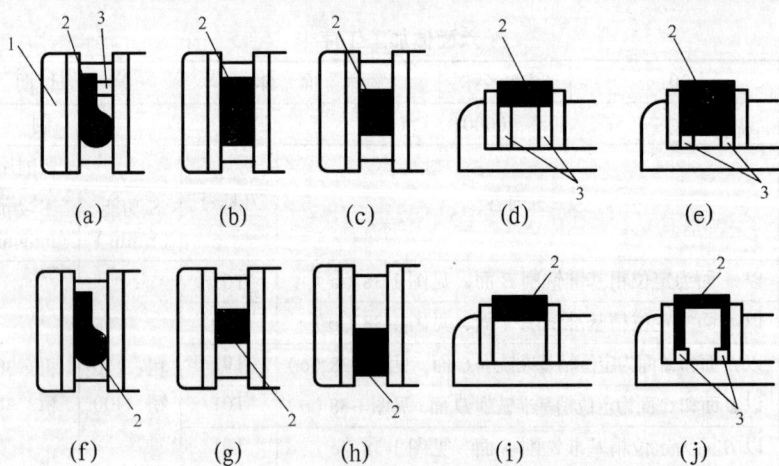

1—虎钳；2—工件；3—垫块

图 1-39　机用平口虎钳装夹零件图

习 题 一

一、选择题（请将正确答案的序号填写在题中的括号中）

1. 适合加工大型、特大型工件的铣床是（　　）。

A. 立式铣床　　　　　　B. 卧式铣床　　　　　　C. 龙门铣床　　　　　　D. 均可

2. 卧式数控铣床的主轴与工作台面（　　）。

A. 垂直　　　　　　　　　　　　　　　　B. 平行

C. 倾斜　　　　　　　　　　　　　　　　D. 主轴可相对于工作台面摆动

3. 数控机床发出控制指令的装置是（　　）。

A. 伺服驱动系统　　　　B. 数控系统　　　　　　C. 主轴箱　　　　　　　D. 液压系统

4. 由进给电动机和滚珠丝杠组成的系统是（　　）。

A. 进给伺服系统　　　　B. 控制系统　　　　　　C. 辅助装置　　　　　　D. 基础部件

5. 加工中心在结构形状上区别于数控铣床的主要特征是（　　）。

A. 加工中心采用了滚珠丝杠　　　　　　　B. 加工中心主轴刚度更好

C. 加工中心设计有防护门　　　　　　　　D. 加工中心有刀库和换刀装置

6. 粗加工主要考虑（　　）。

A. 去除尽可能多的余量　　　　　　　　　B. 采用尽可能大的切削速度

C. 采用尽量小的进给量　　　　　　　　　D. 尽量保证加工精度

7. 在工件表面粗糙度值要求为 Ra（3.2～12.5）μm 时，应采取（　　）的工艺路线。

A. 粗铣一次即可　　　　　　　　　　　　B. 粗铣—半精铣

C. 粗铣—半精铣—精铣　　　　　　　　　D. 粗铣—半精铣—粗磨—精磨

8. 关于每齿进给量的选取，说法错误的是（　　）。

A. 硬质合金铣刀的每齿进给量高于同类高速钢铣刀　　B. 工件材料的强度和硬度越高，f_z 越小

C. 工件表面粗糙度越高，f_z 就越大　　　　　　　　D. 工件刚性较差时取小值

9. 采用机用平口虎钳装夹短工件，在粗铣和半精铣时，希望铣削力（　　）固定钳口。

A. 平行　　　　　　　　B. 指向　　　　　　　　C. 背向　　　　　　　　D. 垂直

10. 用压板装夹工件时，垫铁的高度应（　　）工件。

A. 高于　　　　　　　　B. 低于　　　　　　　　C. 平齐　　　　　　　　D. 均可

二、判断题（正确的在括号中打√，错误的在括号中打×）

1. 变斜角类零件的加工可采用三坐标机床做近似加工。　　　　　　　　　　（　　）

2. 数控加工工艺文件是一种标准化的格式文件。　　　　　　　　　　　　　（　　）

3. 切削用量中背吃刀量对切削温度影响最大。　　　　　　　　　　　　　　（　　）

4. 粗加工的主要任务是去除毛坯上大部分多余金属，精加工的主要任务是保证加工质量。（　　）

5. 光整加工的主要任务是提高尺寸精度和位置精度。　　　　　　　　　　　（　　）

6. 对箱体、支架类零件，一般先加工平面，再加工孔。 （　　）

7. 数控铣床用端铣刀铣削平面，当加工余量大且不均匀时，刀盘直径应选大些。 （　　）

8. 端铣时，背吃刀量 a_p 为被加工表面宽度；而圆周铣时，a_p 为切削层深度。 （　　）

9. 卧式铣床上用周铣法铣平面时，影响平面度的主要原因是铣刀圆柱度超差。 （　　）

10. 四爪卡盘有自定心作用。 （　　）

三、问答题

1. 简述数控铣床和加工中心适宜加工对象。

2. 简述安排加工顺序的原则。

3. 简述数控铣床或加工中心上所使用的夹具类型有哪些？各自的特点和适用范围如何？

4. 数控铣床上装夹找正的方法有哪些？

5. 简述在平口钳上装夹铣垂直面和平面时，造成误差的主要原因及预防措施。

任务一

数控编程概述

一、插补的概念

根据已知运动轨迹的起点坐标、终点坐标和轨迹的曲线方程，由数控系统实时计算出各中间点的坐标，这就是插补。由于插补是在两已知点间"插入"一些中间点，所以插补实际上是一种数据密化的过程。数控系统的插补方法有脉冲增量插补（行程标量插补）法、数字增量插补（时间标量插补）法等。如图 2-1 所示为脉冲增量插补法进行直线插补和圆弧插补的情形，图中，首端和末端圆点表示编程中指定的起点坐标和终点坐标，粗直线、粗圆弧线是已知的运动轨迹，中间的圆点表示由数控系统实时计算出的各中间点的坐标。由图 2-1 可以看出，脉冲增量插补法进行直线插补和圆弧插补时，是用折线去逼近直线或圆弧的。数字增量插补法有所不同，它是用直线段（内接弦线、内外均差弦线、切线）来逼近曲线（包括直线）的。

数控系统常用的插补功能可分为直线插补法、圆弧插补法、抛物线插补法和高次曲线插补法等。一般数控系统均具有直线插补和圆弧插补功能。

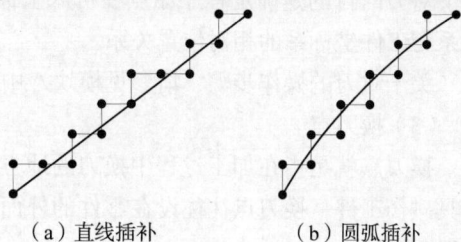

(a) 直线插补　　　　　(b) 圆弧插补

图 2-1　脉冲增量插补法进行直线插补和圆弧插补

二、刀位点、对刀点、换刀点与刀具补偿的概念

（一）刀位点

刀位点是用于确定刀具在机床坐标系中位置的刀具上的特征点。对于端铣刀、立铣刀、面铣刀和钻头、丝锥来说，是指它们的底面中心；对于镗刀，是指刀尖所在平面与轴线的交点；对于球头铣刀，是指球头球心；对于圆弧车刀，刀位点在圆弧圆心上；对于尖头车刀，刀位点在刀尖；对于数控线切割，刀位点则是线电极轴心与工件表面的交点。需要指出的是，球头铣刀刀刃上不同的点切削时，所

表现出的刀具半径不一样。图 2-2 所示为常见的几种刀具的刀位点示意图。

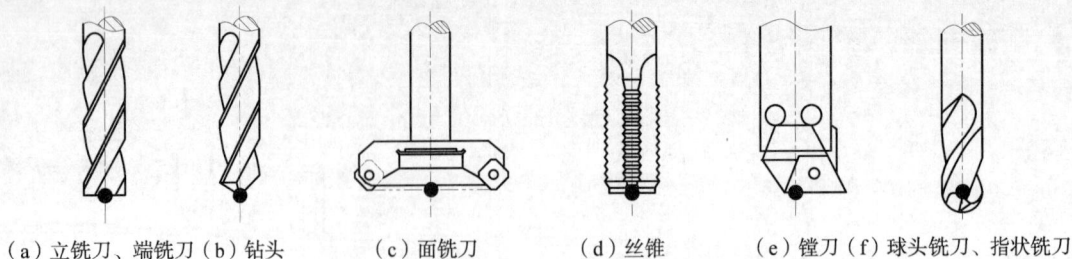

（a）立铣刀、端铣刀（b）钻头　　　（c）面铣刀　　　　（d）丝锥　　　（e）镗刀（f）球头铣刀、指状铣刀

图 2-2　常用刀具的刀位点（黑点表示刀位点）

数控加工程序控制刀具的运动轨迹，实际上是控制刀位点的运动轨迹。

（二）对刀点和换刀点位置的确定

（1）对刀点

在数控加工中，要注意对刀点的选择。对刀点是加工零件时刀具相对于工件运动的起点。因为数控加工程序是从这一点开始执行的，所以对刀点也称为起刀点。

选择对刀点的原则：

① 便于数学处理（基点和节点的计算）和使程序编制简单；

② 在机床上容易找正；

③ 加工过程中便于测量检查；

④ 引起的加工误差小。

（2）对刀

对刀就是使对刀点与刀位点重合的操作。该操作是工件加工前必需的步骤，即在加工前采用手动的办法，移动刀具或工件，使刀具的刀位点与对刀点重合。

对刀的目的是确定程序原点在机床坐标系中的位置（即工件原点偏置），或者说确定机床坐标系与工件坐标系的相对位置关系。

关于对刀的操作步骤，请参见模块八中的内容。

（3）换刀点

换刀点就是指在加工过程中换刀的地方。换刀点应根据工序内容合理安排。为了防止换刀时刀具碰伤工件，换刀点往往设在零件的外面。对于加工中心，通常放在机床零点（各轴正向极限位置）。

（三）刀具位置补偿

刀具位置补偿包括刀具半径和刀具长度补偿。

在轮廓加工过程中，由于刀具总有一定的刀具半径（如铣刀半径）或刀尖部分有一定的圆弧半径（为方便起见，以后统称刀具半径），所以在零件轮廓加工过程中，刀位点的运动轨迹并不是零件的实际轮廓，而用户通常又希望按工件轮廓轨迹编写工件加工程序，这样刀位点必须偏移零件轮廓一个刀具半径，这种偏移称为刀具半径补偿。根据 ISO 标准，当刀具中心轨迹在编程轨迹前进方向左边时，称为左补偿；反之称为右补偿。

刀具长度补偿，是为了使刀具顶端到达编程位置而进行的刀具位置补偿。当采用不同尺寸的刀具加工同一轮廓尺寸的零件，或同一名义尺寸的刀具因换刀重调、磨损引起尺寸变化时，为了编程方便和不改变已编制好的程序，利用数控系统的刀具位置补偿功能，只需要将刀具尺寸变化值输入数控系统，数控系统就可以自动地对刀具尺寸变化进行补偿。

后续章节中，我们将具体学习在数控编程中的刀具补偿代码及其应用。

三、数控加工程序结构及程序编制方法

1. 程序的结构

加工程序可分为主程序和子程序，主程序即加工程序，子程序是可以用适当的机床控制指令调用的一段加工程序。主程序可以多次调用同一个或不同的子程序，子程序也可以调用另外的子程序（称为子程序嵌套），对于可嵌套的次数，不同的数控系统有不同的规定。

无论是主程序还是子程序，每一个程序都是由程序号、程序内容和程序结束三部分组成。程序的内容则由若干程序段组成。程序段是由若干程序字组成，每个程序字又由地址符和带符号或不带符号的数值组成。程序字是程序指令中的最小有效单位。

2. 程序的格式

（1）程序号（名）

FUNAC 0i 数控系统用英文 O 加 1~4 位数字表示（华中数控系统是用%加 1~4 位数字表示程序号的），程序号应加在每个程序之首。换句话说，每个程序均要有一个程序号（无论是主程序还是子程序），以区别于其他程序。

（2）程序段

数控机床程序段一般格式如下：

N 程序段号　G 准备功能　X ± 坐标运动尺寸　Y ± 坐标运动尺寸　Z ± 坐标运动尺寸　F 进给速度　S 主轴转速　M 辅助功能　附加指令；

例如，对于 FUNAC 0i 数控系统，

程序段：N07　　G　　　　　01　　Z　　－　　30.0　　F　　　200；

含义：程序段号　地址符　　数字　地址符　符号　数字　　地址符　　数字

本书所列程序及程序段除非有特别说明，均指采用 FANUC 0i 数控系统的程序格式。

需要强调的是，FANUC 0i 数控系统中尺寸字带小数点和不带小数点是有很大区别的，不带小数点时，依据系统参数设定为"计算器型小数点"或"标准型小数点"的不同，最小尺寸单位分别表示 1mm 和 0.001mm；而带小数点时，两种小数点类型所表示的最小尺寸单位均为 1mm。所以，建议读者在采用 FANUC 0i 数控系统编程时，所有尺寸字均带上小数点。

3. 常用地址符及其含义

常用地址等及其含义如表 2-1 所示。

表 2-1　　　　　　　　　　　　　常用地址符及其含义

机　能	地　址　符	说　明
程序号	O 或 P 或%	程序编号地址
程序段号	N	程序段顺序编号地址
坐标字	X, Y, Z; U, V, W; P, Q, R;	直线坐标轴
	A, B, C; D, E;	旋转坐标轴
	R;	圆弧半径
	I, J, K	圆弧中心坐标

续表

机　能	地　址　符	说　明
准备功能	G	指令动作方式
辅助功能	M，B	开关功能，工作台分度等
补偿值	H 或 D	补偿值地址
暂停	P 或 X 或 F	暂停时间
重复次数	L 或 H	子程序或循环程序的循环次
切削用量	S 或 V F	主轴转数或切削速度 进给量或进给速度
刀具号	T	刀库中刀具编号

4. 数控程序的编制方法及步骤

数控编程的方法一般分为手工编程和自动编程。

手工编程是指各个步骤均由手工编制。即从工件的图样分析、工艺过程的确定、数值计算到编写加工程序单、制作控制介质、程序的校验和修改等都是由人手工完成的。

自动编程又称为计算机辅助编程，是大部分或全部编程工作都由计算机自动完成的一种编程方法。

数控编程的具体内容和步骤可以用如图 2-3 所示的框图描述。

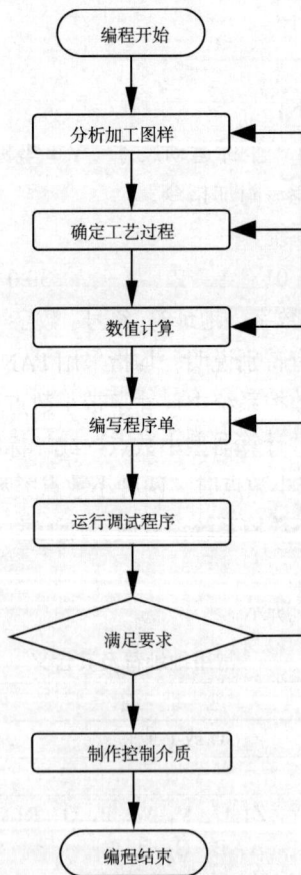

图 2-3　编程的内容和步骤

任务二 认识数控机床坐标系

一、数控机床坐标系统

数控机床的坐标系统包括坐标系、坐标原点和运动方向。由于机床的运动形式多种多样，为了描述刀具与零件的相对运动，简化编程，数控机床的坐标系按国际标准化组织（International Organization for Standardization-ISO）的标准对数控机床的坐标系统做了一些统一规定。

1. 刀具相对于工件运动的原则

机床上实际的进给运动部件相对于地面来说，有的是刀具运动（如车床），有的是工件运动（如铣床）。为了统一对刀具运动的描述，规定数控机床的坐标系是刀具相对于工件运动，而假定工件总是静止的。根据这个规定，数控加工程序中记录的进给路线是刀具运动的路线。

2. 标准坐标系的规定

数控机床的坐标系规定为右手直角笛卡尔坐标系。其直线运动坐标轴用 X、Y、Z 表示（一般称为主坐标或第一坐标），三轴间的位置关系如图 2-4 所示。即伸出右手，大拇指所指的方向为 X 轴正向，食指所指的方向为 Y 轴正向，中指所指的方向为 Z 轴正向。可绕 X、Y、Z 轴旋转运动的坐标轴分别用 A、B、C 轴表示，它们的方向规定符合右手螺旋定则。即右手握住主坐标轴（X、Y、Z 轴之一），大拇指指向主坐标轴的正向，则弯曲的四指方向为旋转坐标轴的正向。这个坐标系的各个坐标轴与机床导轨平行，工件装夹在机床上时，应按机床主要直线运动导轨找正工件。

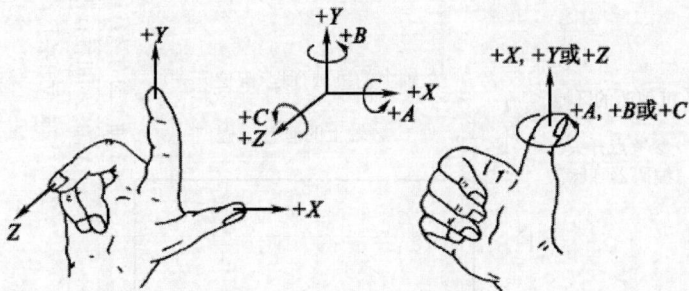

图 2-4　右手笛卡尔坐标系

在多轴数控机床（一般将三轴以上的机床称为多轴数控机床）上，可能还会存在平行于第一坐标的第二组或第三组坐标，这样的坐标定义为 U、V、W 和 P、Q、R。

3. 刀具运动方向的规定

刀具运动的正方向是使刀具远离工件的方向，各轴的具体规定如下：

数控机床的 Z 轴为主轴方向，刀具远离工件的方向为 Z 轴正方向。X 轴是水平的，平行于工件装夹面。对于立式数控铣床，从工件向立柱的方向看，右侧为 X 轴正向。Y 轴及其方向是根据 X 轴、Z 轴方向，按右手笛卡尔坐标系确定的。A、B、C 轴的正向则按右手螺旋定则确定。

二、机床坐标系、机床零点和机床参考点

（一）机床坐标系与机床零点

机床坐标系是用来确定工件坐标系的基本坐标系，机床坐标系的原点称为机床零点或机床原点。机床零点的位置一般由机床参数指定（所以说，机床零点是一个不可见的定义点，而不是硬件点），一旦指定后，这个零点便被确定下来，维持不变。机床坐标系一般不作为编程坐标系，仅作为编程坐标系——工件坐标系的参考坐标系。

（二）机床参考点与机床行程开关

数控机床上电时并不知道机床零点。为了正确地在机床工作时建立机床坐标系，通常在每个坐标轴的行程范围内设置一个机床参考点（测量起点）。机床零点可以与机床参考点重合，也可以不重合。不重合时，可通过机床参数指定机床参考点到机床零点的距离。

机床坐标轴的机械行程范围是由最大和最小限位开关来限定的，而机床坐标轴的有效行程范围是由机床参数（软件限位）来界定的。

机床经过设计、制造和调整后，机床参考点和机床最大、最小行程限位开关便被确定下来，它们是机床上的固定点。而机床零点和有效行程范围是机床上不可见的点，其值由制造商通过参数来定义。数控机床的参考点一般不允许用户随意改变。

机床零点（O_M）、机床参考点（O_m）、机床坐标轴的机械行程和有效行程的关系如图 2-5 所示（以 X 轴、Z 轴为例）。

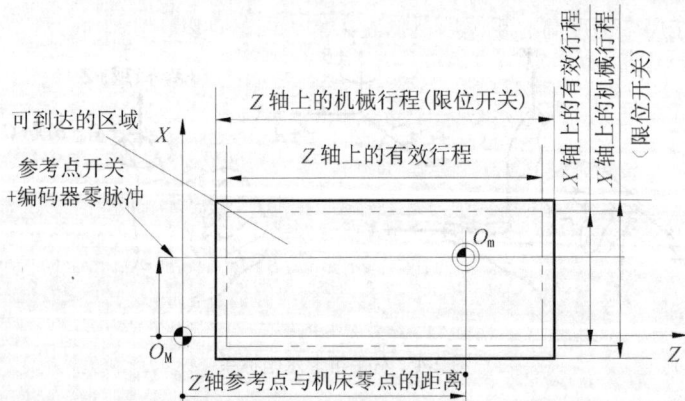

图 2-5　机床零点（O_M）与机床参考点（O_m）之间的关系图

（三）机床回参考点与机床坐标系的建立

当机床坐标轴回到了参考点位置时，就知道了该坐标轴的零点位置。机床所有坐标轴都回到

了参考点，此时数控机床就建立了机床坐标系。也就是说，机床回参考点的实质就是建立机床坐标系的操作。因此，在数控机床启动时，一般要进行手动或自动回参考点操作。需要说明的是，采用绝对式测量装置的数控机床，由于机床断电后实际位置不丢失，不必在每次启动机床时，都进行回参考点操作。

由于回参考点操作能确定机床零点位置，所以习惯上也称为回零。

机床参考点的设置一般采用常开微动开关配合反馈元件的基准（标记）脉冲的方法确定。通常，光栅尺每 50mm 产生一个基准脉冲，或在光栅尺的两端各有一个基准脉冲，而旋转编码器每转产生一个基准脉冲。数控机床回参考点的过程一般为：

① 快速移向机床坐标轴的参考点开关（常开微动开关）；

② 压下开关后，以慢速运动直到接收到第一个基准脉冲；

③ 停止坐标轴移动，回参考点完毕。

这时的机床位置（或者加上机床参数设定的偏置值）就是机床参考点的准确位置。

机床回参考点操作除用于建立机床坐标系外，还可用于消除漂移、变形等造成的误差。机床使用一段时间后，各种原因使工作台存在着一些漂移，使加工有误差。回一次参考点，就可以使机床的工作台回到准确的位置，消除误差。所以在机床加工前，也往往要做回参考点操作。

三、工件坐标系和程序原点

工件坐标系是编程人员为编程方便，在工件、工装夹具上或其他地方选定某一已知点为原点而建立的坐标系。工件坐标系原点称为程序原点。当采用绝对坐标编程时，工件所有有的编程坐标值都是基于程序原点计量的（CNC 系统在处理零件程序时，自动将相对于程序原点的任意点的坐标统一转换为相对于机床零点的坐标）。

选择工件坐标系原点的一般原则如下。

（1）尽量选在工件图样的基准上，便于计算，减少错误，以利于编程。

（2）尽量选在尺寸精度高、粗糙度值低的工件表面上，以提高被加工工件的加工精度。

（3）要便于测量和检验。

（4）对于对称的工件，最好选在工件的对称中心上。

（5）对于一般零件，通常选在工件外轮廓的某一角上。

（6）Z 轴方向的原点，通常设在工件表面。

在数控机床加工前，必须首先设置工件坐标系，编程时可以用 G 指令（一般为 G92）建立工件坐标系；也可用 G 指令（G54～G59）选择预先通过 MDI 方式设置好的工件坐标系。在加工过程中也可以根据需要，用 G 指令进行工件坐标系的切换。但工件坐标系一旦建立或选定便一直有效，直到被新的工件坐标系所取代。图 2-6 所示为程序原点与机床原点的位置关系。

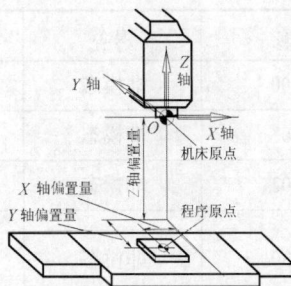

图 2-6 数控铣床程序原点与机床原点的位置关系

任务三
学习数控铣床基本编程指令

一、数控系统功能指令

（一）准备功能与辅助功能

准备功能也叫 G 功能或 G 代码。它是使机床或数控系统建立起某种加工方式的指令。G 代码由地址 G 加后面的 1~2 位数字组成，G00～G99 共 100 种。G 代码分两类：模态 G 代码和非模态 G 代码。模态 G 代码具有连续性，故又称续效代码。模态 G 代码在后续的程序段中一直生效，直到被同组的 G 代码注销；非模态 G 代码只限于在被指定的程序段中生效（当段有效）。如 FANUC 0i 数控系统中，G00～G03 均为模态 G 代码，而 G04、G27～G31 等均为非模态 G 代码。

G 指令主要用于规定刀具和工件的相对运动轨迹（即插补功能）、机床坐标系、坐标平面、刀具补偿等多种加工操作。不同的数控系统，G 指令的功能不完全一样，编程时需要参考机床操作说明书和数控系统编程说明书。

附录 1～附录 3 中列出了 FANUC 0i、SINUMERIK 802D sl 和华中数控 HNC-21M 数控系统常用 G 代码。从中可以看出，两者代码不完全一样，从后面的编程部分还将看到，在编程格式上也有一些差别。

辅助功能也叫 M 功能或 M 代码。辅助功能是用地址 M 及 1~2 位数字表示的，它主要用来表示机床操作时的辅助动作及其状态。其特点是靠继电器的得、失电来实现其控制过程，其代码如表 2-2 所示。辅助功能也分为模态和非模态两种。此外辅助功能还有前作用 M 功能和后作用 M 功能之分。所谓前作用 M 功能是指在本程序段指定的轴运动之前执行该功能；而后作用 M 功能是指在本程序段指定的轴运动之后执行该功能。如 M03、M04 是前作用 M 功能，而 M05 是后作用 M 功能。前作用 M 功能和后作用 M 功能一般是基于工艺需要而确定的，读者不必刻意记忆它们。

表 2-2   常用辅助功能表

指令	模态	功能	指令	模态	功能
M00	非模态	程序暂停	M03	模态	主轴正转启动
M01	非模态	计划停止	M04	模态	主轴反转启动
M02	非模态	程序结束	M05	模态	主轴停止转动
M30	非模态	程序结束并返回程序起点	M06	非模态	换刀
			M07	模态	切削液打开
M98	非模态	调用子程序	M09	模态	切削液停止
M99	非模态	子程序结束			

注：M00～M09 可简写为 M0～M9。

（二）进给功能、主轴功能、刀具功能

利用字母 F、S、T 后面指令一个数值，分别表示进给速度、主轴转速和所用刀具及其刀补号。在一个程序段中，F、S、T 只能有一个，并将接收的代码信号传送给机床。其具体格式及用法将在后续单元中详述。

二、工件坐标系设定指令 G92

G92 指令用来设定工件坐标系。它是通过指定当前位置的刀具上的某一点（如刀尖）在工件坐标系中的坐标值来设定的。它属于模态指令，其设定值在重新设定之前一直有效。

格式：G92 X_Y_Z_；

说明：

下划线"_"表示对应地址的具体数值，全书同。

X、Y、Z 为刀位点在工件坐标系中的初始位置。例如，在图 2-7（a）中，若工件坐标系原点在 O 点，刀具起刀点在 A 点，则设定该坐标系的程序段为：

G92 X20.0 Y30.0；

应该注意的是，用这种方式设定的工件坐标系原点是随刀具起始点位置的变化而变化的，这一点在重复加工中应予以注意。

若仍以图 2-7（a）为例，当刀具起始点在 B 点，要建立图示的坐标系时，则设定该坐标系的程序段为：

G92 X10.0 Y10.0；

这时若仍用程序段"G92 X20.0 Y30.0；"来设置坐标系，则所设置的坐标系如图 2-7（b）所示。

工件坐标系建立以后，程序内所有用绝对值指定的坐标值，均为这个坐标系中的坐标值。

必须注意的是，数控机床在执行 G92 指令时并不动作，只是显示器上的坐标值发生了变化。

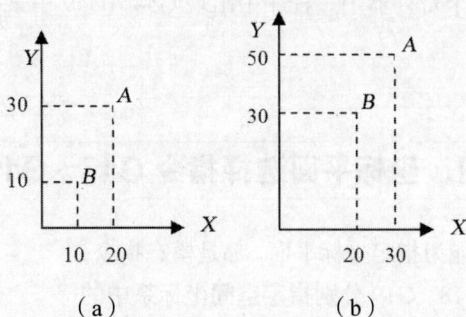

图 2-7　设置工件坐标系

课堂讨论 2-1：

如图 2-8 所示，刀位点为立铣刀底部中心，欲用 G92 指令将工件坐标系设置在如图所示的工件上表面，则工件坐标系设定程序段为_____。

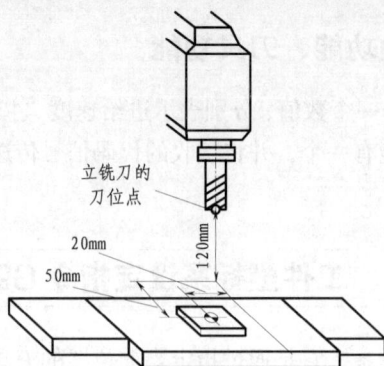

图 2-8　用 G92 指令设定工件坐标系

三、工件坐标系选择指令 G54～G59

工件坐标系选择指令有 G54、G55、G56、G57、G58、G59，均为模态指令。指令与所选坐标系对应的关系是：

G54：选定工件坐标系 1；

G55：选定工件坐标系 2；

G56：选定工件坐标系 3；

G57：选定工件坐标系 4；

G58：选定工件坐标系 5；

G59：选定工件坐标系 6；

程序段格式为：

G54（或 G55～G59 中的任意一个）

加工之前，通过 MDI（手动数据输入）方式设定这 6 个坐标系原点在机床坐标系中的位置，系统则将它们分别存储在 6 个寄存器中。程序中出现 G54～G59 中某一指令时，就相应地选择了这 6 个坐标系中的一个。

G54 为缺省值。

四、坐标平面选择指令 G17～G19

G17、G18、G19 指令功能为指定坐标平面，都是模态指令，相互之间可以注销。G17、G18、G19 分别指定空间坐标系中的 XY 平面、ZX 平面和 YZ 平面，如图 2-9 所示，其作用是让机床在指定坐标平面上进行插补加工和刀具补偿。

对于三坐标数控铣床和镗铣加工中心，开机后数控装置自动将机床设置成 G17 状态，如果在 XY 坐标平面内进行轮廓加工，可省略 G17。同样，数控车床总是在 XZ 坐标平面内运动，在程序中也可省略 G18 指令。可以省略不写的指令通常称之为"缺省值"或"默认值"。

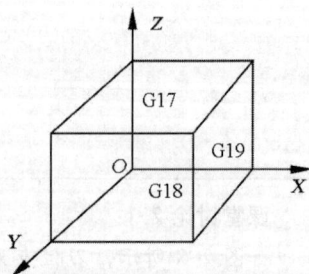

图 2-9　坐标平面指令

要说明的是，移动指令和平面选择指令无关，如选择了 *XY* 平面之后，*Z* 轴仍旧可以移动。

五、绝对坐标指令 G90 与增量坐标指令 G91

所有坐标值均以机床或工件原点计量的坐标系称为绝对坐标系。在这个坐标系中移动的尺寸称为绝对坐标，也叫绝对尺寸，所用的编程指令称为绝对坐标指令。

运动轨迹的终点坐标是相对于起点计量的坐标系称为增量坐标系，也叫相对坐标系。在这个坐标系中移动的尺寸称为增量坐标，也叫增量尺寸，所用的编程指令称为增量坐标指令。

绝对坐标指令是 G90，增量坐标指令是 G91，它们是一对模态指令。G90 出现后，其后的所有坐标值都是绝对坐标，当 G91 出现以后，G91 以后的坐标值则为相对坐标，直到下一个 G90 出现，坐标又改回到绝对坐标。G90 为缺省值。

六、单位设定指令

与单位有关的指令主要有英制公制转换指令和进给速度单位设定指令。

（1）英制公制转换指令

英制公制转换指令有 G20、G21。其中，G20 表示英制尺寸，G21 表示公制尺寸。G21 为缺省值。

公制与英制单位的换算关系为：

1 mm ≈ 0.0394 in.

1 in. ≈ 25.4mm

注意：

① 有些系统要求这 2 个代码必须在程序的开头、坐标系设定之前用单独的程序段指定，一经指定，不允许在程序的中途切换。

② 有些系统的公制/英制尺寸不采用 G21/G20 编程，如 SIMENS 和 FAGOR 系统采用 G71/G70 代码。

（2）进给速度单位的设定指令

进给速度单位的设定指令是 G94、G95。均为模态指令，G94 为缺省值。

程序段格式为：

G94F_；或 G95F_；

G94 设定每分钟进给量，单位依 G20、G21 的设定分别为 in/min、mm/min。

G95 设定每转进给量，单位依 G20、G21 的设定分别为 in/r、mm/r。要说明的是，这个功能必须在主轴装有编码器时才能使用。

七、点位控制指令 G00

G00 为点位控制指令，该指令的功能是要求刀具以点位控制方式从刀具所在位置以各轴设定的最高允许速度移动到指定位置，属于模态指令。它只实现快速移动，并保证在指定的位置停止。

程序段格式为：

G00 X_Y_Z_；

X、Y、Z 为目标点坐标。

快速点定位的移动速度不能用程序指令设定（但可以通过机床控制面板上的"快速修调"按键增大或减小），而是根据数控系统预先设定的速度来执行。若在快速点定位程序段前设定了进给速度 F，指令 F 对 G00 程序段无效。快速点定位时数控系统对刀具的运动轨迹不进行控制，其执行过程是刀具由起始点开始加速移动至最大速度，然后保持快速移动，最后减速到达终点，实现快速点定位，这样可以提高数控机床的定位精度。

由快速点定位的特点可知，G00 的运动轨迹并不一定是直线，如图 2-10 所示，由点 A 快速运动到点 B，执行 G00 X90.0 Y45.0 程序段时，假设 X、Y 两轴增益相等，则由于两轴进给速度相同，从 A 点到 B 点的快速定位路线为 A→C→B，即以折线的方式到达 B 点，而不是以直线方式从 A→B。这一点在编程时要特别注意，防止在使用 G00 时与夹具、工件发生碰撞。

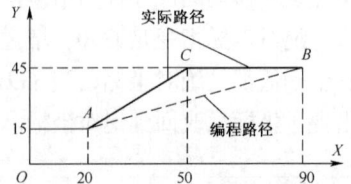

图 2-10　G00 的实际移动路线

八、直线插补指令 G01

直线插补指令为 G01，该指令的功能是指令刀具相对于工件以直线插补运算联动方式，按程序段中规定的进给速度 F，由某坐标点移动到另一坐标点，插补加工出任意斜率的直线。机床在执行 G01 指令时，在该程序段中必须具有或在该程序段前已经有 F 指令，如无 F 指令则认为进给速度为零。G01 和 F 均为模态代码。

程序段格式为：

G01 X_Y_Z_F_；

X、Y、Z 为目标点坐标。F 为进给速度指令，其单位为 mm/min（指定 G21 情形）或 in/min（指定 G20 情形）。

【例 2-1】　如图 2-11 所示路径，要求用 G01 编程，坐标系原点 O 是程序起始点，要求刀具中心由 O 点快速移动到 A 点，然后沿 AB、BC、CD、DA 实现直线插补，再由 A 点快速返回程序起始点 O，请用 G01 指令编写相应的程序段。

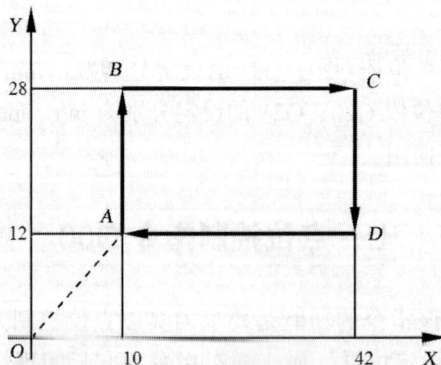

图 2-11　G01 编程图例

解：
① 按绝对坐标指令编程：
…

N10	G90 G00 X10.0 Y12.0 M03 S600；	快速移至 A 点，主轴正转，转速 600r/min
N20	G01 Y28.0 F100；	直线进给 A→B，进给速度 100mm/min
N30	X42.0；	直线进给 B→C，进给速度不变
N40	Y12.0；	直线进给 C→D，进给速度不变
N50	X10.0；	直线进给 D→A，进给速度不变
N60	G00 X0 Y0；	返回原点 O

…

② 按增量坐标指令编程：
…

N10	G91 G00 X10.0 Y12.0 S600 M03；	快速移至 A 点，主轴正转，转速 600r/min
N20	G01 Y16.0 F100；	直线进给 A→B，进给速度 100mm/min
N30	X32.0；	直线进给 B→C，进给速度不变
N40	Y-16.0；	直线进给 C→D，进给速度不变
N50	X-32.0；	直线进给 D→A，进给速度不变
N60	G00 X-10.0 Y-12.0；	返回原点 O

…

　　上例中 N10 程序段中的 S 为主轴功能指令。S600 表示主轴转速为 600r/min。M03 表示主轴正转。

　　直线插补指令 G01 一般作为直线轮廓的切削加工运动指令，有时也用作很短距离的空行程运动指令，以防止 G00 指令在短距离高速运动时可能出现的惯性过冲现象。

九、圆弧插补及螺旋线进给指令 G02/G03

1. 圆弧插补指令

　　G02、G03 为圆弧插补指令，该指令的功能是使机床在给定的坐标平面内进行圆弧插补运动，如图 2-12 所示。圆弧插补指令首先要指定圆弧插补的平面，插补平面由 G17、G18、G19 选定。圆弧插补有两种方式，一种是顺时针圆弧插补（G02），另一种是逆时针圆弧插补（G03）。顺圆和逆圆的判断方法：站在与插补平面垂直的轴正向向负向看，插补方向为顺时针时为顺圆，逆时针时为逆圆。编程格式有两种，一种是 I、J、K 格式，另一种是 R 格式。

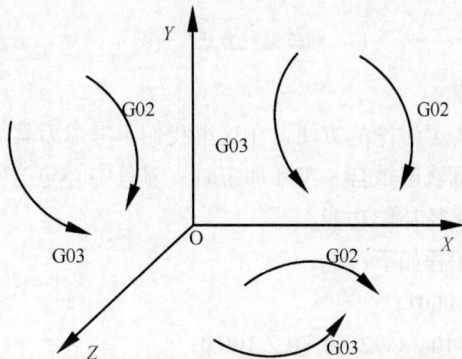

图 2-12　圆弧插补方向判别

程序段格式：

$$\begin{Bmatrix} G17 \\ G18 \\ G19 \end{Bmatrix} \begin{Bmatrix} G02 \\ G03 \end{Bmatrix} \begin{Bmatrix} X\_Y\_R\_ \\ X\_Z\_R\_ \\ Y\_Z\_R\_ \end{Bmatrix} F\_ \quad 或 \quad \begin{Bmatrix} G17 \\ G18 \\ G19 \end{Bmatrix} \begin{Bmatrix} G02 \\ G03 \end{Bmatrix} \begin{Bmatrix} X\_Y\_I\_J\_ \\ X\_Z\_I\_K\_ \\ Y\_Z\_J\_K\_ \end{Bmatrix} F\_$$

其中，G17、G18、G19 为插补平面选择指令，X、Y、Z 为圆弧终点坐标值。在绝对值编程 G90 方式下，圆弧终点坐标是绝对坐标尺寸；在增量值编程 G91 方式下，圆弧终点坐标是相对于圆弧起点的增量值。I、J、K 表示圆弧圆心相对于圆弧起点在 X、Y、Z 方向上的增量坐标。即 I 表示圆弧起点到圆心的距离在 X 轴上的投影；J 表示圆弧起点到圆心的距离在 Y 轴上的投影；K 表示圆弧起点到圆心的距离在 Z 轴上的投影。I、J、K 的方向与 X、Y、Z 轴的正负方向相对应。如图 2-13 所示，图上 I、J 均为负值。要注意的是，I、J、K 的值属于 X、Y、Z 方向上的坐标增量，与 G90 和 G91 方式无关。

I、J、K 为零时可以省略，但不能同时为零，否则刀具原地不动或系统发出错误信息。

下面举例说明 G02、G03 的编程方法。

【例 2-2】 如图 2-14 所示图例，设刀具快速下刀到 Z5，然后改为直线进给至 Z-3，再由坐标原点 O 进给到 A 点，从 A 点开始沿着 A、B、C、D、E、F、A 的线路切削，最终回到原点 O。请编写数控加工程序。

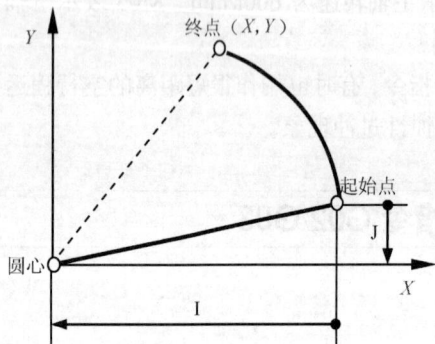

图 2-13　圆弧编程方式

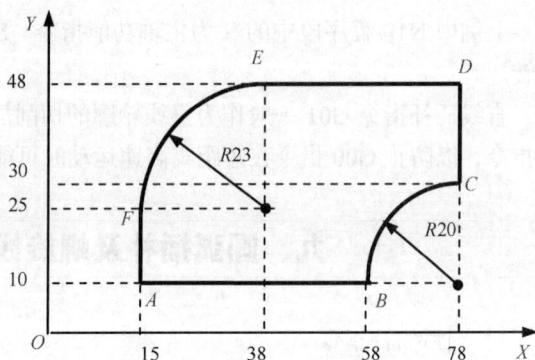

图 2-14　G02、G03 编程图例

解：

为了讨论的方便，在这里我们不考虑刀具半径对编程轨迹的影响，编程时假定刀具中心与工件轮廓轨迹重合。实际加工时，刀具中心与工件轮廓轨迹间总是相差一个刀具半径，这就要用到刀具半径补偿功能。

编程如下：

O0001；	程序名
N10　G92 X0 Y0 Z 100.0；	建立坐标系
N20　G90 G17 M03 S1200；	绝对值方式，XOY 平面，主轴正转
N30　G00 Z5.0；	快速下刀
N40　G01 Z-3.0 F50；	以 50mm/min 的进给速度下刀至切削平面

N50	G91 G01 X15.0 Y10.0 F120;	快速移动到 A
N60	G01　X43.0　F180;	直线插补到 B，进给速度 180mm/min
N70	G02　X20.0　Y20.0　I20.0　F80;	顺时针插补 B→C，进给速度 80mm/min
N80	G01　X0　Y18.0　F180;	直线插补 C→D，进给速度 180mm/min
N90	X-40.0;	直线插补 D→E，进给速度不变
N100	G03　X-23.0　Y-23.0　J-23.0　F280;	逆时针插补 E→F，进给速度 280mm/min
N110	G01　Y-15.0　F180;	直线插补 F→A，进给速度 180mm/min
N120	G00　X-15.0　Y-10.0;	快速返回原点 O
N125	G90　Z100.0;	
N130	M05;	主轴停止转动
N140	M02;	程序结束

上面的程序是用 I、J、K 格式编写的，如果使用 R 格式编程，对于图 2-14 所示的轮廓，只需将上面程序（绝对值编程）中 N70、N100 程序段分别修改为下面的程序段就行了：

N70　G02　X20.0　Y20.0　R20.0　F80;

N100　G03　X-23.0　Y-23.0　R23.0　F80;

在使用半径编程时，如图 2-15 所示，按几何作图会出现两段起点和半径都相同的圆弧，其中一段圆弧的圆心角 $a > 180°$，另一段圆弧的圆心角 $a < 180°$。编程时规定用 R 表示圆心角小于 180° 的圆弧，用 R- 表示圆心角大于 180° 的圆弧，正好 180° 时，正负均可。图 2-15 所示两段圆弧编程如下：

圆弧 1　G90　G17　G02　X50.0　Y40.0　R-30.0　F120;

圆弧 2　G90　G17　G02　X50.0　Y40.0　R30.0　F120;

在实际加工中，往往要求在工件上加工出一个整圆轮廓。整圆的起点和终点重合，用 R 编程无法定义，所以只能用圆心坐标编程，如图 2-16 所示。从起点开始顺时针切削，整圆程序段如下：

G90　G17　G02　X80.0　Y50.0　I-35.0　J0　F120;

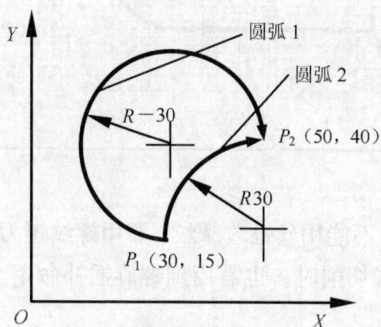

图 2-15　R 编程

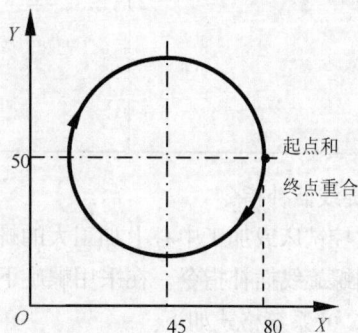

图 2-16　整圆编程

课堂讨论 2-2：

根据程序 O1000，在坐标纸上画出 XY 平面的走刀轨迹（坐标纸每一格设为 1mm）；根据图示 XY 平面的走刀轨迹，写出程序段（切削深度设为 5mm），如表 2-3 所示。

表 2-3   程序与走刀轨迹练习

程 序 段	走 刀 轨 迹
O1000 G90 G17 G00 X0 Y0; M03 S500; G00 Z5.0; G01 Z-4.0 F50; G01 X10.0 Y15.0 F120; G02 X20.0 Y30.0 R20.0; G91 G01 X12.0 Y15.0; X20.0 G90 Y20.0; G03 X50.0 Y15.0 R4.0; G01 X10.0 Y15.0; X0 Y0; M05; M02;	
O1234	

2. 螺旋线插补指令

对于数控铣床或加工中心上加工大的螺纹孔，不能用丝锥攻螺纹，要用螺纹镗刀加工螺纹孔，这时要用到螺旋线插补指令。在采用螺旋下刀方式切削时，也需用到螺旋插补命令。

FANUC 0i 系统格式如下。

指定为 G17 平面时：

G02/G03X_Y_I_J_Z_F_；或 G02/G03X_Y_R_Z_F_；

指定为 G18 平面时：

G02/G03X_Z_I_K_Y_F_；或 G02/G03X_Z_R_Y_F_；

指定为 G19 平面时：

G02/G03 Y_Z_J_K_X_F_；或 G02/G03 Y_Z_R_X_F_；

现以指定 G17 平面为例进行说明。

① X、Y、Z 为螺旋线终点坐标；

② I、J 为圆心在 XY 平面上相对螺旋线起点在 X、Y 向的增量坐标；

③ F 为进给速度。

④ 该格式只能进行 0°～360° 范围内的螺纹插补，当编程中出现多圈螺旋线时，需要编写多个螺旋线插补程序段。

注意：FANUC 数控系统有的版本要求指定螺旋线导程（正值），这种版本的数控系统可进行连续的螺旋线插补（即一个程序段实现多圈螺旋线插补）。

【例 2-3】　使用 G03 对图 2-17 所示的螺旋线编程。AB 为一螺旋线，起点 A 的坐标为（30，0，0），终点 B 的坐标为（0，30，10）；圆弧插补平面为 XY 面，圆弧 AB′ 是 AB 在 XY 平面上的投影，B′ 的坐标值是（0，30，0），从 A 点到 B′ 是逆时针方向。在加工 AB 螺旋线前，要把刀具移到螺旋线起点 A 处，编写加工程序段。

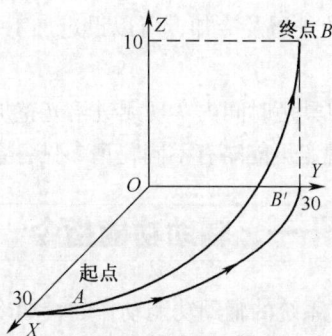

图 2-17　螺旋线插补

解：

使用 G91 编程：

G91 G17 F300;

G03X-30.0 Y30.0 I-30.0J0Z10.0;

使用 G90 编程：

G90 G17 F300;

G03 X0 Y30.0 R30.0 Z10.0 ;

十、暂停指令 G04

G04 为暂停指令，该指令的功能是使刀具做短暂的无进给加工（主轴仍然在转动），经过指令的暂停时间后再继续执行下一程序段，以获得平整而光滑的表面。G04 指令为非模态指令。

其程序段格式为：

G04 P_（或 X_ 或 S_）

P_ 是暂停时间。P 后面跟的数值为整数，单位是 ms。后面跟 X_ 时，数值带小数点的时候单位是 s，不带小数点的时候单位是 ms。后面跟 S_ 是指暂停多少转。

如：

N05　G90　G01　F120　Z-50.0　S300　M03；

N10　G04　P2500；　　　　　　　　　　暂停 2.5s

N15　Z70.0；

N20　G04　S30；　　　　　　　　　　　主轴暂停 30 转

N30　G00　X0　Y0；　　　　　　　　　进给率和主轴转速继续有效

N40　……；

暂停指令 G04 主要用于如下几种情况。

① 横向切槽、倒角、车顶尖孔时，为了得到光滑平整的表面，使用暂停指令，使刀具在加工表面位置停留几秒钟再退刀。

② 对盲孔进行钻削加工时，刀具进给到孔底位置，用暂停指令使刀具做非进给光整切削，然后再退刀，保证孔底平整。

③ 钻深孔时，为了保证良好的排屑及冷却，可以设定加工一定深度后短时间暂停，暂停结束后，继续执行下一程序段。

④ 锪孔、车台阶轴清根时，刀具短时间内实现无进给光整加工，可以得到平整表面。

地址 P_、X_、S_不同系统的规定可能略有不同，请参见各系统的编程说明书。

十一、辅助功能指令

辅助功能 M 代码是控制机床或系统的辅助功能动作的，如冷却泵的开、关，主轴的正反转，程序结束等，属于工艺性指令。M 功能指令也有模态指令和非模态指令，这类指令与机床的插补运算无关。

辅助功能 M 指令由地址符 M 和其后 1～2 位数字组成，共 100 个。下面介绍几个常用的 M 功能指令。

（1）M00——程序停止指令

M00 指令实际上是一个暂停指令，功能是执行此指令后，机床停止一切操作，即主轴停转、切削液关闭、进给停止。但模态信息全部被保存，在按下控制面板上的启动指令后，机床重新启动，继续执行后面的程序。

该指令主要用于工件在加工过程中需停机检查、测量零件、手工换刀或交接班等情况。

（2）M01——计划停止指令

M01 指令的功能与 M00 相似，不同的是，M01 只有在预先按下控制面板上"选择停止开关"按钮的情况下，程序才会停止，M01 停止之后，按启动按钮可以继续执行后面的程序。如果不按下"选择停止开关"按钮，程序执行到 M01 时不会停止，而是继续执行下面的程序。

该指令主要用于加工工件抽样检查、清理切屑等。

（3）M02——程序结束指令

M02 指令的功能是程序全部结束。此时主轴停转，切削液关闭，数控装置和机床复位。该指令写在程序的最后一段。

（4）M03、M04、M05——主轴正转、反转、停止指令

M03 表示主轴正转，M04 表示主轴反转。M05 表示主轴停止转动。M03、M04、M05 均为模态指令。要说明的是，有些系统（如华中数控系统 CJK6032 数控车床）不允许 M03 和 M05 程序

段之间写入 M04，否则在执行到 M04 时，主轴立即反转，进给停止，此时按"主轴停止"按钮也不能使主轴停止。

（5）M06——自动换刀指令

M06 为手动或自动换刀指令。当执行 M06 指令时，进给停止，但主轴、切削液不停。M06指令不包括刀具选择功能，常用于加工中心等换刀前的准备工作。

（6）M07、M08、M09——冷却液开关指令

M07、M08、M09 指令用于冷却装置的启动和关闭，属于模态指令。

M07 表示 2 号冷却液或雾状冷却液开。

M08 表示 1 号冷却液或液状冷却液开。

M09 表示关闭冷却液开关，并注销 M07、M08、M50 及 M51（M50、M51 为 3 号、4 号冷却液开），且是缺省值。

（7）M30——程序结束指令

M30 指令与 M02 指令的功能基本相同，不同的是，M30 能自动返回程序起始位置，为加工下一个工件做好准备。

（8）子程序调用与返回指令

M98 为调用子程序指令，M99 为子程序结束并返回到主程序的指令。

任务四

拓展知识一：SINUMERIK 802D sl 数控系统基本编程指令

1. SINUMERIK 802D sl 数控系统的程序的命名原则

SIEMENS 802D 主程序名开始的两个符号必须是字母，其后的符号可以是字母、数字或下划线，最多为 16 个字符，不得使用分隔符，如 HU840。

子程序与主程序的取名方法一样。另外，在子程序中还可以使用地址字 L…，其后的值可以有 7 位（只能为整数）。

2. 设置工件坐标系

G54：第一可设定零点编置。

G55：第二可设定零点编置。

G56：第三可设定零点编置。

G57：第四可设定零点编置。

G58：第五可设定零点编置。

G59：第六可设定零点编置。

G500：取消可设定零点编置。

格式：G54（或 G55～G59 之一）

3. 公制与英制长度单位编程指令

格式：G71/G70；

说明：G71 为公制单位，G70 为英制单位。

4. 绝对编程指令和增量编程指令

与 FANUC 0i 系统及华中数控系统一致。

5. 点位控制指令和直线插补指令

与 FANUC 0i 系统及华中数控系统一致。

6. 坐标平面指令

与 FANUC 0i 系统及华中数控系统一致。

7. 圆弧插补指令

仅以指定 G17 平面为例：

G2/G3 X_Y_I_J_；   说明：用圆心和终点坐标编程。

G2/G3 X_Y_CR=_；   说明：用半径和终点坐标编程。

G2/G3 AR=_I_J_；   说明：用张角和圆心坐标编程。

G2/G3 AR=_X_Y_；   说明：用张角和终点坐标编程。

8. 螺旋线插补

以指定 G17 平面为例：

G2/G3 X_Y_Z_I_J_TURN=_；   说明：用圆心和终点坐标编程。

G2/G3 CR=_X_Y_Z_TURN=_；   说明：用半径和终点坐标编程。

G2/G3 AR=_I_J_Z_TURN=_；   说明：用张角和圆心坐标编程。

G2/G3 AR=_X_Y_Z_TURN=_；   说明：用张角和终点坐标编程。

TURN=——指定附加整圆循环的加工圈数。

9. 螺纹插补指令

格式：G331 Z_K_S_；

G332 Z_K_S_；

说明：G331、G332 表示进行不带补偿夹具的螺纹切削，G331 表示加工螺纹，在 Z 轴方向的不带补偿夹具的攻丝。右旋或左旋螺纹通过螺距符号确定（如 K+），+：同 M3；−：同 M4。G332 表示退刀。

10. 暂停指令

格式：G4 F_（S_）；

说明：F 表示暂停时间，单位为 s；S 表示暂停主轴转速。

11. 主轴转速极限

格式：G25 S_；

G26 S_；

说明：G25 为设定主轴速度下限；G26 为设定主轴转速上限。

【例 2-4】 如图 2-18 所示圆台需要加工，请用 SINUMERIK 802D sl 数控系统的相关指令编写程序。

解：

指定工件上表面的对称中心处为工件原点。采用φ10mm 立铣刀切削。

注意：这里我们还未学习刀具的半径补偿指令，在编程中

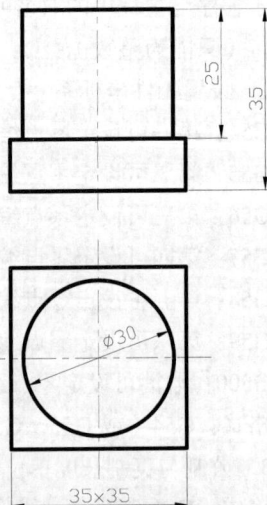

图 2-18 使用螺旋插补指令

考虑刀具半径 *R*5，将零件图样人为向外编移 5mm（后面学习刀具补偿指令后，可加入半径补偿指令后直接按零件图样编程。）参考程序如下：

COLUMN.MPF

N10 G54 G17 G90;	绝对坐标编程
N20 M3 S1500;	主轴正转
N30 G0 X0 Y0 Z100;	
N40 X30.0 Y30.0;	定位于下刀点
N50 Z5.0;	
N60 G1 Z0 F50;	下刀至开始切削平面
N70 X20.0 F300;	进刀至切向进刀点
N80 Y0;	至（x20，y0，z0）处
N90 G3 X20.0 Y0 Z-25.0 I-20.0 J0 TURN=12;	进行螺旋铣削，并附加循环圈数 12 圈
N100 G3 I-20.0 J0;	底面修平
N110 G1 X20.0 Y-20.0;	切向退刀
N120 G0 Z00.0;	快速抬刀
N130 X0 Y0;	返回起始点
N140 M5;	主轴停止
N150 M30;	程序结束

习 题 二

一、选择题（请将正确答案的序号填写在题中的括号中）

1. 用来指定圆弧插补的平面和刀具补偿的平面为 *YZ* 平面的指令是（   ）。

A. G16　　　　　　　B. G17　　　　　　　C. G18　　　　　　　D. G19

2. G00 指令（   ）用于零件切削。

A. 能

C. 指定正确的 F 值后能

B. 不能

D. 在机床参数中设置合适的进给速度后能

3. 机床坐标原点也称为（   ）。

A. 工件零点　　　　　B. 编程零点　　　　　C. 机械零点　　　　　D. 刀位点

4. G00 程序段中，（   ）值将不起作用。

A. X　　　　　　　　B. S　　　　　　　　C. F　　　　　　　　D. T

5. 数控编程中，不能随意移动的坐标系为（   ）。

A. 机床坐标系　　　B. 工件坐标系　　　　C. 相对坐标系　　　　D. 绝对坐标系

6. M02 代码的作用是（   ）。

A. 程序停止

C. 程序结束

B. 计划停止

D. 程序结束并返回

7. 加工程序段中出现 G01 指令时，必须在本程序段或本程序段之前指定（　　）值。

A. R　　　　　　　　B. T　　　　　　　　C. F　　　　　　　　D. P

8. 下列指令中，（　　）为非模态。

A. G00　　　　　　　B. G01　　　　　　　C. G03　　　　　　　D. G04

9. 编制一个整圆的加工程序，应采用（　　）编程。

A. 半径、终点　　　　B. 圆心、终点　　　　C. 圆心、起点　　　　D. 半径、起点

10. 圆弧插补指令中，当编制圆心角大于 180°时而小于 360°时，R 取值（　　）。

A. 为正　　　　　　　　　　　　　　　　B. 为负

C. 正负均可　　　　　　　　　　　　　　D. 只能用圆心坐标编程

11. 程序段"G17 G03I-20.0Z-2.0F120;"是（　　）指令。

A. 顺圆插补　　　　　　　　　　　　　　B. 逆圆插补

C. 顺时针螺旋线插补　　　　　　　　　　D. 逆时针螺旋线插补

12. 铣削一个 XY 平面上的圆弧时，圆弧起点（30，0），终点（-30，0），半径为 50mm，圆弧起点到终点主方向为顺时针方向，则程序段可能是（　　）。

A. G18 G90 G02 X-30.0 Y0 R50.0 F50;　　　B. G17 G90 G03 X-30.0 Y0 R-50.0 F50;

C. G17 G90 G02 X-30.0 Y0 R50.0 F50;　　　D. G18 G03G90 X30.0 Y0 R-50.0 F50;

13. 下列关于 G54 与 G92 指令的说法中，错误的是（　　）。

A. G54、G92 指令都是用来设定工件坐标系的

B. G92 是通过程序来设定工件坐标系，G54 是通过 CRT/MDI 在设置参数方式下设定工件坐标系的

C. G92 设定的工件坐标系与当前刀具所在位置无关

D. G54 设定的工件坐标系与当前刀具所在位置无关

14. 下列指令中，（　　）指令可使进给暂停。

A. P04　　　　　　　B. M04　　　　　　　C. G02　　　　　　　D. M02

15. 在一行指令中，对 G 代码、M 代码，书写顺序的规定（　　）。

A. 先 M 代码，后 G 代码　　　　　　　　B. 先 G 代码，后 M 代码

C. 没有书写顺序要求　　　　　　　　　　D. 两个代码不允许出现在同一个程序段中

二、判断题（正确的在括号中打√，错误的在括号中打×）

1. M02 与 M30 指令的功能完全一样。（　　）

2. G00 命令与进给速度指令 F 无关。（　　）

3. 程序段"G90 G01 X5"与"G91 G01 U5"是等效的。（　　）

4. G00 指令是不能用于加工的。（　　）

5. G00、G01 指令都能使机床坐标轴到达准确位置，因而它们都是插补指令。（　　）

6. "G00 X10Y20Z30"与"G01 X10Y20Z30"程序段，刀具移动的轨迹是相同的。（　　）

7. M00 指令与 M01 指令在机床操作上有所不同。（　　）

8. 执行 M03 S1200，主轴止转。（　　）

9. 执行 M05 指令，主轴进给暂停，可用于精整加工。（　　）

10. 规定数控机床的坐标系是刀具相对于工件运动，而假定工件总是静止的。　（　　）

11. 数控机床上刀具趋近工件的方向规定为坐标轴的正方向。　（　　）

12. 数控机床坐标系采用右手笛卡尔坐标系。　（　　）

13. 数控编程方法包括手工编程与计算机自动编程等。　（　　）

14. 根据机床原点的位置来标定机床参考点的位置。　（　　）

15. 一个零件加工程序中，只允许设定一个工件坐标系。　（　　）

三、编程与实训题

编写如图 2-19 所示"S"字形槽的加工程序，并进行加工。切削深度 4mm。

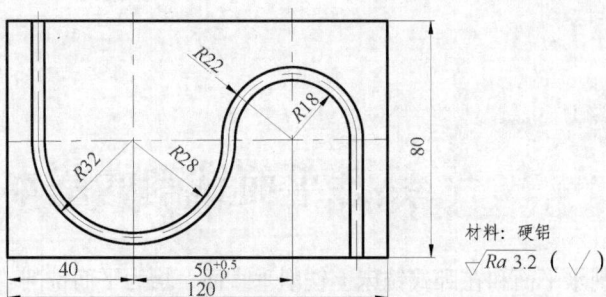

图 2-19　"S"形槽零件图

在立式铣床上铣削水平面和在卧式铣床上铣削垂直面，均为平面铣削。在立式铣床上铣板状零件的周边轮廓也属于平面铣削，这是因为周边轮廓可以展开成平面。

一、平面铣削方法

（一）周铣与端铣

在铣床上铣削平面的方法有两种：周边铣削（俗称圆周铣、周铣）和端面铣削（俗称端铣）。

（1）周边铣削

周边铣削指用铣刀周边齿刃进行的铣削。铣平面时是利用分布在铣刀圆柱面上的切削刃来铣削并形成平面的，如图 3-1 所示。图 3-1（a）所示为假设有一个圆柱做旋转运动，当工件在圆柱下做直线运动通过后，工件表面就被碾成一个平面。图 3-1（b）所示为一把圆柱形铣刀（铣刀在旋转时可看作一个圆柱），当工件在铣刀下以直线运动进给时，工件表面就被铣出一个平面。由于圆柱形铣刀是由若干个切削刃组成的，不同于圆柱体，所以铣出的平面有微小的波纹。要使被加工表面获得小的表面粗糙度值，工件的进给速度要慢一些，而铣刀的转速要适当增快。

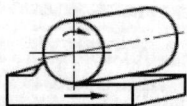

（a）圆柱体的旋转运动　　（b）铣刀的铣削运动

图 3-1　周边铣削

用周边铣削的方法铣出的平面，其平面度的好坏主要取决于铣刀的圆柱度误差，因此在精铣平面时，要保证铣刀的圆柱度不超差。

（2）端面铣削

端面铣削指用铣刀端面齿刃进行的铣削。铣平面时是利用分布在铣刀端面上的刀尖来形成平面的，如图 3-2 所示。用端面铣削的方法铣出的平面，也有一条条刀纹，刀纹的粗细（即表面粗糙度的大小）也与工件的进给速度和铣刀的转速高低等许多因素有关。

用端面铣削的方法铣出的平面，其平面度的好坏主要取决于铣床主轴轴线与进给方向的垂直度。若主轴与进给方向垂直，则刀尖旋转时的轨迹为一个与进给方向平行的圆环（见图 3-2（a）），这些圆环切割出一个平面。实际上，铣刀刀尖在工件表面会铣出网状的刀纹。若铣床主轴与进给方向不垂直，则相当于用一个倾斜的圆环，在工件表面切出一个凹面来（见图 3-2（b））。此时，铣刀刀尖在工件表面会铣出单向的弧形刀纹。

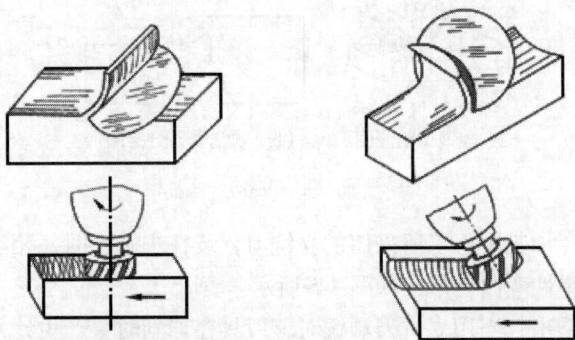

（a）主轴与进给方向垂直　　　　（b）主轴与进给方向不垂直

图 3-2　端面铣削

（二）逆铣和顺铣

（1）周边铣削时的逆铣和顺铣

逆铣时，在铣刀与已加工面的切点处，铣刀旋转切削刃的运动方向与工件进给方向相反。铣刀切削刃作用在工件上的力为 F，若在进给方向上的铣削分力 F_f 与工件的进给方向相反时的铣削方式称为逆铣（见图 3-3）。在卧式铣床上逆铣时，切削厚度由零逐渐增加到最大，切入瞬时刀刃钝圆半径大于瞬时切削厚度，刀齿在工件表面上要挤压和滑行一段后才能切入工件，使已加工表面产生冷硬层，加剧了刀齿的磨损，同时使加工表面粗糙不平。此外，逆铣时刀齿作用于工件的垂直分力 F_v 朝上，有抬起工件的趋势，这就要求工件装夹牢靠。但是逆铣时刀齿是从切削层内部开始工作的，当工件表面有硬皮时，对刀齿没有直接影响。

顺铣时，在铣刀与工件已加工面的切点处，铣刀旋转切削刃的运动方向与工件进给方向相同。当铣刀切削刃作用在工件上的力 F，在进给方向上的铣削分力 F_f 与工件的进给方向相同时的铣削方式称为顺铣（见图 3-4）。在卧式铣床上顺铣时，切削厚度由最大开始，避免了挤压、滑行现象，并且 F_v 朝下压向工作台，有利于工件的压紧，可提高铣刀耐用度和表面加工质量。与逆铣相反，顺铣加工要求工件表面没有硬皮，否则刀齿很容易磨损。

铣床工作台的纵向进给运动一般由丝杠和螺母来实现。使用顺铣法加工时，对普通铣床要求其进给机构具有消除丝杠间隙的装置。数控铣床和加工中心采用无间隙的滚珠丝杠传动，因此数控铣床和加工中心均可采用顺铣法加工。

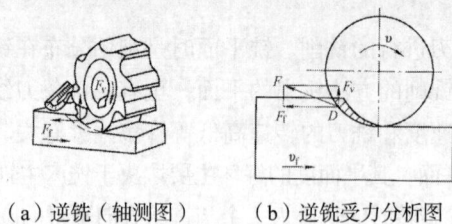

（a）逆铣（轴测图）　　　（b）逆铣受力分析图

图 3-3　逆铣

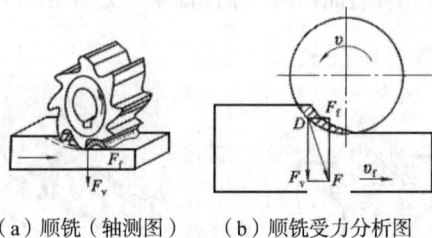

（a）顺铣（轴测图）　　　（b）顺铣受力分析图

图 3-4　顺铣

对于立式数控铣床（加工中心）所采用的立铣刀，装在主轴上时，相当于悬臂梁结构，在切削加工时，刀具会产生弹性弯曲变形，如图 3-5 所示。

从图 3-5（a）可以看出，当用立铣刀顺铣时，刀具在切削时会产生让刀现象，即切削时会产生欠切；而用立铣刀逆铣时（见图 3-5（b）），刀具在切削时会产生啃刀现象，即切削时出现过切。这种现象在刀具直径越小、刀杆伸出越长时越明显。所以在选择刀具时，从提高生产效率、减小刀具弹性弯曲变形的影响考虑，应选直径大的。在装刀时刀杆尽量伸出短一些。

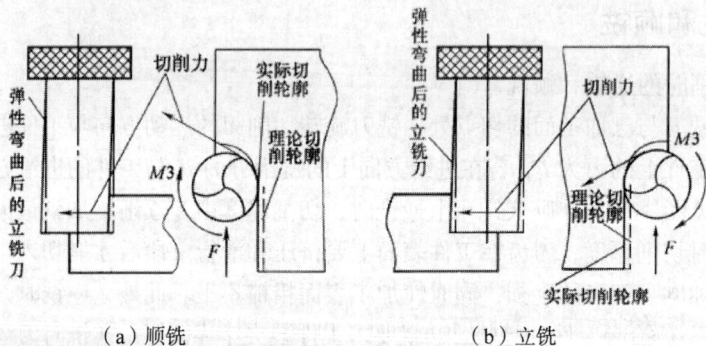

（a）顺铣　　　　　　　　　　　　（b）立铣

图 3-5　顺铣、立铣对切削的影响

（2）端面铣削时的逆铣和顺铣

端面铣削时，根据铣刀与工件之间的相对位置不同而分为对称铣削和非对称铣削两种。

工件处在铣刀中间时的铣削称为对称铣削（见图 3-6）。铣削时，刀齿在工件的前半部分为逆铣，在进给方向的铣削分力 F_f 与进给方向相反；刀齿在工件的后半部分为顺铣，F_f 与进给方向相同。对称铣削时，在铣削宽度较窄和铣刀齿数少的情况下，由于 F_f 在进给方向上的交替变化，工件和工作台容易产

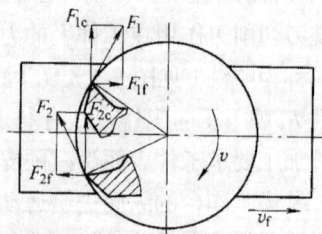

图 3-6　对称铣削

生窜动。另外，在横向的水平分力 F_c 较大，对窄长的工件易造成变形和弯曲，所以对称铣削只有在工件宽度接近铣刀直径时才采用。

非对称铣削时，工件的铣削层宽度偏在铣刀一边，即铣刀中心与铣削层宽度的对称线处在偏心状态。非对称铣削也有逆铣和顺铣之分（见图3-7），但减少了空刀行程。

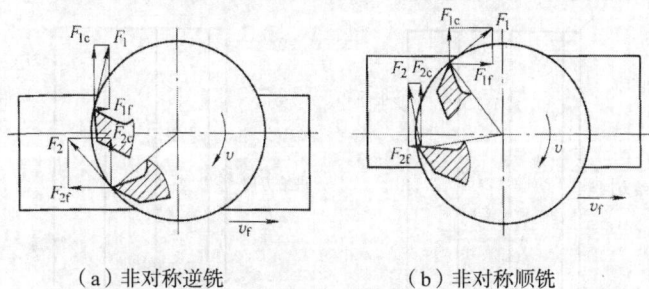

（a）非对称逆铣　　　　　　　　（b）非对称顺铣

图 3-7　非对称铣削

非对称逆铣时，逆铣部分占的比例大，在各个刀齿上的 F_f 之和，与进给方向相反（见图3-7（a）），所以不会拉动工作台。端面铣削时，切削刃切入工件虽由薄到厚，但不等于从零开始，因而没有像周边铣削时那样的缺点。从薄处切入，刀齿的冲击反而较小，故振动较小。另外工件所受的垂直铣削力又与铣削方式无关。因此在端面铣削时，应采取非对称逆削。

非对称顺铣时，顺铣部分占的比例大，在各个刀齿上的 F_f 之和，与进给方向相同（见图3-7（b））。故易拉动工作台。另外，垂直铣削力又不因顺铣而一定向下。所以在端面铣削时，一般都不采用非对称顺铣。但在铣削塑性和韧性好、加工硬化严重的材料（如不锈钢和耐热钢等）时，常采用非对称顺铣，以减少切削黏附和提高刀具寿命。

（三）固定斜角平面铣削方法

固定斜角平面是与水平面成一固定夹角的斜面，常用的加工方法如下。

① 当零件尺寸不大时，可用斜垫板垫平后加工；如果机床主轴可以摆角，则可以摆成适当的定角，用不同的刀具来加工（见图3-8）。当零件的尺寸很大、斜面斜度又较小时，常用行切法加工，但加工后会在加工表面上留下残留面积，需要用钳修方法加工予以清除，用三坐标数控立式铣床加工飞机整体壁板零件时常用此法。当然，加工斜面的最佳方法是采用五坐标数控铣床，主轴摆角后加工，可以不留残留面积。

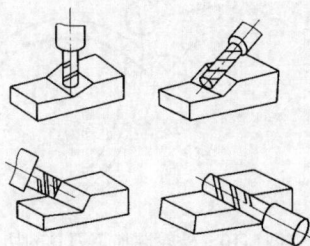

图 3-8　主轴摆角加工固定斜面

② 对于正圆台和斜肋表面，一般可用专用的角度成形铣刀加工，其效果比采用五轴坐标数控铣床摆角加工好。

（四）平面铣削的进给路线

1. 端铣法铣平面的进给路线

当铣削平面的宽度大于铣刀（面铣刀或立铣刀）直径时，一次进给不能完成全部平面的加工，要进行多次进给，一般有单向进给和往复进给两种方式。

单向进给如图3-9（a）所示，切削进给方向不变，刀具回退时不参与切削。这样安排进给路线的优点是能够保证铣刀切削刃在切削过程中始终是顺铣或逆铣，有利于切削。但需要增加快速退刀路线（抬刀→退刀→下刀），使得进给路线长。

往复进给如图 3-9（b）所示，刀具在往返过程中均参与切削。由于相邻进给路线的铣削方向是相反的，所以在铣削过程中顺、逆铣交替出现，不利于铣削。

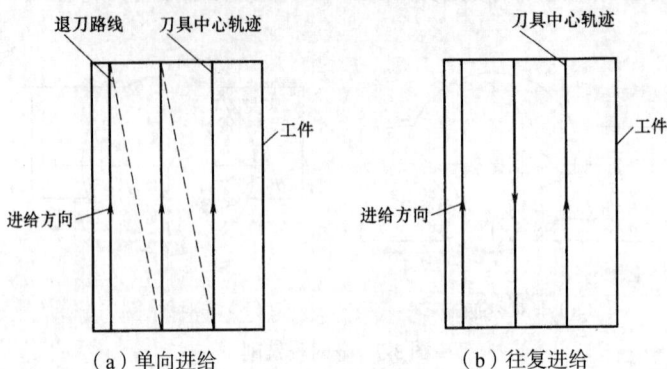

图 3-9　端铣法铣平面

2. 铣削内外轮廓的进给路线

如图 3-10 所示，当铣削平面零件外轮廓时，一般采用立铣刀侧刃切削。刀具切入工件时，应避免沿零件外轮廓法向切入，而沿外轮廓延长线的切向切入，以避免在切入处产生刀具的刻痕而影响表面质量，保证零件外轮廓曲线光滑过渡。同理，在切离工件时，也应沿零件轮廓延长线的切向逐渐切离工件。

图 3-11 所示为圆弧插补方式铣削外整圆时的进给路线图。当整圆加工完毕，不要在切点处直接退刀，而应让刀具沿切线方向多运动一段距离，以免取消刀补时，刀具与工件表面相碰，造成工件报废。

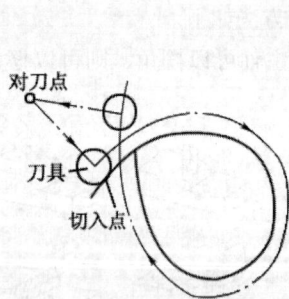

图 3-10　外轮廓加工刀具的切入和切出

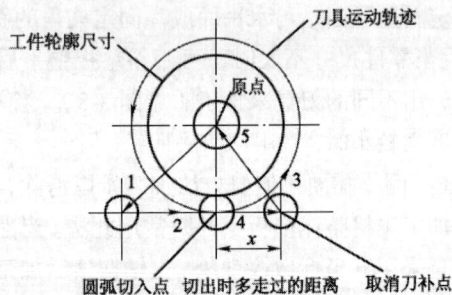

图 3-11　铣削外圆加工路线

二、平面铣削刀具选择

平面铣削常用的刀具有面铣刀和立铣刀，在铣削大平面时使用面铣刀，铣削小平面时用立铣刀。

（一）面铣刀

1. 面铣刀的种类

面铣刀的圆周表面和端面上都有切削刃，端面切削刃为副切削刃。面铣刀的直径较大，特别是可转位机械夹固式不重磨刀片面铣刀的切削性能好，并可方便地更换各种不同切削性能的刀片，切削效率高，加工表面质量好。从外形上，面铣刀有普通面铣刀、方肩面铣刀两种形式，如图 3-12 所示。普通面铣刀可用于铣削凸出平面，方肩面铣刀用于切削 90°的台阶面。

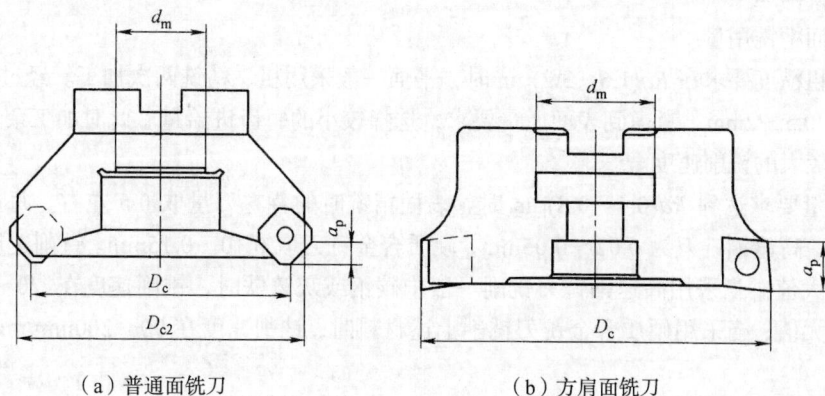

（a）普通面铣刀　　　　　　　　　　（b）方肩面铣刀

d_m—心轴直径；D_c—面铣刀刀尖直径；D_{c2}—面铣刀刀体直径；a_p——次最大允许背吃刀量

图 3-12　可转位机械夹固式不重磨刀片面铣刀

可转位机械夹固式不重磨刀片的材质是硬质合金，需要根据不同的加工要求选择不同牌号的刀片。硬质合金刀片根据加工材质的不同分为 K 类（YG）、P 类（YT）和 M 类（YW）。

K 类即钨钴类，由碳化钨和钴组成。这类硬质合金韧性较好，但硬度和耐磨性较差。适用于加工铸铁、青铜等脆性材料，常用的牌号有 YG8、YG6、YG3 等。3 种牌号的刀具依次适用于粗加工、半精加工和精加工。

P 类即钨钴钛类，由碳化钨、碳化钛和钴组成。这类硬质合金耐热性和耐磨性较好，但抗冲击韧度较差，适用于加工钢等韧性材料。常用的牌号有 YT5、YT15、YT30 等，其中的数字表示碳化钛含量的百分数（质量份数）。碳化钛的含量越高，耐磨性越好、韧度越低。这 3 种牌号的硬质合金制造的刀具分别适用于粗加工、半精加工和精加工。

M 类即钨钴钛钽铌类，由在钨钴钛类硬质合金中加入少量的稀有金属碳化物（TaC 或 NbC）组成。它具有前两类硬质合金的优点，用其制造的刀具既能加工脆性材料，又能加工韧性材料。同时还能加工高温合金、耐热合金及合金铸铁等难加工材料。常用的牌号有 YW1、YW2 等。

面铣刀的刀体根据所装刀片的数量不同分为疏齿刀体、密齿刀体、特密齿刀体。理论上，密齿刀具比疏齿刀具有更高的加工效率和较长的寿命。

2. 平面铣削切削用量

（1）面铣刀侧吃刀量 a_e 的选择

面铣刀的侧吃刀量是指面铣刀的铣削宽度。侧吃刀量一般应为面铣刀直径的 50%～80%，侧吃刀量过大会引起面铣刀在铣削过程中排屑不畅，而且切削刃在切入过程中始终处于逆铣状态，会降低铣刀的使用寿命。

（2）平面粗铣用量

首先决定较大的 Z 向背吃刀量和侧吃刀量。铣削无硬皮的钢料，Z 向背吃刀量一般选择 3～5mm，铣削铸钢或铸铁时，Z 向背吃刀量一般取 5～7mm。侧吃刀量可根据工件加工面的宽度尽量一次铣出。当侧吃刀量较小时，Z 向背吃刀量可相应增大。

选择较大的每齿进给量有利于提高粗铣效率。但应考虑到：当选择了较大的 Z 向背吃刀量和侧吃刀量后，工艺系统的刚度是否足够。

当 Z 向背吃刀量、侧吃刀量、每齿进给量较大时，受机床功率和刀具使用寿命的限制，一般选择较低的铣削速度。

（3）平面精铣用量

当表面粗糙度要求在 $Ra(1.6\sim3.2)\mu m$ 时，平面一般采用粗、精铣两次加工。经过粗铣加工，精铣余量取 $0.5\sim2mm$，考虑到表面质量要求，选择较小的每齿进给量。此时加工余量比较少，因此尽量选较大的铣削速度。

表面质量要求达到 $Ra(0.4\sim0.8)\mu m$ 时，表面精铣时的背吃刀量取 0.5 左右。每齿进给量一般取较小值，高速钢铣刀为 $0.02\sim0.05mm$，硬质合金铣刀取 $0.10\sim0.15mm$。铣削速度在推荐的范围内选最大值。当采用高速钢铣刀铣削一般中碳钢或灰铸铁时，铣削速度在 $20\sim60mm/min$ 范围内选较大值；当采用硬质合金铣刀铣削上述材料时，铣削速度在 $90\sim200mm/min$ 范围内选较大值。

（二）立铣刀

1. 立铣刀的种类

（1）普通高速钢立铣刀

立铣刀是在数控铣床上用得最多的一种铣刀，其结构如图 3-13 所示。立铣刀的圆柱表面和端面上都有切削刃，它们可同时进行切削，也可单独进行切削。

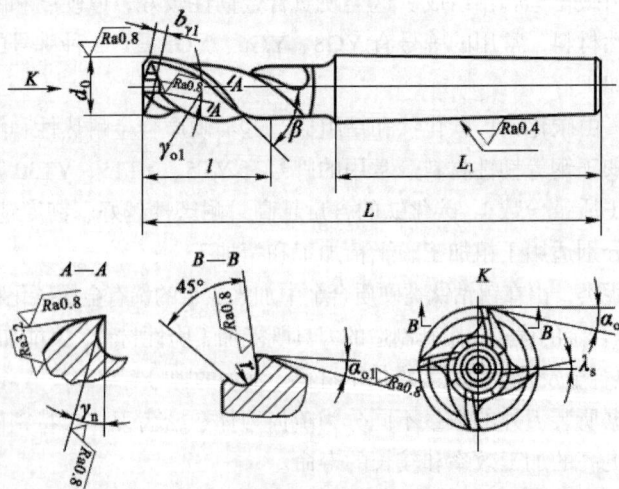

图 3-13　高速钢立铣刀结构图

立铣刀圆柱表面的切削刃为主切削刃，端面上的切削刃为副切削刃。主切削刃一般为螺旋齿，这样可以增加切削平稳性，提高加工精度。由于普通立铣刀端面中心处无切削刃，所以立铣刀不能作轴向进给，端面刃主要用来加工与侧面相垂直的底平面。

为了能加工较深的沟槽，并保证有足够的备磨量，立铣刀的轴向长度一般较长。

为了改善切屑卷曲情况，增大容屑空间，防止切屑堵塞，刀齿数比较少，容屑槽圆弧半径则较大，一般粗齿立铣刀齿数 $z=3\sim4$，细齿立铣刀齿数 $z=5\sim8$，套式结构立铣刀齿数 $z=10\sim20$，容屑槽圆

弧半径 r=2～5mm。当立铣刀直径较大时，还可制成不等齿距结构，以增强抗振作用，使切屑过程平稳。

标准立铣刀的螺旋角 β 粗齿在 40°～45°，细齿在 30°～35°，套式立铣刀的 β 在 15°～25°。

直径较小的立铣刀，一般制成带柄形式。如直柄、莫式锥柄和 7:24 锥柄。直径 ϕ60～ϕ160mm 的立铣刀可做成套式结构。

（2）硬质合金螺旋齿立铣刀

数控铣削中现在普通采用硬质合金螺旋齿立铣刀，如图 3-14 所示。这种刀具用焊接、机夹或可转位形式将硬质合金刀片装在具有螺旋槽的刀体上，具有良好的刚性和排屑性能。适合粗、精铣削加工。生产效率比同类型高速钢铣刀提高 2～5 倍。

图 3-14（a）所示为每个齿槽上装单条刀片的硬质合金立铣刀。

图 3-14（b）所示硬质合金铣刀常称为"玉米立铣刀"，在每一个刀槽中装两个或更多的硬质合金刀片，并使相邻刀齿间的接缝相互错开，利用同一刀槽中刀片之间的接缝作为分屑槽，通常在粗加工时选用。

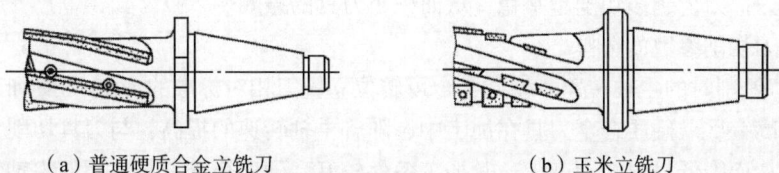

（a）普通硬质合金立铣刀　　　　　（b）玉米立铣刀

图 3-14　硬质合金立铣刀

（3）波形立铣刀

数控铣床或加工中心常选用波形立铣刀进行切削余量大的粗加工，能显著提高铣削效率。

波形立铣刀与普通立铣刀的最大区别是其切削刃为波形，如图 3-15 所示。波形刃能将狭长的薄切屑变为厚而短的碎块切屑，使排屑顺畅，有利于自动加工的连续进行。由于切削刃是波形的，使它与加工工件接触的切削刃长度变短，减小了刀具振动。切削刃的波形特征还使切削刃长度增加，有利于散热，并有利于切削液进入切削区，充分发挥切削液的效果。

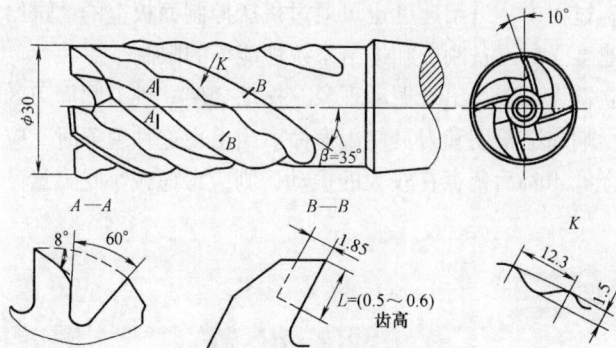

图 3-15　波形立铣刀

2. 立铣刀的选用

（1）立铣刀尺寸的选择

在 CNC 加工中，立铣刀的直径必须非常精确。立铣刀的直径包括名义尺寸和实测直径。名义直径为厂商给出的值，实测直径是精加工用作半径补偿的值。重新刃磨过的刀具，即使用实测的直径作为刀具半径补偿置值，也不宜用在精度要求高的精加工中。这是因为重新刃磨过的刀具存在较大的圆跳动误差，影响加工轮廓的精度。

直径大的刀具比直径小的刀具抗弯强度大，加工中不容易引起受力弯曲和振动。立铣刀铣外轮廓时，可按加工情况选用较大的直径，以提高刀的刚性；立铣刀铣削凹的轮廓时，铣刀最大半径应小于零件内轮廓的最小曲率半径，一般取最小曲率半径的 80%～90%。

（2）立铣刀刀齿的选用

立铣刀根据刀齿数目可分为粗齿（z 为 3、4、6、8）、中齿（z 为 4、6、8、10）和细齿（z 为 5、6、8、10、12）。粗齿铣刀刀齿数目少、强度高、容屑空间大，适用于粗加工；细齿铣刀刀齿数目多，工作平稳，适用于精加工；中齿铣刀介于粗齿铣刀和细齿铣刀之间。

被加工工件材料的类型和加工的性质往往影响刀齿数量选择。加工塑性大的材料，如铝、镁等，为避免产生积屑瘤，常用刀齿少的立铣刀。立铣刀刀齿数少，螺旋槽之间的容屑空间大，可避免在切削量较大时产生积屑瘤。加工较硬的脆性材料，需要重点考虑的是避免刀具振颤，应选择多刀齿立铣刀。刀齿越多切削越平稳，从而减小刀具的振颤。

（3）立铣刀切削参数的选择

① 立铣刀铣削时的主轴转速。硬质合金可转位立铣刀相对标准的 HSS 刀具加工钢材时，主轴转速应相对高一些。硬质合金刀具在加工中，随着主轴转速的提高，与刀具切削刃接触的钢材温度也升高，从而降低材料的硬度，这时加工条件较好。硬质合金刀具使用的主轴转速通常为标准 HSS 刀具的 3～5 倍。硬质合金可转位立铣刀加工时，若使用太低的主轴转速容易使硬质合金刀具崩刃。但对于高速钢刀具，使用较高的主轴转速会加速主轴的磨损。

② 立铣刀铣削时的背吃刀量。螺旋槽的长度决定切削的最大深度。实际应用中，Z 向背吃刀量不宜超过刀具的半径。直径较小的立铣刀，一般可选择刀具直径的 1/3～1/6 作为背吃刀量，保证刀具有足够的刚性。

③ 立铣刀铣削时的进给速度。立铣刀加工应考虑在不同的情形下选择不同的进给速度。如在初始切削时，刀具受力较大，所以应选择相对较慢的进给速度。立铣刀在铣槽加工中，若从平面侧进给，可能产生全刀齿切削，刀具底面和周边都参与切削，切削条件相对较恶劣。应选择较低的进给速度。在加工过程中，进给速度也可通过机床控制面板上的"进给修调"开关进行人工调整。但是最大进给速度受到设备刚度和进给系统性能等的限制。

在加工过程中，立铣刀可能会出现振动现象。振动会使立铣刀圆周刃的吃刀量不均匀。且切削量比原定值增大，影响加工精度和刀具使用寿命。当出现这种现象时，应考虑降低切削速度和进给速度。如两者已降低 40% 后仍存在较大的振动，则应考虑减小吃刀量。

任务二 铣削台阶面

【例 3-1】 如图 3-16 所示零件，毛坯为 55mm × 45mm × 15mm 六方体，材料为硬铝。要求在数控铣床上加工 3 个台阶面，编写数控加工程序。

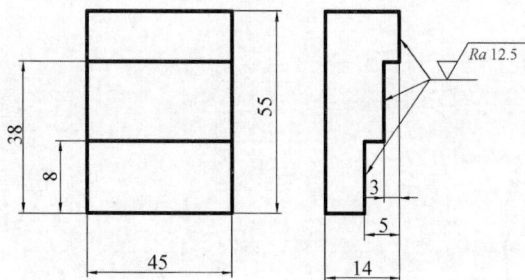

图 3-16　台阶面加工零件图

解：

1. 工艺分析

本例要从六方体上铣出台阶。加工路线为：铣上表面去掉 1mm 余量→铣第二个台阶→铣第三个台阶。

该零件要加工的部位为中小平面，可采用方肩面铣刀或立铣刀加工，这里采用ϕ16 立铣刀加工，由于硬铝切削性能良好，3 个台阶面精度要求不高，主轴转速取 400r/min，进给速度取 200mm/min，切削深度从上到下依次取 1mm、3mm、2mm。毛坯为规则六方体，采用平口钳装夹，走刀切削进给方向为 X 方向往复切削，使进给方向垂直于钳口。将零件装到平口钳上时，应在毛坯下垫两块等高平行垫铁，并使毛坯高出钳口 7～9mm。

2. 坐标计算

建立如图 3-17 所示的工件坐标系，Z 轴零点设在毛坯表面−1mm 处。坐标如下：

A（−32, 55）、B（32, 55）、C（32, 43）、D（−32, 43）、E（−32, 30）、F（32, 30）、G（32, 20）、H（−32, 20）、I（−32, 10）、J（32, 10）、K（32, 0）、L（−32, 0）

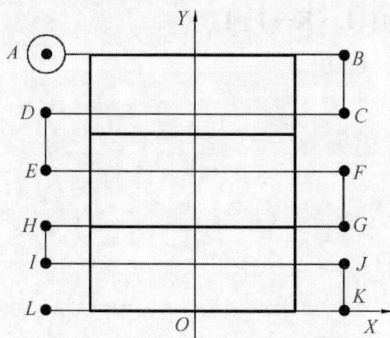

图 3-17　走刀轨迹及坐标计算

3. 编制程序

铣上表面，进给路线为：$A→B→C→D→E→F→G→H→I→J→K→L$。

O0001

N10 G54G17G90;

N20 G00Z100.0

N30 X-32.0Y55.0;

N40 M03S400；

N50 Z5.0；

N60 G01Z0F50.0；

N70 X32.0F200；

N80 Y43.0；

N90 X-32.0；

N100 Y30.0；

N110 X32.0；

N120 Y20.0；

N130 X-32.0；

N140 Y10.0；

N150 X32.0；

N160 Y0；

N170 X-32.0；

铣第二个台阶，进给路线为：L→K→J→I→H→G→F→E。

N180 Z-2.0F50；

N190 X32.0F200；

N200 Y10.0；

N210 X-32.0；

N220 Y20.0；

N230 X32.0；

N240 Y30.0；

N250 X-32.0；

铣第三个台阶，进给路线为：L→K→J→I。

N260 Y0；

N270 Z-5.0F50；

N280 X32.0F200；

N290 Y10.0；

N300 X-32.0；

N310 Z5.0

N320 G00Z100.0；

N330 M05；

N340 M02；

任务三 | 铣削板状零件周边轮廓

立式铣床铣削周边轮廓与铣削水平面有所不同，这是因为板状零件的轮廓尺寸往往是设计时的标注尺寸，如果按轮廓尺寸编程，则由于数控系统控制刀具的刀位点按编程轨迹运动，必然会使零件周边轮廓产生过切。而如果人为让编程轨迹偏离零件轮廓一个刀具半径（刀具偏置），则需要人工计算刀心轨迹坐标，这是很不方便的。我们可以利用数控系统的刀具半径补偿功能实现刀具偏置。另外，例 3-1 中铣削台阶实例中台阶高度尺寸为自由公差，要求不高，对铣刀使用中的长度磨损没有考虑。如果在加工深度尺寸要求较高的批量零件时，就要考虑刀具磨损以及更换新刀后的刀具长度变化。以立式数控铣床为例，为了使不同长度的刀具到达同样一个 Z 向编程位置，在编程时就要用到刀具长度补偿指令。

一、刀具半径补偿指令

刀具半径补偿指令格式如下：

指定 G17 平面时：

建立半径补偿：G41/G42 G00/G01 X–Y–D–；

取消半径补偿：G40 G00/G01 X–Y–；

指定 G18 平面时：

建立半径补偿：G41/G42 G00/G01 X–Z–D–；

取消半径补偿：G40 G00/G01 X–Z–；

指定 G19 平面时：

建立半径补偿：G41/G42 G00/G01 Y–Z–D–；

取消半径补偿：G40 G00/G01 Y–Z–；

说明：

G40：取消刀具半径补偿指令；

G41：相对于刀具前进方向左侧进行补偿，称为左刀补，如图 3-18（a）所示。这时相当于顺铣。

G42：相对于刀具前进方向右侧进行补偿，称为右刀补，如图 3-18（b）所示。这时相当于逆铣。

从刀具寿命、加工精度、表面粗糙度而言，顺铣效果较好，因此 G41 使用较多。

G17：刀具半径补偿平面为 XY 平面；

G18：刀具半径补偿平面为 ZX 平面；

G19：刀具半径补偿平面为 YZ 平面；

X、Y、Z：G00/G01 的参数，即刀补建立或取消的终点（注：投影到补偿平面上的刀具轨迹受到补偿）；

D：G41/G42 的参数，即刀补号码（D00～D99），D 是刀补号地址，是系统中记录刀具半径的存储器地址，后面跟的数值是刀补号，用来调用内存中刀具半径补偿的数值。刀补号地址可以有 D01～D99 共 100 个地址。其中的值可以用 MDI 方式预先输入数控系统刀补表中对应的补偿号中。刀补号与刀具号可以一样，也可以不一样。当一把刀只用一个刀补号时，一般应使刀补号与刀具号一致，以方便记忆。进行刀具补偿时，要用 G17/G18/G19 选择刀补平面，缺省状态是 XY 平面。

G40、G41、G42 都是模态代码，可相互注销。

刀具半径补偿平面的切换必须在补偿取消方式下进行；刀具半径补偿的建立与取消只能用 G00 或 G01 指令，不得是 G02 或 G03。

刀具半径补偿可正可负，改变正负号，相当于 G41、G42 互换。

建立刀具半径补偿的程序段，一般应在切入工件之前完成；取消半径补偿的程序段，应在切出工件之后完成。否则可能会引起过切。

刀具补偿建立段和取消段直线长度应大于补偿值，否则在加工时系统会报警。

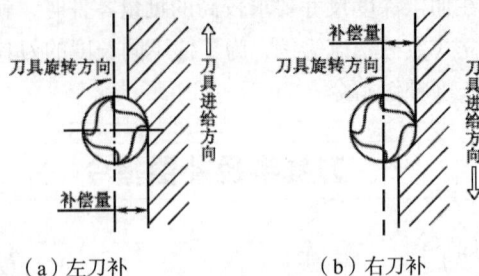

（a）左刀补　　　　　（b）右刀补

图 3-18　刀具补偿方向

使用刀具补偿功能的优越性如下。

① 在编程时可以不考虑刀具的半径，直接按图样所给尺寸进行编程，只要在实际加工时输入刀具的半径值即可。

② 刀具因重磨、磨损、换新刀而引起刀具半径改变后，不必修改程序，只需修改刀具半径补偿值，如图 3-19 所示，1 为未磨损刀具，2 为磨损刀具，两者半径不同，只需将参数表中刀具半径 r_1 改为 r_2，即可适用同一程序。

③ 可以使粗加工的程序简化。利用有意识地改变刀具半径补偿量，则可用同一刀具、同一程序、不同的切削余量完成加工。如图 3-20 所示，当设定补偿量为 ac 时，刀心沿 cc' 运动，当设定补偿量为 ab 时，刀心沿 bb' 运动。

下面结合图 3-21 来介绍刀补的运动。

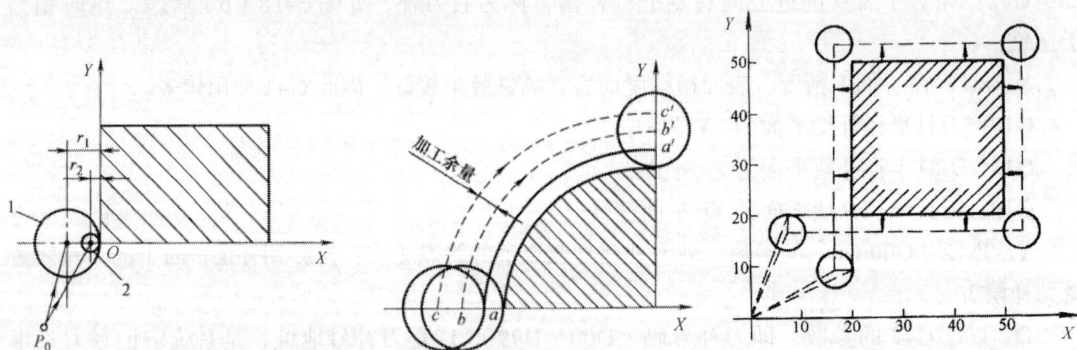

图 3-19　刀具直径变化与补偿量的关系　图 3-20　刀具半径补偿用于切削余量控制　图 3-21　刀补动作

按增量方式编程：

O0001;

N10 G54 G91 G17 G00 M03 S1200;　　G17 指定刀补平面（XOY 平面）

N20 G41 G01 X20.0 Y10.0 D01;　　建立刀补（刀补号为 01）

N30 G01 Y40.0　F200;

N40 X30.0;

N50 Y-30.0；

N60 X-40.0；

N70 G00 G40 X-10.0 Y-20.0 M05；　　　解除刀补

N80 M02；

按绝对方式编程：

O0002；

N10 G54 G90 G17 G00 M03 S1200；　　　G17 指定刀补平面（*XOY* 平面）

N20 G41 G01 X20.0 Y10.0 D01；　　　　建立刀补（刀补号为 01）

N30 G01 Y50.0　F200；

N40 X50.0；

N50 Y20.0；

N60 X10.0；

N70 G00 G40 X0 Y0 M05；　　　　　　解除刀补

N80 M02；

刀补动作为：

① 刀补建立阶段。程序段 N20 为刀补的建立阶段，执行该程序段，数控系统在当前程序段终点处做出一个矢量，如图 3-21 所示，该矢量垂直于下一个程序段（N30）的运动轨迹，其大小为 D01 所指定的寄存器中输入的半径补偿量（偏置值），其方向朝 N30 程序段运动轨迹的左侧（沿刀具前进方向看）。

② 刀补执行阶段。N30～N60 程序段为刀补执行阶段，刀具中心向编程轨迹左侧偏移一个半径补偿量，并进行切削。

③ 取消刀补阶段。N70 为取消刀补的程序段，执行该程序段，则刀具中心由上一程序段（N60）的终点运动到本程序段的终点（*X*0，*Y*0）的过程中，刀具中心的偏移量被取消。

这里特别要提醒注意的是，在刀补建立阶段开始后的刀补执行状态中，如果存在有两段以上的没有移动指令或存在非指定平面轴的移动指令段，则可能产生进刀不足或进刀超差。其原因是因为进入刀补状态后，有些数控系统只能预览到连续的两段，这两段都没有进给，也就做不出矢量，确定不了前进的方向。数控系统能够预览的程序段数，不同的数控系统有所不同，同一个数控系统，参数设置不同，能够预览的程序段数也不同。如 FANUC 0i 通过机床参数设置，可选择一次预览 3 个连续的程序段或 8 个连续的程序段。预览的程序段数越多，系统运行越慢。

> **课堂讨论 3-1：**
>
> 如果图 3-21 所示零件轮廓加工需要分为粗加工、精加工两道工序，使用 φ16 立铣刀，精加工余量为 0.4mm，在不改变程序的情况下，如何利用刀具半径补偿功能来实现粗、精加工分开进行呢？

第一次运行轮廓加工程序前，在 D01 所指定的刀具半径偏置寄存器中输入比刀具实际半径（8mm）大 0.4mm 的数值（即半径补偿量为 8.4mm），程序运行完毕后，零件轮廓会留下 0.4mm 的待加工余量。再将 D01 所指定的刀具半径偏置寄存器中半径补偿量修改为刀具实际半径（8mm），重新运行轮廓加工程序，则 0.4mm 的余量被切除，完成零件轮廓的精加工。

二、刀具长度补偿指令

数控铣床或加工中心所使用的每把刀具长度不可能完全一样，即使长度相同的刀具也可能会由于磨损或其他原因导致长度发生变化，为了使不同长度的刀具到达同样一个编程位置，数控系统配置有刀具长度补偿指令。指定 G17 时，对 Z 轴进行补偿；指定 G18 时，对 Y 轴进行补偿；指定 G19 时，对 X 轴进行补偿。这里以指定 G17 平面时的长度补偿为例进行说明。格式如下：

建立刀具长度补偿：G43/G44 G00/G01 Z_H_；

取消刀具长度补偿：G49 G00/G01 Z_；

其中，Z 为补偿轴的终点值。H 为刀具长度偏移量的寄存器地址。

把编程时假定的理想刀具长度与实际使用的刀具长度之差作为偏置值设定在偏置存储器中，该指令不改变程序就可以实现对 Z 轴运动指令的终点位置进行正向或负向补偿。

使用 G43 指令时，实现正向偏置；用 G44 指令时，实现负向偏置。无论是绝对指令还是增量指令，由 H 代码指定的已存入偏置寄存器中的偏置值（即长度补偿值）在 G43 时被加到补偿轴坐标值上，在 G44 时则是从补偿轴运动指令的终点坐标值中减去偏值量。计算后的坐标值成为终点坐标。

如图 3-22 所示，执行 G43 时：

$Z_{实际} = Z_{指令值} + (H \times \times)$

执行执行 G44 时：

$Z_{实际} = Z_{指令值} - (H \times \times)$

式中，（H××）——编号为××的长度偏置寄存器中的补偿量。

长度补偿值可正可负，当改变长度补偿值的正负号时，相当于 G43、G44 互换。

G49 Z_；为取消长度补偿指令。

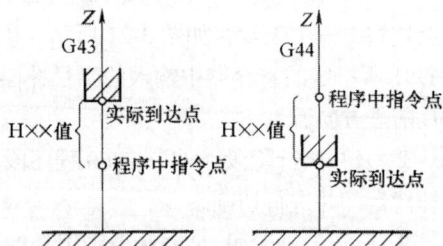

图 3-22　刀具长度补偿

实际上，它和指令 G44/G43 Z H00 的功能是一样的（H00 意味着将长度偏置寄存器置零）。G43、G44、G49 为模态指令，它们可以相互注销。

刀具长度补偿指令可用于刀具 Z 向磨损补偿、更换新刀后刀长变化的补偿以及通过人为设定不同的补偿值，控制同一把刀具实现不同切深。为了有助于读者理解刀具长度补偿的实质，这里通过实例进一步说明。

【例 3-2】 加工如图 3-23 所示的 3 个不同深度的孔，刀具实际位置与刀具编程位置相差 4mm（可能是刀具具重磨的原因，也可能是更换新刀引起），要使用刀具长度补偿解决此问题，通过手动输入方式在刀具长度偏置寄存器中设定长度补偿值 H01=-4mm，编程如下：

O0010；
N10 G54 G91 G00 X120.0 Y80.0 M03 S500；
N20 G43 Z-32.0 H01；
N30 G01 Z-21.0　F120；
N40 G04 P2000；
N50 G00 Z21.0；
N60 X30.0 Y-50.0；
N70 G01 Z-41.0；

N80 G00 Z41.0；

N90 X50.0 Y30.0；

N100 G01 Z-25.0；

N110 G04 P2000；

N120 G49G00 Z57.0 /或 G00 Z57.0 H00；

N130 X-200.0 Y-60.0 M05；

N140 M02；

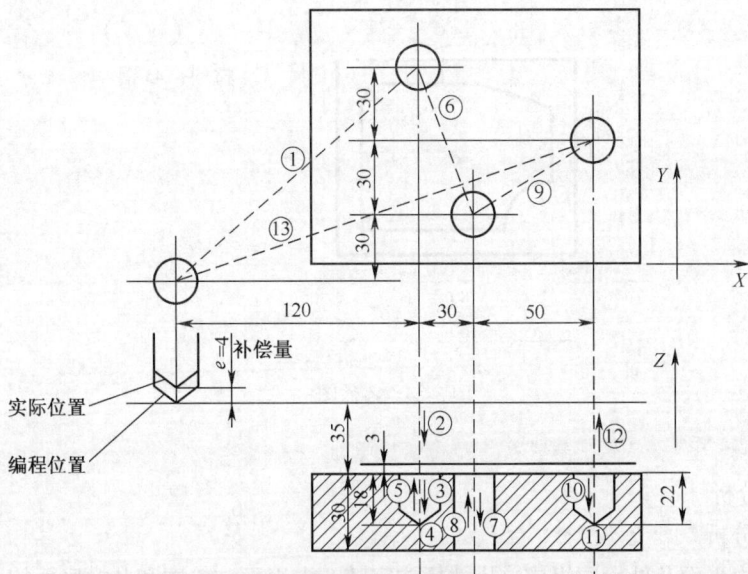

图 3-23　刀具长度补偿加工

　　本例在 N20 程序段建立刀具长度正向补偿，数控系统将长度偏置值（即长度补偿值）加到 Z 轴编程坐标上。刀具长度补偿值（-4mm）用 MDI 方式输入到 H01 所指定的刀具长度补偿寄存器中。当执行 N30 程序段时，编程移动距离为-21mm，由于 N20 程序段使用的是正向补偿指令 G43，则刀具实际移动量为-21+（-4mm）=-25mm，正好达到要求的切深（即比编程尺寸短 4mm 的刀具多移动了 4mm）。

　　在刀具长度补偿中，由于偏置号的改变而造成偏置值的改变时，新的偏置值并不加到旧偏置值上。例如，H01 的偏置值为 20.0，H02 的偏置值为 30.0 时，

G90 G43 Z100.0 H01；　　　　Z 将达到 120.0

G90 G43 Z100.0 H02；　　　　Z 将达到 130.0

刀具长度补偿同时只能加在一个轴上，下面的指令将出现报警。

G43 Z100.0 H01；

G43 X120.0 H01；

在必须进行刀具长度补偿轴的切换时，要取消上一次刀具长度补偿。

任务四

平面轮廓铣削工艺分析与编程实例

【例 3-3】　图 3-24 所示为零件，材料为 45 钢，毛坯为 100mm×80mm×22mm，分析零件的

加工工艺，填写工艺文件，编写加工程序。

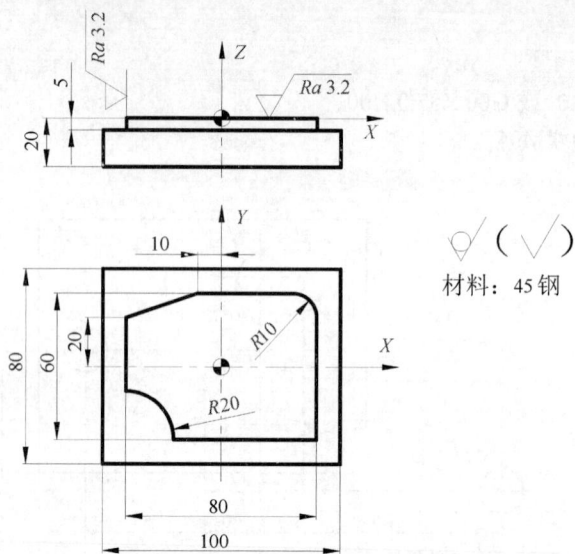

图 3-24　零件图

解：

1.加工工艺分析

（1）工艺性分析

该零件主要由平面及外轮廓组成，尺寸标注完整。上表面、轮廓和凸模底面的表面粗糙度为 *Ra*3.2，要求较高，无垂直度要求。零件材料为 45 钢，切削性能较好。

（2）选择加工方案

根据零件形状及加工精度要求，一次装夹完成所有加工内容。采用先粗后精、先主后次的原则加工。

① 粗、精加工上表面。

② 粗、精加工外轮廓。

（3）确定装夹方案

零件毛坯外形为规则的长方形，因此加工上表面与轮廓时选用数控铣床加工，以平口机用虎钳装夹，装夹高度为25mm，因此须在虎钳定位基面加垫铁。

（4）确定加工顺序及走刀路线

① 因为平口机用虎钳为欠定位，与定位钳口平行方向无定位，所以上表面采用与定位钳口相垂直的方向加工。

② 外轮廓粗加工可采用往复加工提高加工效率。

③ 外轮廓精加工采用顺铣方式，刀具沿切线方向切入与切出，提高加工精度。

（5）刀具及切削用量的选择

顶面的加工，选择ϕ100 的可转位硬质合金刀片端铣刀粗、精加工；凸模板外轮廓的加工，选用大直径刀具，以提高加工效率。选用ϕ16 高速钢普通立铣刀分别进行粗、精加工。切削用量选择见工艺文件。

（6）填写工艺文件

凸模板数控加工工序卡片如表 3-1 所示。

表 3-1　　　　　　　　　　　　凸模板数控加工工序卡片

数控加工卡片		产品名称或代号		零件名称		材料	零件图号
		×××		凸模板		45#	X02
产品号	程序编号	夹具名称		使用设备		车间	
	O0001 O0002	机用平口虎钳 200		XK714		数控加工车间	
工步号	工序内容	刀具号	刀具规格	主轴转速 n （r/min）	进给速度 F （mm/min）	背吃 刀量 a_p/a_e	量具	备 注
1	粗铣顶面留余量 0.2	T01	$\phi100$ 端铣刀	380	200	1.8 约 80	游标 卡尺	
2	精铣顶面控制高度 尺寸达 $Ra3.2$	T02	$\phi100$ 端铣刀	500	150	0.2 约 80	游标 卡尺	
3	粗铣外轮廓留余量 0.5，底余量 0.2	T02	$\phi16$ 立铣刀	2000	180	4.5		
4	精铣外轮廓达图纸 要求	T02	$\phi16$ 立铣刀	2800	250	0.2/0.5		
5	清理、入库							
编制		审核		批准		年　月　日	共　页	第　页

2. 编制加工程序

凸模板平面铣削加工程序卡如表 3-2 所示。

凸模板轮廓精加工程序卡如表 3-3 所示。

表 3-2　　　　　　　　　　凸模板平面铣削数控加工程序卡

零　件　号	X02	零件名称	凸　模　板	编程原点	上表面的中心
程　序　号	O0001	数控系统	FANUC 0i	编　程	×××
程序内容			简要说明		
G54 G90 G17 G00 X0 Y0;			确定工作坐标系及加工平面		
M03 S380;			主轴正转，转速 380r/min		
G00 X-120.0 Y0 Z2.0;			定位到加工起点		
G01 Z-1.8 F200;			粗铣上表面		
X120.0;					
M03 S500;					
Z-2.0;					
X-120.0 F150;			精铣上表面		
G00 Z200.0;			主轴抬起		
M05;			主轴停		
M30;			程序结束		

表 3-3   凸模板轮廓精加工程序卡

零件号	X02	零件名称	凸模板	编程原点	上表面的中心
程序号	O0002	数控系统	FANUC 0i	编程	×××

程序内容	简要说明
G54 G90 G17 G00 X0 Y0;	确定工作坐标系及加工平面
M03 S2800;	主轴正转，转速 2800r/min
G00 X-60.0 Y-60.0 Z2.0;	定位到加工起点
G01 Z-5.0 F250;	下刀
G41 X-40 Y-40.0 D01;	建立刀具半径补偿
Y20.0;	沿轮廓进行加工
X-10.0 Y30.0;	
X30.0;	
G02 X40.0 Y20.0 R10.0;	
G01 Y-30.0;	
X-20.0;	
G03 X-60.0 Y-30.0 R20.0;	
G40 G00 Y-60.0;	取消刀具半径补偿
G00 Z200.0;	主轴抬起
M05;	主轴停
M30;	程序结束

课堂讨论 3-2：

在例 3-3 中，如果要求控制凸台高度尺寸至 $5^{+0.025}_{-0.025}$，编程时要求对刀具长度进行补偿，请在程序的适当位置，加入刀具长度补偿指令。

任务五

拓展知识：SINUMERIK 802D sl 数控系统的刀具补偿指令

SINUMERIK 802D sl 数控系统刀具补偿指令与 FANUC 0i 系统、华中数控系统的格式不同之处有：

① SINUMERIK 802D sl 数控系统中，一个刀具可以匹配 1～9 个不同补偿的数据组（用于多个切削刃），用 D 及其相应的序号可以编制一个专门的切削刃加工程序。若没有编写 D 指令，则 D1 自动生效；若编写 D00，则刀具补偿值无效。

② 可以在补偿运行过程中变换补偿号 D，补偿号变换后，在新补偿号程序段的段起始点处，新刀具半径就已经生效，但需要等到程序段的结束才能使刀位点到达指定的偏置位置。

③ 补偿方向指令 G41、G42 可以互相变换，无需在其中再写入 G40 指令。原补偿方向的程序段在其轨迹终点处按补偿失量的正常状态结束，然后在其新的补偿方向开始进行补偿（在起始点即按正常状态）。

对于 SINUMERIK 802D sl 数控系统刀具长度补偿，刀具长度偏置值预先存入 D 地址中，程序调用刀具后，长度补偿值自动生效。

习 题 三

一、选择题（请将正确答案的序号填写在题中的括号中）

1. 当铣削一整圆外圆时，为保证不产生切入、切出的刀痕，刀具切入、刀出时应采用（　　）。

A. 法向切入、切出方式　　　　　　　　　　B. 切向切入、切出方式

C. 最短路线切入、切出方式　　　　　　　　D. 慢速切入、切出方式

2. 用 $\phi12$ 立铣刀进行周边轮廓粗、精加工，要求预留 0.4mm 精加工余量，则粗加工时刀具偏置量为（　　）。

A. 11.6　　　　　　B. 12.4　　　　　　C. 6.4　　　　　　D. 5.6

3. 下列（　　）指令可取消刀具半径补偿。

A. G40 和 G49　　B. G41 和 G40　　C. G42 和 G40　　D. G40 和 D00

4. 刀具半径补偿值存储在（　　）中。

A. 缓存器　　　　B. 偏置寄存器　　　C. 存储器　　　　D. 硬盘

5. 刀具半径右补偿指令是（　　）。

A. G40　　　　　　B. G41　　　　　　C. G42　　　　　　D. G43

6. 利用半径补偿功能，用同一个程序进行粗、精加工时，粗加工时的补偿值一般设为（　　）。

A. 刀具半径　　　B. 精加工余量　　C. 刀具半径+精加工余量　D. 总切削量

7. FANUC 0i 系统中指定刀具长度补偿值的地址是（　　）。

A. H　　　　　　　B. D　　　　　　　C. G　　　　　　　D. T

8. 下列建立刀具半径补偿的程序段错误的是（　　）。

A. G41 G00 X20.0 Y30.0 D01；　　　　　　B. G41 G01 X20.0 Y30.0 D02；

C. G41 G02 X20.0 Y30.0 R10 D01；　　　　D. G42 G01 X20.0 Y30.0 D02；

9. 用 $\phi8$ 立铣刀加工一 $\phi30$ 整圆外轮廓，程序中使用了刀具半径补偿，半径补偿值设为 4.5mm，则加工出的整圆直径是（　　）。

A. $\phi31mm$　　　　　　B. $\phi30\,mm$　　　　　C. $\phi29\,mm$

D. 可能是 $\phi31\,mm$，也可能是 $\phi29\,mm$，但不会是 $\phi30\,mm$

10. 在 FANUC 0i 数控系统中，选定 G17 平面时，刀具长度补偿是对（　　）轴进行补偿。

A. X　　　　　　　　　　　　　　　　　B. Y

C. Z　　　　　　　　　　　　　　　　　D. 与选定平面无关

二、判断题（正确的在括号中打√，错误的在括号中打×）

1. 编程时，刀具半径和长度补偿指令的使用与平面选择指令无关。（　　）

2. 刀具半径补偿号必须与刀具号一致。（　　）

3. 采用了刀具半径补偿指令，就可直接按图样尺寸编程，无需考虑刀具半径的影响。（　　）

4. 在轮廓铣削加工编程中，刀具半径补偿的建立与取消的程序段，应是零件轮廓的一部分，这样才有意义。（　　）

5. 所谓刀具半径补偿，实际上是使刀位点偏移编程轮廓一段距离。（　　）

6. 用端铣方法铣平面，造成平面度误差的主要原因是铣床主轴的轴线与进给方向不垂直。（　　）

7. 端面铣削时采用非对称铣，铣刀的一部分为顺铣，另一部分为逆铣。（　　）

8. 刀具补偿值只允许正值输入。（　　）

9. 站在选定平面的垂直轴正向向负向观察，沿着刀具前进方向，刀具在被加工表面的右边为右刀补。（　　）

10. 建立刀补的程序段可以使用 G00、G01 指令，而不能使用 G02、G03 指令。（　　）

三、编程与实训题

1. 完成图 3-25 所示零件上的凸台精加工程序，并进行加工。

2. 编制图 3-26 所示零件凸台的数控加工程序，要求加入刀具半径补偿和长度补偿指令。并在数控机床或仿真软件上完成加工。材料为 45 钢，毛坯为已完成加工的六方体。

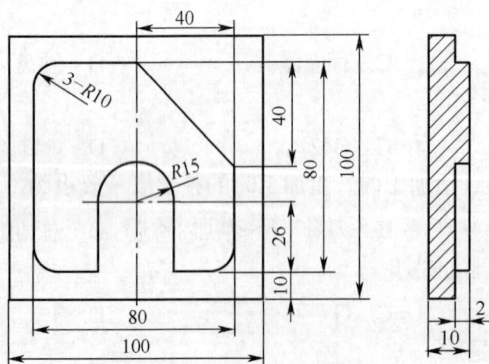

图 3-25　题 1 零件图

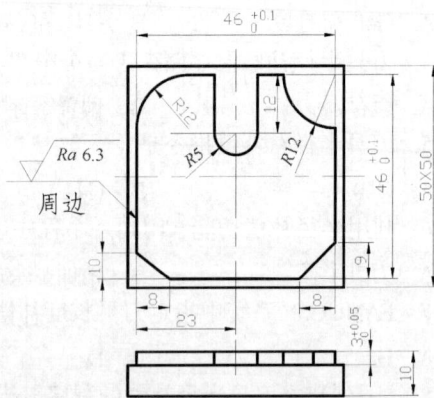

图 3-26　题 2 零件图

3. 完成图 3-27 所示零件周边轮廓的编程，并完成加工。

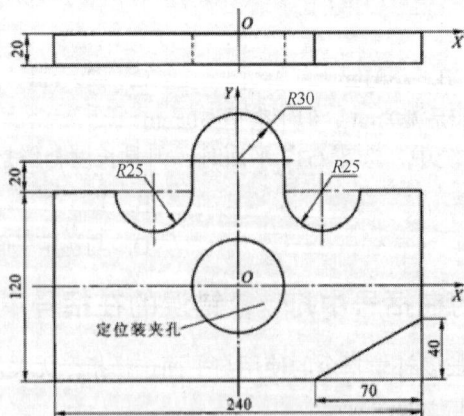

图 3-27　题 3 零件图

4. 完成图 3-28 所示凸轮轮廓的编程与加工，并说明如何装夹工件。

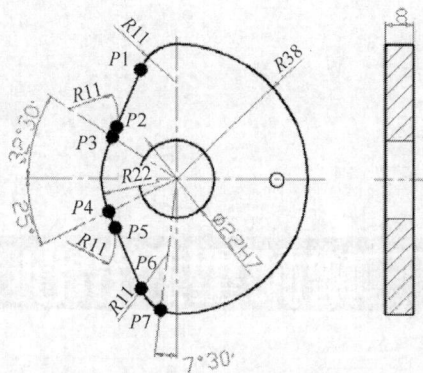

基点：

P1(-10.123, 31.2986)   P2(-17.7059,   13.434)

P3(-18.5546, 11.8206)   P4(-19.9388, -9.2976)

P5(-19.3079, -11.008)   P6(-14.1245, -29.7074)

P7(-4.96,   -37.6749)

图 3-28   题 4 零件图

5. 试分析如图 3-29 所示的零件上的斜面有哪些加工方法？编写在数控铣床上用 ϕ40mm 面铣刀铣斜面的程序，并说明如何装夹，并完成加工。

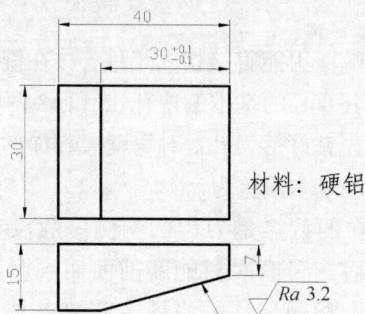

图 3-29   题 5 零件图

任务一

熟悉槽和型腔加工工艺

一、沟槽的加工

（一）直角沟槽的铣削

直角通槽主要用三面刃铣刀来铣削，也可用立铣刀、槽铣刀和合成铣刀来铣削。对封闭的沟槽则都采用立铣刀或键槽铣刀。

键槽铣刀一般都是双刃的，端面刃能直接切入工件，故在铣封闭槽之前可以不必预先钻孔。键槽铣刀直径的尺寸精度较高，其直径的基本偏差有 d8 和 e8 两种。

立铣刀在铣封闭槽时，需预先钻好落刀孔。对宽度大和深的通槽也大多采用立铣刀来铣削。立铣刀的尺寸精度较低，其直径的基本偏差为 jsl4。

盘形槽铣刀简称槽铣刀，它的特点是刀齿的两侧一般没有刃口。有的槽铣刀齿背做成铲齿形，这种切削刃在用钝以后，刃磨时只能磨前面而不磨后面，刃磨后的切削刃形状和宽度都不改变，适宜于加工大批相同尺寸的沟槽。其缺点是，这种铣刀制造复杂，切削性能也较差。

槽铣刀的宽度尺寸精度和键槽铣刀相同，其基本偏差为 k8。宽度大于 25mm 的直角通槽，大都采用立铣刀来加工。

图 4-1（a）所示压板工件的封闭槽，可用立铣刀或键槽铣刀来加工。该工件槽的尺寸公差为自由公差，要求不高，现采用 $\phi16mm$ 的立铣刀加工。由于此直角槽底部是穿通的，故装夹时应注意沟槽的正下方不能有垫铁，以免妨碍立铣刀穿通。应采用两块较窄的平行垫铁垫在工件下面（见图 4-1（b））。这条封闭槽的长度是 32mm，当用 $\phi16mm$ 的铣刀切入后，工作台实际只需移动 16mm。

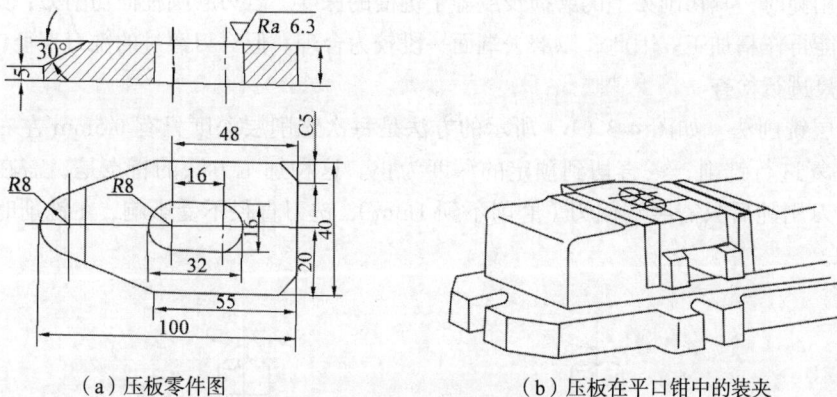

（a）压板零件图　　　　　　　　　　（b）压板在平口钳中的装夹

图 4-1　压板工件及其装夹

（二）键槽的铣削方法

1. 铣通键槽

如车床光杠上的键槽属于通键槽，铣刀轴上的键槽虽属半封闭键槽，由于封闭的一端可以是弧形的，故铣削时，也可按通键槽一样加工，这类键槽一般都采用盘形槽铣刀来铣削。这种长的轴类零件，若外圆已经磨准，则可用台虎钳装夹进行铣削（见图 4-2（a））。为了避免因工件伸出钳口太多而产生振动和弯曲，可在伸出端用千斤顶来支承。若工件直径是粗加工时，则应采用三爪卡盘加后顶尖来装夹，中间还应采用千斤顶来支承。

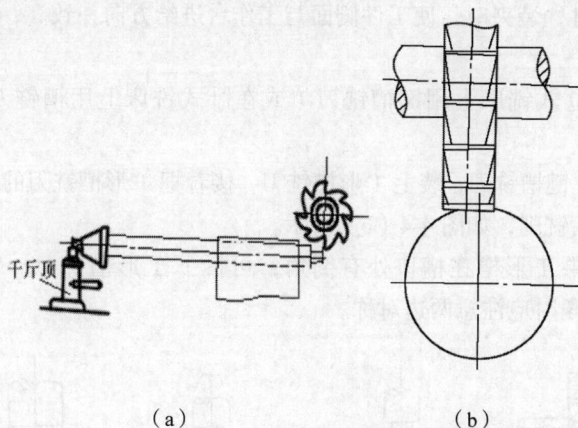

（a）　　　　　　　　　　　（b）

图 4-2　铣通键槽

当工件装夹完毕，并把中心对好以后，接着是调整铣削层深度。调整时先使旋转的切削刃和圆柱面接触，然后退出工件，再把工作台上升到键槽的深度，即可开始铣削。当铣刀开始切到工件时，应慢慢移动工作台（手动，而且不浇注切削液），当铣削宽度接近铣刀宽度时，仔细观察轴的一侧是否出现台阶。若有如图 4-2（b）所示的情况，则说明铣刀还没有对准中心，铣刀应向有台阶的一侧移动一段距离，一直到对准为止。

2. 铣封闭键槽

以图 4-3 所示的传动轴为例，介绍其加工方法和步骤。

（1）一次铣准键槽深度的铣削方法。如图 4-3（a）所示。这种加工方法对铣刀的使用较不利，因为铣刀在用钝时，其切削刃上的磨损长度等于键槽的深度。若刃磨圆柱面切削刃，则因铣刀直径磨小而不能再作精加工。因此，以磨去端面一段较为合理。但对刃磨过的铣刀直径，在使用之前需用千分尺进行检查。

（2）分层铣削法。如图 4-3（b）所示的方法是每次铣削层深度只有 0.5mm 左右，以较快的进给量往复进行铣削，一直切到预定的深度为止。这种加工方法的特点是，需在键槽铣床上加工，铣刀用钝后只需磨端面刃（磨削不到 1mm），铣刀直径不受影响，在铣削时也不会产生让刀现象。

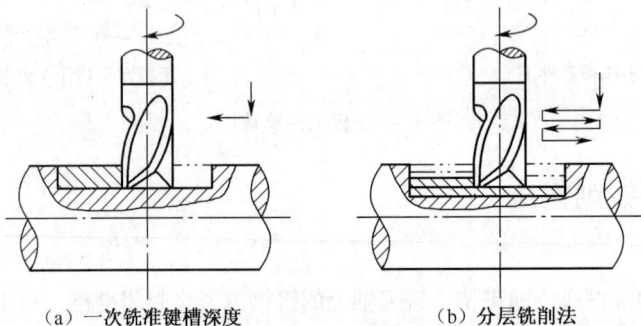

（a）一次铣准键槽深度　　　　　（b）分层铣削法

图 4-3　铣封闭键槽

（三）T 形槽的铣削

加工带 T 形槽的工件，装夹时，使工件侧面与工作台进给方向一致。

1. 铣 T 形槽的步骤

（1）铣直角槽。在立式铣床上用键槽铣刀（或在卧式铣床上用槽铣刀）铣出直角槽，如图 4-4（a）所示。

（2）铣 T 形槽。拆下键槽铣刀，装上 T 形槽铣刀，接着把 T 形槽铣刀的端面调整到与直角槽的槽底相接触，然后开始铣削，如图 4-4（b）所示。

（3）槽口倒角。如果 T 形槽在槽口处有倒角，可拆下 T 形槽铣刀，装上倒角铣刀倒角，如图 4-4（c）所示。倒角时应注意两边对称。

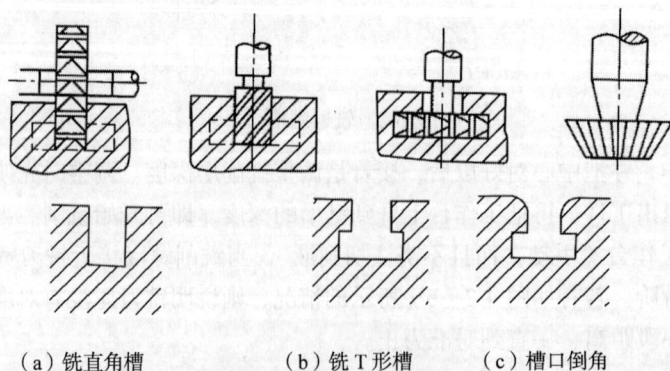

（a）铣直角槽　　　　　（b）铣 T 形槽　　　　　（c）槽口倒角

图 4-4　T 形槽的铣削步骤

2. 铣 T 形槽应注意的事项

（1）T 形槽铣刀在切削时切屑排出非常困难，经常把容屑槽填满而使铣刀失去切削能力，以致铣刀折断，所以应经常清除切屑。

（2）T 形槽铣刀的颈部直径较小，要注意避免铣刀因受到过大的铣削力和突然的冲击力而折断。

（3）由于排屑不畅，切削时热量不易散失，铣刀容易发热，在铣钢件时，应充分浇注切削液。

（4）T 形槽铣刀不能用得太钝，因为刀具用钝后其切削能力大为减弱，铣削力和切削热会迅速增加，所以用钝的 T 形槽铣刀铣削是铣刀折断的主要原因之一。

（5）T 形槽铣刀在切削时工作条件较差，所以要采用较小的进给量和较低的切削速度。但铣削速度不能太低，否则会降低铣刀的切削性能和增加每齿进给量。

（6）为了改善切屑的排出条件，减少铣刀与槽底面的摩擦，在设计和工艺人员允许的前提下，可把直角槽稍铣深些（这种形状的 T 形槽对实际应用没有多大影响）。

二、型腔加工

（一）内轮廓加工的进刀和退刀

与铣削外轮廓时的进刀、退刀方式类似，铣削内轮廓时，也要尽量避免法向切入和切出。铣削封闭的内轮廓表面时，若内轮廓曲线允许外延，则应沿切线方向切入和切出。若内轮廓曲线不允许外延（见图 4-5），刀具只能沿内轮廓曲线的法向切入切出，此时刀具的切入切出点应尽量选择在曲线两几何元素的交点处。

当内部几何元素无交点时（见图 4-6），为防止刀补取消时在零件轮廓拐角处留下凹口，如图 4-6（a）所示。刀具切入切出点应远离拐角，如图 4-6（b）如示。

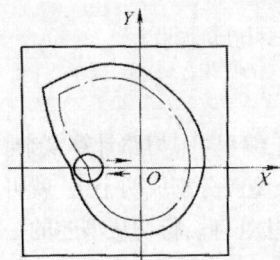

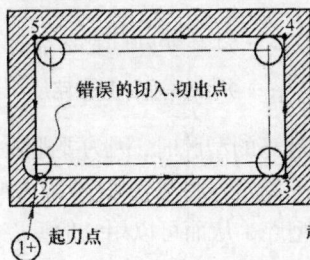

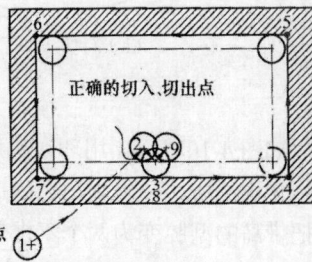

（a）错误的切入切出点　　　　（b）正确的切入切出点

图 4-5　刀具切入切出点选择在两几何元素交点处　　　图 4-6　内轮廓加工刀具的切入和切出

铣削内圆弧时，为遵循从切向切入的原则，可以安排从圆弧过渡到圆弧的加工路线（见图 4-7），这样可以提高内孔表面的加工精度和加工质量。

（二）型腔的铣削方法

型腔是指以封闭曲线为边界的平底或曲底凹坑。加工平底型腔时一律用平底铣刀，且刀具边缘部分的圆角半径应符合型腔的图样要求。

型腔的切削分两步,第一步切内腔,第二步切轮廓。切轮廓通常又分为粗加工和精加工两步。粗加工的进给路线如图 4-8 所示,是从型腔轮廓线向里偏置铣刀半径 R,并且留出精加工余量 y。由此得出的粗加工刀位多边形是计算内腔区域加工进给路线的依据。在切削内腔区域时,环切和行切在生产中都有应用。两种进给路线的共同点是,都要切净内腔区域的全部面积,不留死角,不伤轮廓,同时尽量减少重复进给的搭接量。图 4-9(a)、图 4-9(b)所示分别为用行切法加工和环切法加工凹槽的进给路线。图 4-9(c)所示为先用行切法,最后环切光整轮廓表面。三种方案中,图 4-9(a)所示方案最差,图 4-9(c)所示方案最好。环切法的刀位点计算稍复杂,需要一次一次向里收缩轮廓线,特别是当型腔中带有局部岛屿时更是如此。

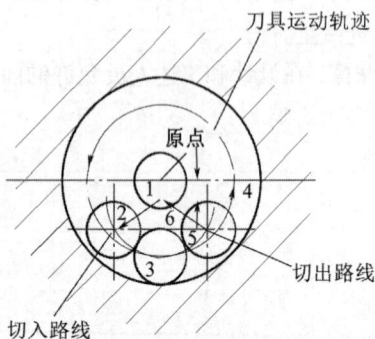

图 4-7　铣削内圆加工路线

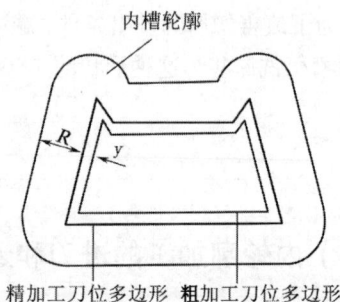

图 4-8　型腔轮廓粗加工图

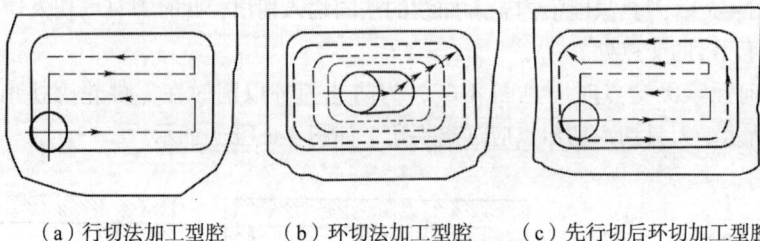

（a）行切法加工型腔　　（b）环切法加工型腔　　（c）先行切后环切加工型腔

图 4-9　凹槽加工进给路线

如图 4-10 所示,用环切法加工有岛的型腔时,因为要避让岛,在手工编程中,刀路计算复杂。而用行切法时,只要增加辅助边界（例如,用图 4-10 中的点画线将一个型腔分割成两个）,就可以把带岛的型腔变为两个不带岛的型腔,从而可以用一般型腔加工的方法处理。行切从型腔的一侧开始,采用往复进给,即交替变换进给方向。

对于带弧岛的型腔加工,不但要照顾到轮廓,还要保证弧岛尺寸。这里还有一种简化编程的加工方法,编程员可先将腔的边界按内轮廓进行加工,再将弧岛按外轮廓进行加工,使剩余部分远离轮廓及弧岛。再按无界平面进行型腔加工。可用方格纸进行近似取值,以简化编程。要注意如下事项。

（1）刀具要足够小,尤其用改变刀具半径补偿的方法进行粗、精加工时,保证刀具不碰型腔轮廓及弧岛轮廓。

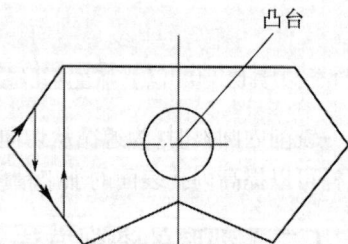

图 4-10　型腔区域加工进给路线

（2）有时可能会在弧岛和边槽或两个弧岛之间出现残留,可用手动方法去除。

（3）为下刀方便，有时要先钻出下刀孔。

从进给路线的长短比较，行切法要略优于环切法。但在加工小面积型腔时，环切的程序量要比行切小。此外，在铣削加工零件轮廓时，要考虑尽量采用顺铣加工方式，这样可以提高零件表面质量和加工精度，减少机床的振颤。要选择合理的进刀、退刀位置，尽量避免沿零件轮廓法向切入和进给中途停顿。进、退刀位置应选在不太重要的位置。

对于不规则形状的挖腔，程序较规则形状要复杂，计算工作量有时较大。为了简化编程，编程员可先将其变成内轮廓进行加工，再将剩余部分变成无界平面进行铣削加工，如图 4-11 所示。（内轮廓精度要求较高时，可预留精加工余量。）

当铣削曲面凹槽时一般采用球形刀加工，如采用高速钢模具铣刀和硬质合金模具铣刀等。如图 4-12 所示为高速钢制造的模具铣刀，图 4-13 所示为硬质合金制造的模具铣刀。小规格的硬质合金模具铣刀多制成整体结构，$\phi16mm$ 以上直径一般制成焊接或采用机夹可转位刀片结构。

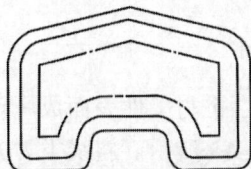

图 4-11　不规则形状型腔

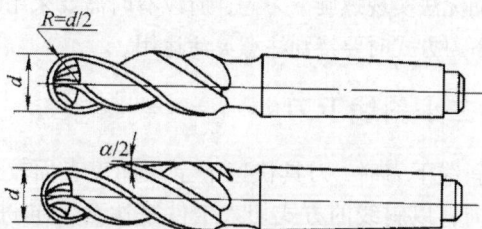

图 4-12　高速钢模具铣刀

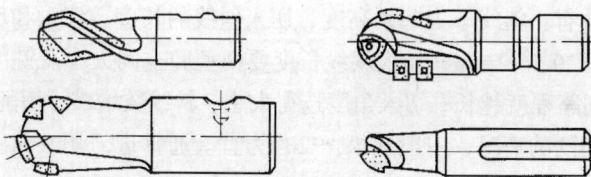

图 4-13　硬质合金模具铣刀

三、型腔加工中的下刀方式

对于封闭型腔零件的加工，下刀方式主要有垂直下刀、螺旋下刀和斜线下刀 3 种。

（一）垂直下刀

1. 小面积切削和零件表面粗糙度要求不高的情况

对于这种情况，一般使用键槽铣刀垂直下刀并进行切削。虽然键槽铣刀其端部刀刃通过铣刀中心，有垂直吃刀能力，但由于键槽铣刀只有两刃切削，加工时的平稳性较差，因而表面粗糙度较大；同时在同等切削条件下，键槽铣刀较立铣刀的每刃切削量大，因而刀刃的磨损也就较大，在大面积切削中的效率较低。所以采用键槽铣刀直接垂直下刀并进行切削的方式，通常只适用于小面积切削或被加工零件表面粗糙度要求不高的情况。

2. 大面积切削和零件表面粗糙度要求较高的情况

大面积的型腔一般采用加工时具有较高的平稳性和较长使用寿命的立铣刀来加工，但由于立铣刀的底切削刃没有到刀具的中心，所以立铣刀在垂直进刀时没有较大切深的能力，因此一般先采用键槽铣刀（或钻头）垂直进刀，预钻落刀孔后，再换多刃立铣刀加工型腔。

（二）螺旋下刀

螺旋下刀方式是现代数控加工应用较为广泛的下刀方式，特别是在模具制造行业中应用最为常见。刀片式合金模具铣刀可以进行高速切削，但和高速钢多刃立铣刀一样在垂直进刀时没有较大切深的能力。但可以通过螺旋下刀的方式，利用刀片的侧刃和底刃进行切削，避开刀具中心无切削刃部分与工件的干涉，使刀具沿螺旋朝深度方向渐进，从而达到进刀的目的。这样，可以在切削的平稳性与切削效率之间取得一个较好的平衡点，如图 4-14 所示。

螺旋下刀也有其固有的缺点，如切削路线较长、在比较狭窄的型腔加工中往往因为切削范围过小而无法实现螺旋下刀等，所以有时需要采用较大的下刀进给或钻下刀孔等方法来弥补，选择螺旋下刀方式时要特别注意灵活运用。

（三）斜线下刀

斜线下刀时，刀具快速下至距加工表面较近位置后，改为以一个与工件表面成一定角度的方向，以斜线的方式切入工件来达到 Z 向进刀的目的，如图 4-15 所示。斜线下刀方式作为螺旋下刀方式的一种补充，通常用于因范围的限制而无法实现螺旋下刀时的长条形的型腔加工。

斜线下刀主要参数有：斜线下刀起始高度、切入斜线的长度、切入和反向切入角度。起始高度一般设在加工面上方 0.5～1mm；切入斜线长度要视型腔空间大小及铣削深度来确定，一般是斜线越长，进刀的切削路程就越长；切入角度选得太小，斜线数增多，切削路程加长；角度太大，又会产生不好的端刃切削的情况，一般选 5°～20°为宜。通常进刀切入角度和反向进刀切入角度取相同的值。

课堂讨论 4-1：

讨论如图 4-16 所示零件的加工工艺，说说铣圆腔、方腔和圆弧槽时各选用何种刀具？如何下刀切削？

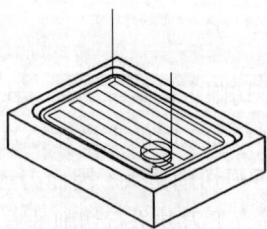

图 4-14　螺旋下刀

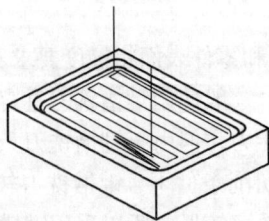

图 4-15　斜线下刀

【例 4-1】　零件如图 4-17 所示，需要加工带岛的腔，编写数控加工程序。

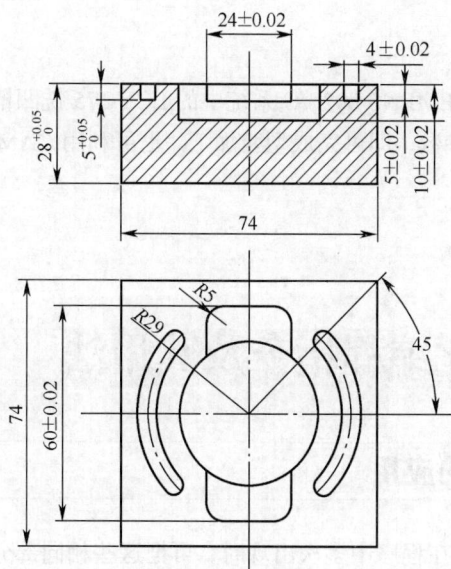

图 4-16 零件图

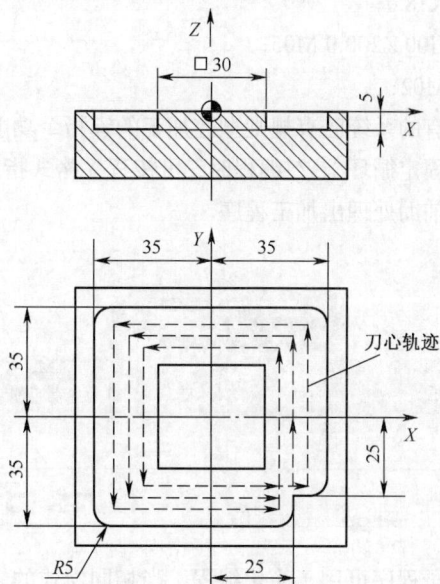

图 4-17 带弧岛的挖腔

解：

零件精度无特殊要求，这里选用选用 $\phi 10$ 立铣刀切削型腔。为方便走刀，下刀点选在 A 点（20，-20），并预钻 $\phi 10$ 的孔（也可采用斜线下刀方式切至腔底后再切轮廓）。参考程序如下：

O1234；

G90 G00 X20.0 Y-2.0； A 点

M03S600；

G00 Z3.0；

G01 Z-5.0 F50；

铣腔内轮廓，用刀心编程。

X30.0 F150；

Y30.0；

X-30.0；

Y-30.0；

X20.0；

铣弧岛

Y20.0；

X-20.0；

Y-20.0；

X25.0；

去残留

Y25.0；

X-25.0；

Y-25.0；

X18.0；

G00 Z200.0 M05；

M02；

有的系统已有规则型腔加工的宏指令功能（如 SIEMENS 802S/C 系统中的 LCYC75 铣凹槽和键槽固定循环），在编程时，可按程序格式指定相应参数，即可完成型腔加工。也可利用 CAM 软件，辅助处理出加工程序。

任务二　学习简化编程指令及其用法

一、子程序的应用

子程序可用于简化编程。当相同模式的走刀轨迹在程序中多次出现时，可把这些相同部分的走刀轨迹编成一个程序，该程序称为子程序。子程序可以被加工程序调用，调用它的加工程序则称为主程序。在主程序执行过程中出现子程序执行指令（亦称调用子程序指令）时，就执行子程序；当子程序执行完毕，返回主程序继续执行。

1．子程序调用与子程序结束并返回的指令格式

子程序调用指令：

M98 P_L_；

子程序结束并返回指令：

M99；

说明：

① M98 P_L_应放在调用子程序的那个程序中（可能是主程序，也可能是子程序），P 后接被调用的子程序程序号；M99 总是放在子程序的结尾。

② L 后接重复调用的次数，若单次调用指令，L 可省略。

③ 子程序号是调用入口地址，必须与子程序调用指令中所指向的程序号一致。

④ 调用指令可以重复地调用子程序，见图 4-18。

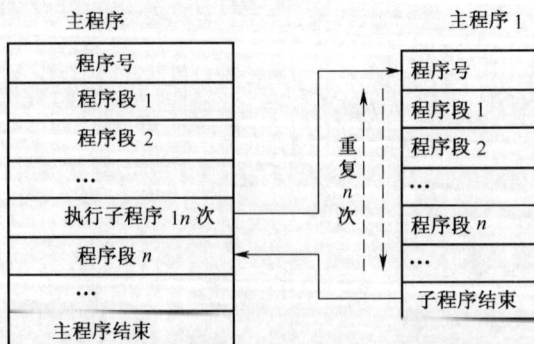

图 4-18　主程序调用子程序的次数

⑤ 主程序可以调用多个子程序。

⑥ 子程序可以由主程序调用，被调用的子程序也可以调用另一个子程序（称为程序的嵌套）。如图4-19所示。当主程序调用子程序时它被认为是一级子程序，对于子程序调用嵌套的次数，不同的系统有不同的规定。

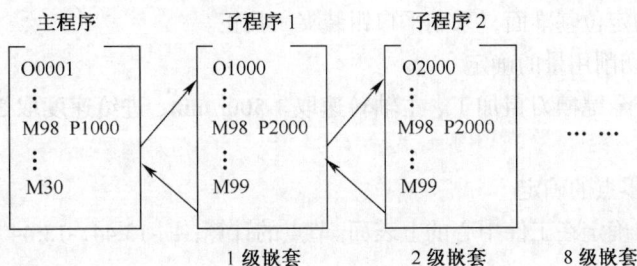

图4-19　子程序嵌套

2. 子程序调用注意事项

（1）应用子程序指令的加工程序，在程序校验试切阶段应特别注意机床的安全问题。

（2）子程序多是增量编程方式，注意程序是否闭合，累计误差对零件加工精度的影响。

（3）G90/G91的转换要特别注意，防止运动干涉。

（4）找出重复程序段的变化规律，将要变化的部分写在主程序，不变的部分作子程序。

3. 采用子程序的意义

（1）使复杂程序结构明晰。

（2）程序简短。

（3）增强数控系统编程功能。

【例4-2】　如图4-20所示，零件材料为45钢，单件生产，试编写零件内腔与槽加工程序。

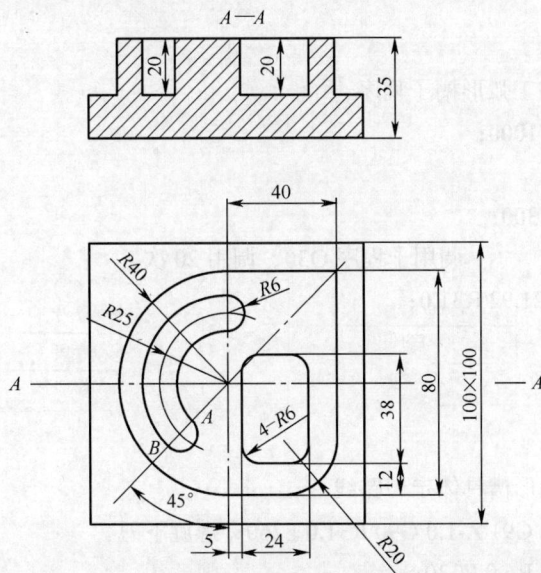

图4-20　零件图

解：

1. 零件图工艺分析

该零件由凸台、内腔和槽组成，外形已加工至尺寸要求，内腔与凹槽较深，加工时需分层铣削。

2. 零件的定位基准和装夹方式

选用下表面做为定位基准面，采用平口钳装夹，找正。

3. 刀具选择及切削用量的确定

选用ϕ10硬质合金键槽刀粗加工，主轴转速取 1 500r/min、进给速度取 300mm/min、背吃刀量取 1mm。

4. 工件坐标系零点的确定

工件坐标系零点确定在工件中心的上表面。节点的计算：A(-13.44, -13.44)；B(-21.92, -21.92)。

5. 编写程序单

加工前已完成对刀

O1234；

G54 G17；

G90 G00 X0 Y0 Z100.0；

M03 S1500；

M08；

G01 Z10.0 F1000；

M98 P10；   调用子程序 O10

M98 P20；   调用子程序 O20

G90 G00 Z200.0；

M09；

M05；

M02；

O10；   加工弧形槽子程序

G90 G01 X0 Y25.0 F1000；

Z0 F60；

G41 X0 Y31.0 D01 F300；

M98 P30 L20；   调用子程序 O30，调用 20 次

G90 G03 X-21.92 Y-21.92 R31.0；

G01 Z10.0 F500；

G40 X0 Y-21.92；

M99；

O30；   弧形槽具体走刀路线

G03 X-21.92 Y-21.92 G91 Z-1.0 G90 R31.0 F260；螺旋下刀

G03 X-13.44 Y-13.44 R6.0 F220；

G02 X0 Y19.0 R19.0 F280；

G03 X0 Y31.0 R6.0 F220；

M99；

O20；　　　　　　　加工方形腔子程序

G90 G01 X17.0 Y4.0 F300；

Z0 F60；

G41X5.0Y4.0D01F300；

M98 P40 L20；　　　　　调用子程序 O40，调用 20 次

G01X5.0Y-22.0F300

Z10.0F500；

G40X17.0Y-22.0；

M99；

O40；　　　　　　　方形腔具体走刀路线

G01 X5.0 Y-22.0 G91Z-1.0F260；

G90 G03X11.0Y-28.0R6.0F240；

G01X23.0F300；

G03X29.0Y-22.0R6.0F240；

G01Y4.0F300；

G03X23.0Y10.0R6.0F240；

G01X11.0F300；

G03X5.0Y4.0R6.0F240；

M99；

本例将不同部位的加工编制成子程序，使得程序结构清晰，便于检查。

【例 4-3】　零件如图 4-21 所示，用 ϕ8 键槽铣刀加工 10mm 深的槽，每次 Z 轴下刀 2.5mm，试利用子程序编写程序。

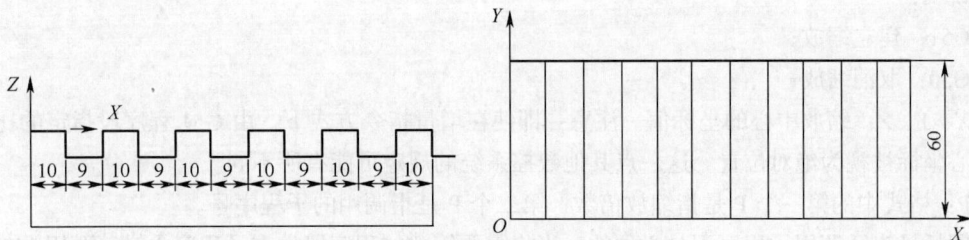

图 4-21　深槽加工子程序编程

解：参考程序如下：

O100；　　　　　　　　　主程序号

N10 G92 X0 Y0 Z20.0；　　　建立工件坐标系

N20 M03 S800；　　　　　主轴开启

N30 G90 G00 X-4.0 Y-10.0 M08；　　快速定位，冷却液开

N40 Z0；　　　　　　　主轴下移

N50 M98P110 L4；　　　　调用子程序 110 号 4 次

N60 G90 G00 Z20.0 M05;	主轴抬刀，主轴关闭
N70 X0 Y0 M09;	回到坐标原点
N80 M30;	程序结束
O110;	子程序号
G91 G00 Z-2.5;	下刀 2.5mm
M98 P120 L5;	调用子程序 120 号 5 次
G00X-4.0;	*X* 向返回
M99;	子程序结束
O120;	子程序号
G91 G00 X18.0;	*X* 向进 18mm
G01 X76.0 F100;	沿 *Y* 轴切削 76mm
G01 X1.0;	沿 *X* 向进
G01Y-76.0;	沿 *Y* 轴反向切削 76mm
M99;	子程序结束

此例把走刀轨迹相同或相似的几个程序段单独写成子程序，然后通过主程序调用，大大简化了编程量。

二、比例缩放功能指令

FANUC 0i 数控系统的比例缩放功能分为沿所有轴等比例缩放和沿各轴以不同比例缩放两种情形，这里只介绍沿各轴以等比例缩放。

格式：G51X_Y_Z_P_;

　　　（M98P_;)

G50;

说明：

G51：建立缩放；

G50：取消缩放；

X、*Y*、*Z*：缩放中心的坐标值。注意：即使在增量指令方式下，由 G51 程序段指定的比例缩放中心坐标被视为绝对位置。这一点其他数控系统的规定可能有所不同。

P：格式中的第一个 P 是指缩放倍数；第二个 P 是指调用的子程序号。

圆括号表示调用子程序不是必须的。当将需要缩放的程序段放在子程序中时，要用 M98 P_，当直接将需要缩放的程序段紧接着放在 G51X_Y_Z_P_程序段下时，就不需要 M98P_。

G51 既可指定平面缩放，也可指定空间缩放。在 G51 后，运动指令的坐标值以（*X*，*Y*，*Z*）为缩放中心，按 P 规定的缩放比例进行计算。图 4-22（a）、图 4-22（b）分别表示缩放中心不同、而缩放比例相同的两种结果。

在有刀具补偿的情况下，先进行缩放，然后才进行刀具半径补偿、刀具长度补偿。

G51、G50 为模态指令，可相互注销，G50 为默认值。

【例 4-4】　如图 4-23 所示的两个三角形台阶轮廓 *ABC*、*DEF* 需要精加工，*DEF* 是 *ABC* 缩小一半后得到的图形，缩放中心为（50，30），请用缩放功能编程。

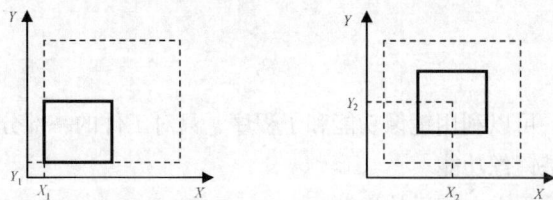

（a）缩放中心在（X_1，Y_1）　　　　　（b）缩放中心在（X_2，Y_2）

图 4-22　缩放功能

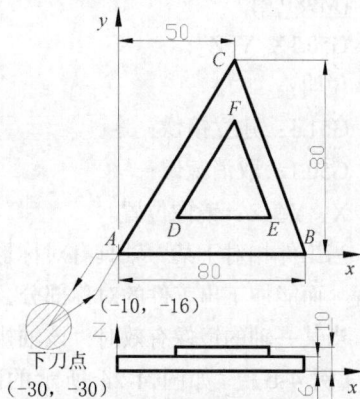

图 4-23　缩放功能示意图

解：参考程序如下：

O0051；	主程序
G54 G17 G90 G00 X0 Y0 Z100.0；	
M03 S600；	
G43 G00 X-30.0 Y-30.0 Z14.0 H01；	
G01 Z0 F50；	下刀至 Z0
M98 P100；	加工三角形 ABC
G01 Z6.0；	抬刀至 Z6.0
G51 X50.0 Y30.0 P0.5；	建立缩放，缩放中心（50，30），缩放系数 0.5
M98 P100；	加工三角形 DEF
G50；	取消缩放
G49 G00 Z100.0；	
M05 M30；	
O100；	子程序（三角形 ABC 的加工程序）
G41 G00 X-10.0 Y-16.0 D01 F120；	
G01 X50.0 Y80.0；	
X80.0 Y0；	
X-10.0 Y0；	
G40 G00 X-30.0 Y-30.0；	
M99；	

执行 G51 X50.0 Y30.0 P0.5 程序段，数控系统依据编程轨迹自动计算出 D、E、F 三点的坐标，免去人工计算坐标的麻烦，简化了编程。

缩放不能用于补偿量，并且对 A、B、C、U、V、W 轴无效。

三、镜像功能指令

格式：

G51.1 X_ Y_ Z_；

(M98P_;)

G50.1X_Y_Z_;

说明:

G51.1:建立镜像;

G50.1:取消镜像;

X、Y、Z:镜像位置。

当工件相对于某一轴具有对称形状时,可以利用镜像功能和子程序,只对工件的一部分进行编程,而能加工出工件的对称部分,这就是镜像功能。

当某一轴的镜像有效时,该轴执行与编程方向相反的运动。

【例 4-5】 如图 4-24 所示的图形轮廓需要加工,使用镜像功能编写程序。设切削深度为 5mm。

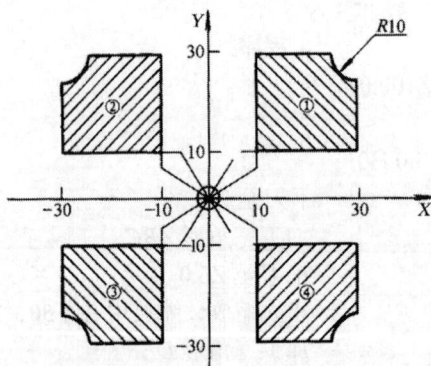

图 4-24 镜像功能加工示意图

解:参考程序如下:

O0003;	主程序号
N5 G54 G17 G00 X0 Y0 Z10.0;	
N10 M03 S800;	
N20 M98 P100;	加工①
N30 G51.1 X0;	X 轴镜像有效
N40 M98 P100;	加工②
N50 G51.1 Y0;	X 轴、Y 轴镜像有效
N60 M98 P100;	加工③
N70 G50.1 X0;	取消 X 轴镜像,Y 轴镜像有效
N90 M98 P100;	加工④
N100 G50.1 Y0;	取消 Y 轴镜像
N110 M05;	
N120 M30;	
O100;	子程序(以①的轮廓作为编程轨迹)
N200 G90 G01 X0 Y0 F1000;	
N210 Z-5.0 F100;	

N220 G41 X10.0Y5.0 D01 F150;

N230 Y30.0;

N240 X20.0;

N250 G03 X30.0 Y20.0 I10.0;

N260 G01 Y10.0;

N270 X5.0;

N280 G40 X0 Y0;

N290 M99;

注意：不同的数控系统，甚至是相同数控系统的不同版本中，实现该功能的方法有所不同。在 FANUC 有的版本中，有用手动设置镜像的，也有用 M 代码实现可编程镜像的。

华中数控系统（HNC-21M）可编程镜像指令与 FANUC 0i 系统不同。其格式如下：

格式：G24X_Y_Z_

（M98P_）

G25X_Y_Z_

G24：建立镜像；

G25：取消镜像；

G24、G25 为模态指令，可相互注销，G25 为默认值。

四、旋转变换指令

格式：

G17 G68 X_Y_R_；

或 G18 G68X_Z_R_；

或 G19 G68Y_Z_R_；

（M98P_；）

G69；

说明：

G68：建立旋转；

G69：取消旋转；

X、Y、Z：旋转中心的坐标值；当 X、Y、Z 省略时，当前的位置即为旋转中心；

R：旋转角度，单位是°，逆时针方向为正，顺时针方向为负。

在有刀具补偿的情况下，先旋转后刀补（刀具半径补偿）；在有缩放功能的情况下，先缩放后旋转。

G68、G69 为模态指令，可相互注销，G69 为默认值。

【例 4-6】 使用旋转功能编制如图 4-25 所示轮廓的加工程序，设刀具起点距工件上表面 50mm，切削深度 5mm。

解：参考程序如下：

O0068;   主程序

N10 G92 X0 Y0 Z50.0;

N15 G90 G17 M03 S600;

N20 G43 Z-5.0 H01;

N25 M98 P200;   加工①

N30 G68 X0 Y0 R45.0;   旋转 45°

N40 M98 P200;   加工②

N45 G68 X0 Y0 R90.0;   旋转 90°

N70 M98 P200;   加工③

N80 G69

N80 G49 Z50.0;

N90 M05;

N100 M30;   取消旋转

O200;   子程序（以①的轮廓作为编程轨迹）

 N100 G41 G01 X20.0 Y-5.0 D01 F300;

N105 Y0;

N110 G02 X40.0 I10.0;

N120 X30.0 I-5.0;

N130 G03 X20.0 I-5.0;

N140 G01 Y-6.0;

N145 G40 X0 Y0;

N150 M99;

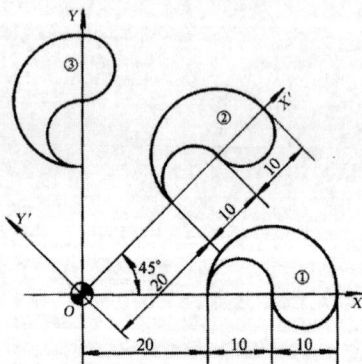

图 4-25 旋转变换功能

注意：华中数控系统中旋转功能指令与此基本相同，只是其中的地址 R 改为 P。

五、极坐标编程指令

工件上的点也可以用极坐标定义，如果一个工件或一个部件，当其尺寸以到一个固定点的半径和角度来设定时，往往使用极坐标编程比较简单方便。建立极坐标的固定点称为极点，空间一点与极点的连线为极半径，极半径与水平方向的夹角称为极角。规定沿逆时针方向旋转的极角定义为正角，反之为负角。

（一）FANUC 0i 数控系统的极坐标编程指令

FANUC 0i 数控系统用指令 G16/G15 来指定和取消极坐标编程。其指令编程格式：

G17/G18/G19 G16;　　　开始极坐标指令

G00 X_Y_;　　　　　　　极坐标指令选择平面的轴地址及其值

……

G15;　　　　　　　　　　取消极坐标指令

说明：

（1）坐标值可以用极坐标半径和角度输入，角度的正向是所选平面的第一轴正向的逆时针转向，而负向是顺时针转向。

（2）半径和角度两者可以用绝对值或增量值编程，G90 指定工件坐标系的原点作为极坐标原点，从该点测量半径，如图 4-26 所示；G91 指定当前位置作为极坐标系的原点，从该点测量半径，如图 4-27 所示。

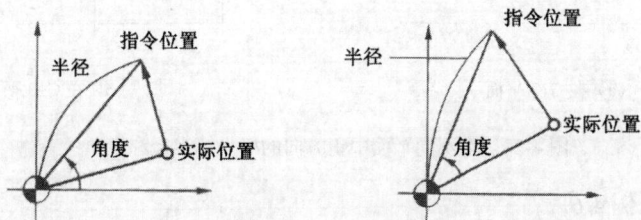

（a）当角度值用绝对值指令指定时　（b）当角度值用增量值指令指定时

图 4-26　G90 指令指定半径

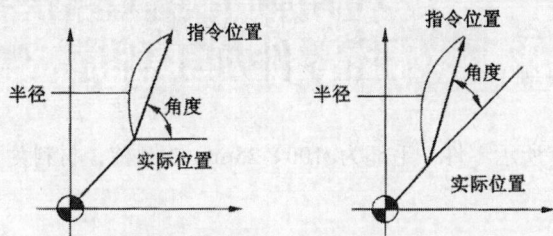

（a）当角度值用绝对值指令指定时　（b）当角度值用增量值指令指定时

图 4-27　G91 指令指定半径

（3）G00 后第一轴（X）是极坐标半径，第二轴（Y）是极角。

（二）HNC-21M 数控系统极坐标编程指令

（1）极点和极平面

极点定义：HNC-21M 数控系统采用 G38 指令定义极坐标的极点位置，该极点位置是相对于当前工件坐标系的零点位置。

平面：极坐标以 G38 定义的极点作为基准平面，如 G38 X20 Y20，则当前极坐标编程平面为 XOY 平面。

（2）编程

用指定编程终点的极坐标半径 RP 和极坐标角度 AP 的办法来编程。

极坐标半径 RP：极坐标半径定义该点到极点的距离，如图 4-30 所示，该值一直保存，只有当极点发生变化或平面更改后才需重新编程。

极坐标角度 AP：极角是指与所在平面中的横坐标轴之间的夹角（比如 XOY 平面中的 X 轴），如图 4-28 所示，该角度可以是正角，也可以是负角，该值一直保存，只有当极点发生变化或平面更改后才需要重新编程。

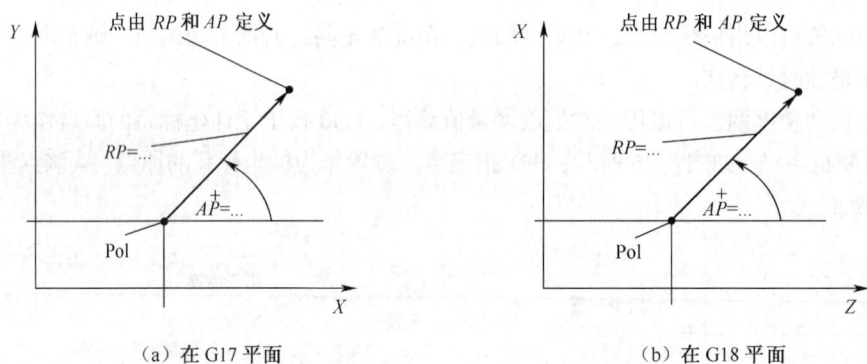

（a）在 G17 平面　　　　　　　　　（b）在 G18 平面

图 4-28　在不同平面中正方向的极坐标半径和极角

极坐标的应用见例 4-6。

任务三 利用简化编程指令编制三叉型腔零件加工程序

【例 4-7】　图 4-29 所示零件，毛坯为 φ100×25mm 的圆柱，材料为 45 钢调质，分析加工工艺并编制数控加工程序。

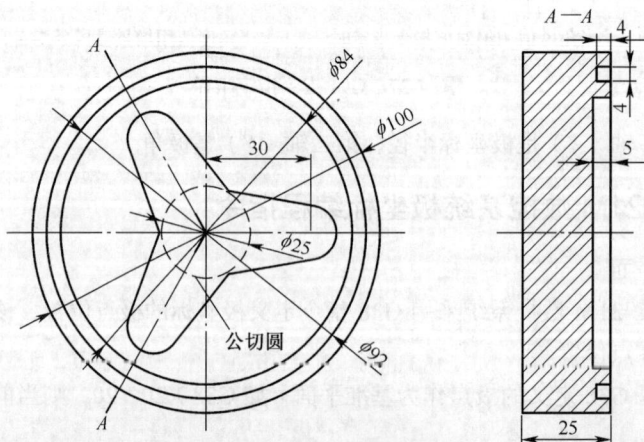

图 4-29　零件图

解：

1. 加工工艺分析

（1）零件图工艺分析

此零件图纸标注尺寸齐全，分析图样可知：中心为 3 个成 120°夹角的型腔，可以考虑用旋转坐标进行加工；外部环形凹槽深 4mm、宽 4mm，用ϕ4mm 的键槽刀加工。

（2）选择加工设备

对平面腔体零件的数控铣削加工，一般采用 2 轴以上联动的数控机床，因此，首先要考虑的是零件的外形尺寸和重量，使其在铣床允许的范围以内；其次，考虑数控铣床的精度是否能满足腔体零件的设计要求。此零件对 3 个腔体的圆周分布要求较高，选用 3 轴联动加工中心加工。

（3）确定装夹方案

根据零件形状特点，采用三爪卡盘装夹，毛坯下面垫垫铁，使其上表面与钳口平齐。

（4）确定加工顺序及走刀路线

外部环形凹槽用ϕ4 的键槽刀直接下刀，一次加工成形，不再精铣。内部型腔分粗、精加工进行。首先铣削型腔中心圆腔，然后粗加工旋转转臂内腔。

内部型腔精加工采用坐标系旋转指令，逆铣。各连接圆弧及基点坐标如图 4-30 所示。

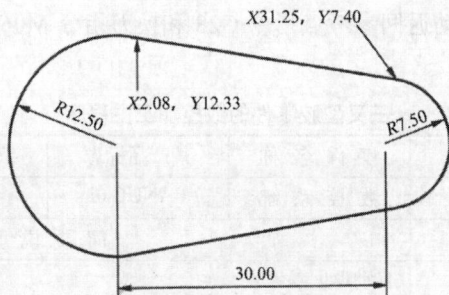

图 4-30　基点的计算

（5）刀具及切削参数的选择

根据零件的结构特点，铣削零件中心圆形腔体内轮廓时，铣刀直径受到槽宽限制，同时考虑 45 调质钢的加工性能较好，粗加工、精加工均采用ϕ12 高速钢立铣刀。其次，由于立铣刀不能在 Z 向直接下刀，本例直接用ϕ12 立铣刀，采用螺旋下刀方式铣出中间ϕ25 的整圆，作为下刀位，刀具及切削参数的选择见表 4-1。

表 4-1　　　　　　　　　　　　　数控加工刀具卡片

工　序	加工内容	刀　具	刀具类型	主轴转速 n（r/min）	进给量（mm）	半径补偿	长度补偿
1	圆形凹槽	T01	ϕ4 键槽铣刀	1200	50	无	H01
2	内轮廓粗加工	T02	ϕ12 立铣刀	800	80	无	H02
3	内轮廓精加工	T03	ϕ12 立铣刀	800	120	D01（6.0）	H03

（6）填写工艺文件

将各工步的加工内容、所用刀具和切削用量填入平面槽形零件数控加工工序卡，见表 4-2。

表 4-2   零件数控加工工序卡片

数控加工序卡片	产品名称或代号		零件名称		材料	零件图号
	×××		三叉型腔零件		45 调质	X04
工序号	程序编号	夹具名称	使用设备		车间	
/	O0003 O0004	三爪卡盘	加工中心		数控加工车间	
工步号	工序内容	刀具号	刀具规格	主轴转速 n（r/min）	进给速度 F（mm/min）	背吃刀量 a_p	量具	备注
1	圆形凹槽	T01	$\phi4$ 键槽刀	1200	50		游标卡尺	
2	内轮廓粗加工	T02	$\phi12$ 立铣刀	800	80			
3	内轮廓精加工	T03	$\phi12$ 立铣刀	800	120		样板游标卡尺	
4	清理入库	T04						
编制 ×××		审核 ×××	批准 ×××	年 月 日	共 页	第 页

2. 编制加工程序

（1）工件坐标系建立：工件坐标系原点取在工件上表面的中心。

（2）基本坐标计算：内腔精加工各连接圆弧及基点坐标见图 4-30。

（3）参考程序：见表 4-3、表 4-4。

注意：程序中用到了自动返回参考点指令 G28 和换刀指令 M06，其用法将在模块七中具体讲解。

表 4-3   三叉型腔零件的数控加工主程序

零件号	X04	零件名称	某产品标志	编程原点	上表面的中心
程序号	O0003	数控系统	FANUC 0i	编程	×××
程序内容		简要说明			
N10 G91 G28 Z0;		自动返回参考点			
N20 G28 X0 Y0;					
N30 T01 M06;		调用刀具			
N40 G90 G54 M3 S1200;		1 号键槽刀加工圆形凹槽，设定加工初始状态			
N50 G0 X44.0Y0;					
N60 G43 Z100.0 H01;		调 1 号刀具长度补偿			
N70 Z2.0;					
N80 G1Z-4.0F20;		键槽刀，底部有切削刃，可直接下刀			
N90 G3I-44.0F50;					
N95 G01 Z2.0;					
N100 G49 G0 Z100.0;					
N110 M05;					
N120 G91 G28 Z0;					
N130 G28 X0 Y0;					
N140 T02 M06;		内轮廓开粗，换 $\phi12$ 立铣刀			
N150 G90 M3 S800;					
N160 G00 X6.5 Y0;		铣削中心圆起刀点			
N170 G43 Z100.0 H02;		调 2 号刀长度补偿值			
N180 Z2.0;					

零件号	X04	零件名称	某产品标志	编程原点	上表面的中心
程序号	O0003	数控系统	FANUC 0i	编 程	×××

程 序 内 容	简 要 说 明
N190 G1 Z0 F40;	
N200 G3 Z-2.5 I-6.5;	螺旋下刀，切深 2.5mm
N210 Z-5.0I-6.5;	螺旋下刀，切至 5.0mm 深
N220 G3 I-6.5;	切平底部
N230 G1 X0 Y0 F80;	中心的整圆加工到位
N240 G16 X30.0 Y0;	极坐标编程，工件坐标原点为极点.直线插补到极半径 30，极角 0°处
N250 X0 Y0 F200;	直线插补到极半径 0，极角 0°处
N260 X30.0Y120.0 F80;	直线插补到极半径 30mm，极角 120°处
N270 X0 Y0 F200;	直线插补到极半径 0mm，极角 0°处
N280 X30.0Y240.0F80;	直线插补到极半径 30mm，极角 0°处
N290 X0 Y0 F200;	直线插补到极半径 0mm，极角 0°处
N300 G15;	取消极坐标
N320 M98 P0004L3;	调用轮廓精修子程序
N330 G69;	取消旋转坐标
N335 G1 Z2.0;	
N340 G49 G0 Z100.0;	提刀
N350 M5;	
N360 G91 G28 Z0;	
N370 G28 X0 Y0;	
N380 M30;	

表 4-4 三叉型腔加工子程序卡

零件号	X04	零件名称	某产品标志	编程原点	上表面的中心
程序号	O0004	数控系统	FANUC 0i	编 程	×××

程 序 内 容	简 要 说 明
N500 G68 X0 Y0 G91 R120.0;	使用旋转坐标系，设定角度增量为 120°
N510 G90 G0 X0 Y0;	恢复绝对坐标编程，调刀到下刀位置
N530 G42 X2.08 Y12.33 D02;	设定为逆铣。该点为型腔内部应被去掉的余量部分，故可法向进刀
N540 G1 X31.25 Y7.4;	
N550 G2 Y-7.4 R7.5;	
N560 G1 X2.08 Y-12.33;	
N570 G40 X0 Y0;	取消刀补
N590 M99;	子程序返回

任务四

拓展知识：SINUMERIK 802D sl 的极坐标及简化编程指令

1. 子程序

（1）子程序的结构

子程序结构与主程序相似，除了可用 M2 结束了程序外，还可用 RET 指令结束子程序。RET 要求占用一个独立的程序段。

（2）子程序调用

在一个程序中（主程序或子程序）可以直接用程序名调用子程序，子程序调用要求占用一个独立的程序段。

在子程序中还可使用地址 L，其后的值可以有 7 位（只能为整数）。地址 L 之后的每一个 0 均有意义，不可省略。如 L0123 与 L123 它们表示两个不同的子程序。

例如：

N10 L453；　　调用子程序 L453。

子程序的扩展名只能用 ".SPF"（如果用的话）。

（3）程序重复调用次数 P

如果要求多次连续地调用某个子程序，则在设置时必须在所调用子程序的程序名中的地址 P 后面写入调用次数，最大次数可以为 9999（P1～P9999）。例如：

N10 L888 P3；调用子程序 L888，运行 3 次。

（4）嵌套深度

主程序可以调用子程序，子程序还可调用其他子程序。子程序的嵌套深度可达 8 层。

2. 可编程零点偏置

格式：TRANS X_Y_；　　　说明：绝对平移，将 G54～G59 坐标系平移到 X、Y 指定位置。

ATRANS　X_Y_；　　　说明：相对平移。

TRANS；　　　　　　　说明：取消平移。

TRANS/ATRANS；　　　说明：要求一个独立的程序段。

3. 可编程的旋转

格式：ROT X_Y_或 ROT RPL=_；　　　说明：绕 G54～G59 建立的坐标系的零点绝对旋转。

AROT X_Y_或 AROT RPL=_；　　　说明：相对旋转。

ROT；　　　　　　　　　　　　　说明：取消旋转。

ROT/AROT；　　　　　　　　　　说明：要求一个独立的程序段。

4. 可编程比例

格式：SCALE X_Y_；　　　说明：通过 G54～G59 建立的坐标系设置有效坐标绝对缩放。

ASCALE X_Y_；　　　　　说明：相对缩放。

SCALE；　　　　　　　　说明：取消缩放。

SCALE/ ASCALE；　　　　说明：要求一个独立的程序段。

5. 可编程镜像

格式：MIRROR X_Y_；　　　　　说明：G54～G59 建立的坐标系设置有效坐标绝对镜像。

AMIRROR X_Y_；　　　　　　　说明：相对镜像。

MIRROR；　　　　　　　　　　说明：取消镜像。

MIRROR / AMIRROR；　　　　　说明：要求一个独立的程序段。

6. 极坐标

格式：G110/G112/G113 X_Y_；

G110/G112/G113 RP=_AP=_；

说明：G110 根据编程设置位置进行极坐标编程；G112 根据工件坐标系原点进行极坐标编程；G113 根据最后到达位置进行极坐标编程。

SINUMERIK 802D sl 数控系统用 RP 表示极坐标半径，表示该点到极点的距离；AP 表示极坐标角度，即与所在平面中的横坐标轴之间的夹角。编程格式如下：

（1）点位控制

格式：G0 RP=_AP=_；　　　　　说明：使用极坐标编程。

（2）直线插补

格式：G1 RP=_AP=_F_；　　　　说明：极坐标编程。

G1 RP=_AP=_Z_F_；　　　　　　说明：柱面坐标系编程。

（3）圆弧插补

G2/G3 AP=_RP=_；　　　　　　说明：用极坐标和极点圆弧编程。

（4）螺旋线插补

G2/G3 AP=_RP=_Z_TURN=_；　　说明：用极坐标和极点圆弧编程。

【例 4-8】　用 SIEMENS 802D M 系统编写图 4-31 所示"品"字槽的加工。

解：槽的轮廓要求不高，直接采用φ10 键槽刀下刀切削。工件坐标系设定的左下角点，此处为设计基准，方便数值计算。

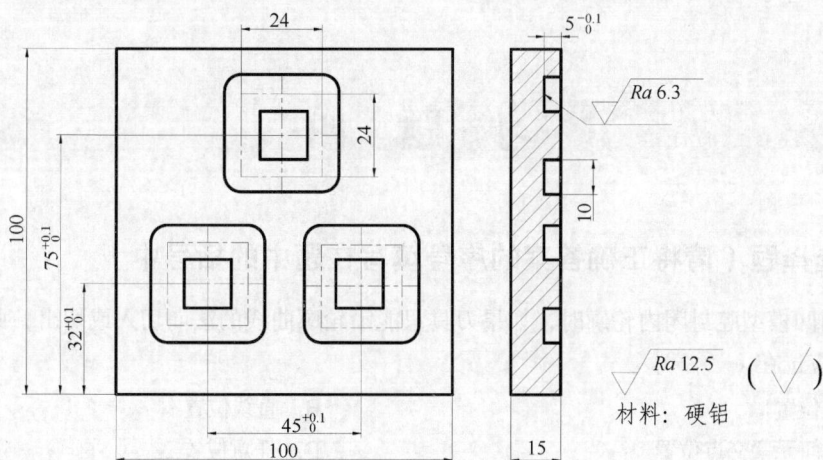

图 4-31　切槽加工零件图

AA.MPF

N10 G54 G90 G17；　　　　　　　　选择 G54 工件坐标系。

```
N20 M3 S1000;
N30 G0 X50 Y75;                     定位第 1 个"口"字中央
N40 Z5;
N50 L11;                            调用切槽子程序
N60 G0 X27.5 Y32;                   定位第 2 个"口"字中央
N70 L11;                            调用切槽子程序
N80 G0 X72.5 Y32;                   定位第 3 个"口"字中央
N90 L11;                            调用切槽子程序
N100 G0 Z100;
N110 M5;
N120 M30;

L11.SPF                             切削"口"字形槽子程序
N10 G91;
N20 G0 X-12 Y-12;
N30 G1 Z-10 F50;
N40 G1 Y24 F150;
N50 X24;
N60 Y-24;
N70 X-24;
N80 G0 Z10;
N90 G90;
N100 RET
```

习 题 四

一、选择题（请将正确答案的序号填写在题中的括号中）

1. 铣削凹模型腔封闭内轮廓时，如果刀具只能沿轮廓曲线的法向切入或切出，此时刀具的切入切出点应选在（   ）。

A. 圆弧位置   B. 直线位置

C. 两几何元素交点位置   D. 任意位置

2. 铣削平面轮廓时，常采用沿零件轮廓曲线的延长线切向切入和切出，其主要目的是（   ）。

A. 提高效率   B. 减少刀具磨损

C. 方便编程   D. 保证零件轮廓光滑

3. 铣高精度 T 形槽时，采用（　　　）。

A. 槽铣刀　　　　　　　　　　　　　　B. 立铣刀

C. T 形槽成形铣刀　　　　　　　　　　D. 多把刀多工序加工

4. FANUC 0i 系统中旋转变换及取消旋转变换指令是（　　　）。

A. G68/G69　　　　B. G51/G50　　　　C. G24/G25　　　　D. G41/G40

5. 在数控铣床上采用子程序编程时的主要目的是（　　　）。

A. 简化编程　　　　　　　　　　　　　B. 提高加工精度

C. 提高加工效率　　　　　　　　　　　D. 减少对计算机内存的占用量

6. 调用子程序的指令是（　　　）。

A. G98　　　　　　B. G99　　　　　　C. M98　　　　　　D. M99

7. 下列刀具中不能用来铣型腔的是（　　　）。

A. 立铣刀　　　　　　B. 球头刀　　　　　C. 键槽刀　　　　　D. 面铣刀

8. 欲在数控铣床的加工过程中进行刀具尺寸测量、已加工部位尺寸测量、工件调头、清理切屑、手动变速等工作，可在程序中写入（　　　）指令。

A. M00　　　　　　　B. M04　　　　　　C. G00　　　　　　D. G04

9. 确定加工路线的原则中，最合理的做法是（　　　）。

A. 加工路线最短　　　B. 数值计算和编程简单　　　C. 加工精度最高

D. 在保证零件要求的精度下，考虑加工路线短和编程简单

10. 程序中运用镜像、缩放、旋转指令的目的是（　　　）。

A. 提高加工精度　　　　　　　　　　　B. 提高程序运行速度

C. 使程序更容易理解　　　　　　　　　D. 简化编程

二、判断题（正确的在括号中打√，错误的在括号中打×）

1. 立铣刀不宜采用垂直下刀方式，但可采用螺旋下刀和斜线下刀方式切削工件毛坯。（　　　）

2. 在立式铣床上加工封闭键槽时，通常采用立铣刀铣削，不必钻落刀孔。　　（　　　）

3. 子程序不能再嵌套子程序。　　　　　　　　　　　　　　　　　　　　（　　　）

4. 当铣削曲面凹槽时一般采用球形刀加工，如采用高速钢模具铣刀和硬质合金模具铣刀等。　　　　　　　　　　　　　　　　　　　　　　　　　　　　　　　　（　　　）

5. 采用键槽铣刀直接垂直下刀切削，通常只适用于小面积切削或被加工零件表面粗糙度要求不高的情况。　　　　　　　　　　　　　　　　　　　　　　　　　　　　　　（　　　）

6. 环切法铣型腔比行切法要好。　　　　　　　　　　　　　　　　　　　（　　　）

7. 当某一轴镜像有效时，该轴执行与编程方向相反的运动。　　　　　　　（　　　）

8. 在程序中，如同一个程序同时存在缩放、旋转、刀具补偿指令时，要先缩放再旋转，最后建立刀具补偿。　　　　　　　　　　　　　　　　　　　　　　　　　　　　　（　　　）

9. 在编制子程序时，只能用相对坐标编程。　　　　　　　　　　　　　　（　　　）

10. 极坐标编程中不可使用增量坐标编程。　　　　　　　　　　　　　　（　　　）

三、问答题

1. 简述铣 T 形槽的步骤。

2. 简述各种下刀方式及其优缺点。

3. 举例说明铣内腔轮廓时，安排切入、切出路线的原则。

四、编程与实训题

1. 铣削如 4-32 图所示的方形型腔，进行工艺分析，完成程序编制和加工。

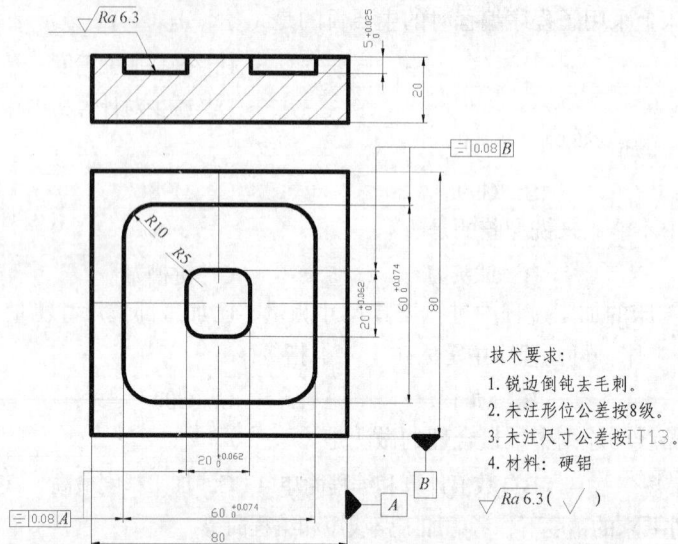

技术要求:
1. 锐边倒钝去毛刺。
2. 未注形位公差按8级。
3. 未注尺寸公差按IT13。
4. 材料: 硬铝

图 4-32 题 1 零件图

2. 通过 MDI 方式建立多个工件坐标系，完成图 4-33 所示零件型腔的编程与加工。材料为 45 钢。毛坯为已完成加工的六面体。

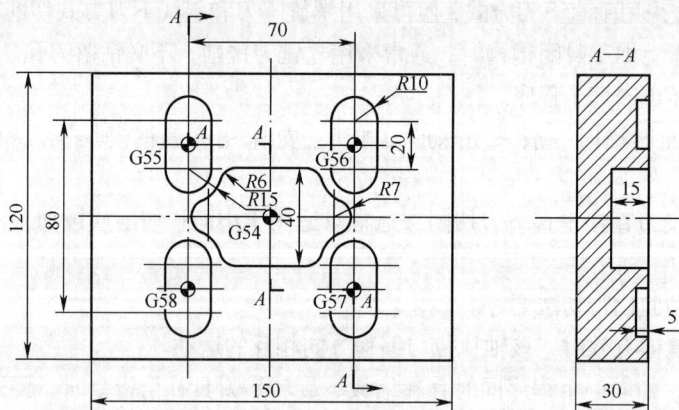

图 4-33 题 2 零件图

3. 图 4-34 所示零件中圆腔较深，需用层切法多次下刀切削，请用合适简化编程方法完成程序编制，并进行加工。毛坯为已完成加工的六面体，材料为硬铝。

4. 请用合理的简化编程指令完成图 4-35 所示零件的程序编制，并进行加工。

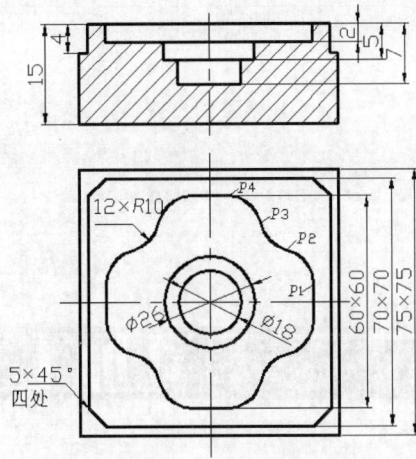

节点：
P1(30,5)   P2(22.245,14.745)
P3(14.745,22.245)   P4(5,30)

图 4-34 题 3 图

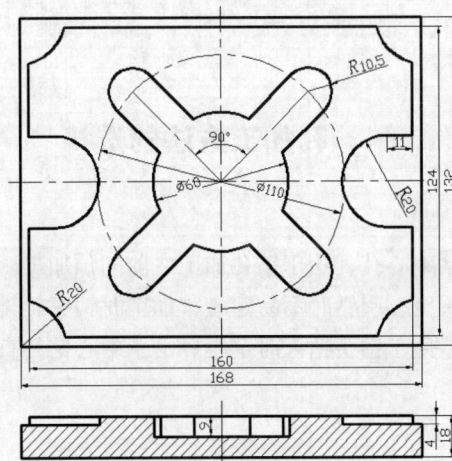

图 4-35 题 4 图

一、孔加工方法的选择

1. 点孔

点孔也叫点心、点窝、钻中心孔，用于钻孔加工之前的预加工。点孔刀具一般用中心钻。由于麻花钻的横刃具有一定的长度，引钻时不易定心，加工时钻头旋转轴线不稳定，因此利用中心钻在平面上先预钻一个凹坑，便于钻头钻入时定心。由于中心钻的直径较小，加工时主轴转速不得低于 1 000r/min。

2. 钻孔

（1）钻孔加工的特点

钻孔是用钻头在工件实体材料上加工孔的方法。钻孔最常用的刀具是麻花钻，一般麻花钻用高速钢制造。钻孔精度一般为 IT11～IT13 级，表面粗糙度值可达 $Ra50～12.5\mu m$。钻孔直径范围 0.1～100mm，钻孔深度范围很大，广泛应用于孔的粗加工，也可作为不重要孔的终加工。

（2）钻孔刀具及其选择

钻孔刀具较多，有普通麻花钻、可转位浅孔钻及扁钻等。应根据工件材料、加工尺寸及加工质量要求等合理选用。

在加工中心上钻孔大多是采用普通麻花钻。麻花钻有高速钢和硬质合金两种。麻花钻的组成如图 5-1 所示，它主要由工作部分和柄部组成。工作部分包括切削部分和导向部分。

横刃斜 $\psi=50°～55°$；主切削刃上各点的前角、后角是变化的，外缘处前角约为 30°，钻心处前角接近 0°，甚至是负值；两条主切削刃在与其平行的平面内的投影之间的夹角为顶角，标准麻花钻的顶角 $2\varphi=118°$。

根据柄部不同，麻花钻有莫氏锥柄和圆柱柄两种。直径为 $\phi8～80mm$ 的麻花钻多为莫氏锥柄，可直接装在带有莫氏锥孔的刀柄内，刀具长度不能调节。直径为 $\phi0.1～20mm$ 的麻花钻多为圆柱柄，可装在钻夹头刀柄上。中等尺寸麻花钻两种形式均可选用。

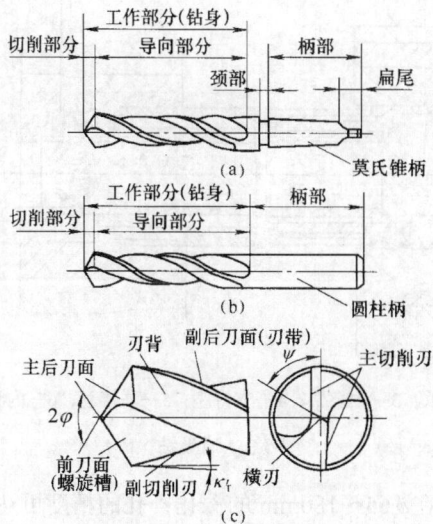

图 5-1　麻花钻的组成

　　麻花钻有标准型和加长型，为了提高钻头刚性，应尽量选用较短的钻头，但麻花钻的工作部分应大于孔深，以便排屑和输送切削液。

　　在加工中心上钻孔，因无夹具钻模导向，受两切削刃上切削力不对称的影响，容易引起钻孔偏斜，故要求钻头的两切削刃必须有较高的刃磨精度（两刃长度一致，顶角 2φ 对称于钻头中心线或先用中心钻定中心，再用钻头钻孔）。

　　钻削直径在 $\phi 20 \sim 60\text{mm}$、孔的深径比不大于 3 的中等浅孔时，可选用图 5-2 所示的可转位浅孔钻，其结构是在带排屑槽及内冷却通道钻体的头部装有一组刀片（多为凸多边形、菱形和四边形），多采用深孔刀片。这种钻头具有切削效率高、加工质量好的特点，最适用于箱体零件的钻孔加工。为了提高刀具的使用寿命，可以在刀片上涂镀碳化钛涂层。使用这种钻头钻箱体孔，比普通麻花钻提高效率 4～6 倍。

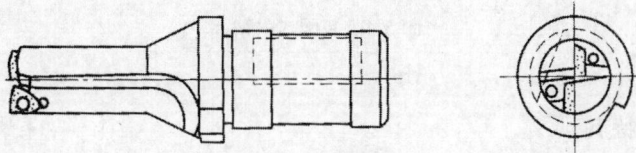

图 5-2　可转位浅孔钻

　　对深径比为 5～100 的深孔，因其加工中散热差，排屑困难，钻杆刚性差，易使刀具损坏和引起孔的轴线偏斜，影响加工精度和生产率，故应选用深孔刀具加工。

　　图 5-3 所示为用于深孔加工的喷吸钻。工作时，带压力的切削液从进液口流入联接套，其中 1/3 从内管四周月牙形喷嘴喷入内管。由于月牙槽缝隙很窄，切削液喷入时产生喷射效应，能使内管里形成负压区。另外约 2/3 切削液流入内、外管壁间隙，直到切削区，汇同切屑被吸入内管，并迅速向后排出，压力切削液流速快，到达切削区时呈雾状喷出，有利于冷却，经喷口流入内管的切削液流速增大，加强"吸"的作用，排屑效果更好。

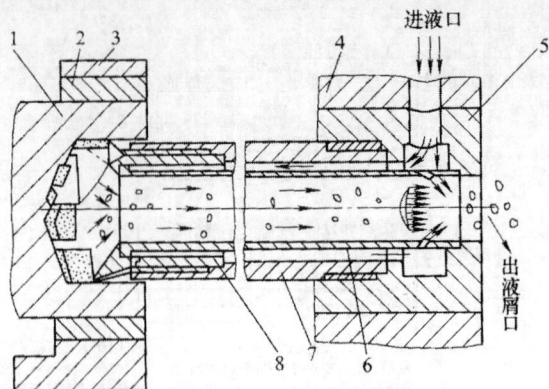

1—工件；2—夹爪；3—中心架；4—支持座；5—联接套；6—内管；7—外；8—钻头

图 5-3　喷吸钻

喷吸钻一般用于加工直径在 ϕ65～180mm 的深孔，孔的精度可达 IT7～IT10 级，表面粗糙度值可达 Ra0.8～1.6μm。

钻削大直径孔时，可采用刚性较好的硬质合金扁钻。扁钻切削部分磨成一个扁平体，主切削刃磨出顶角、后角，并形成横刃，副切削刃磨出后角与副偏角并控制钻孔的直径。扁钻没有螺旋槽，制造简单、成本低，它的结构如图 5-4 所示。

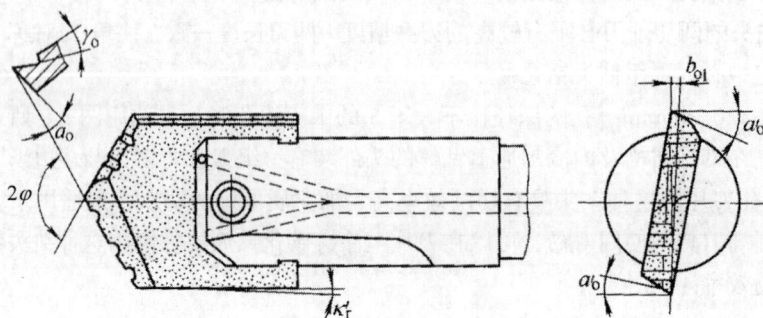

图 5-4　装配式扁钻

3. 扩孔

（1）扩孔加工的特点

扩孔是用扩孔钻对工件上已有孔进行扩大加工。扩孔刀具采用扩孔钻或用麻花钻代替。扩孔的加工精度一般为 IT10～IT11 级，表面粗糙度值可达 Ra6.3～3.2。扩孔常用于已铸出、锻出或钻出孔的扩大，可作为精度要求不高的孔的最终加工或绞孔、磨孔前的预加工，常用于直径在 ϕ10～100mm 范围内的孔加工。

（2）扩孔刀具及其选择

一般扩质量要求不高的孔用麻花钻扩孔，对于精度要求较高或生产批量较大时应用扩孔钻，扩孔加工余量 0.4～0.5mm。标准扩孔钻一般有 3～4 条主切削刃，切削部分的材料为高速钢或硬质合金。结构形式有直柄式、锥柄式和套式等。图 5-5（a）～图 5-5（c）所示分别为锥柄式高速钢扩孔钻、套式高速钢扩孔钻和套式硬质合金扩孔钻。在小批量生产时，常用麻花钻改制。

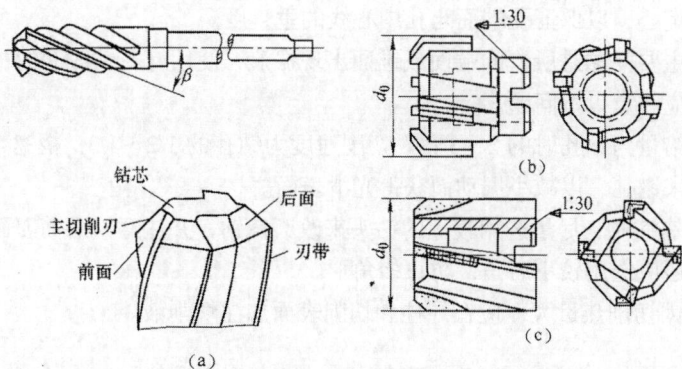

图 5-5　扩孔钻

扩孔直径较小时，可选用直柄式扩孔钻；扩孔直径中等时，可选用锥柄式扩孔钻；扩孔直径较大时，可选用套式扩孔钻。

扩孔钻的加工余量较小，主切削刃较短，因而容屑槽浅、刀体的强度和刚度较好。它无麻花钻的横刃，加之刀齿多，所以导向性好，切削平稳，加工质量和生产率都比麻花钻高。

扩孔直径在$\phi 20 \sim 60mm$，且机床刚性好、功率大时，可选用图 5-6 所示的可转位扩孔钻。这种扩孔钻的两个可转位刀片的外刃位于同一个外圆直径上，并且刀片径向可作微量（±0.1mm）调整，以控制扩孔直径。

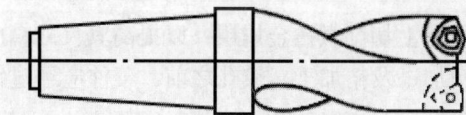

图 5-6　可转位扩孔钻

4．锪孔

（1）锪孔加工的特点

锪孔是指用锪钻或锪刀刮平孔的端面或切出沉孔的加工方法，通常用于加工沉头螺钉的沉头孔、锥孔、小凸台面的加工等。锪孔时切削速度不宜过高，以免产生振纹或出现多棱形等质量问题。

（2）锪孔刀具

锪孔刀具一般分为柱形锪钻、锥形锪钻和端面锪钻 3 种。

① 柱形锪钻。柱形锪钻用于锪圆柱形埋头孔。其结构如图 5-7（a）所示。柱形锪钻起主要切削作用的是端面切削刃，螺旋槽的斜角就是它的前角（$\gamma_0 = \beta_0 = 15°$），后角 $\alpha_0 = 8°$。锪钻前端有导柱，导柱直径与工件已有孔为紧密的间隙配合，以保证良好的定心和导向。一般导柱是可拆的，也可以把导柱和锪钻做成一体。

② 锥形锪钻。锥形锪钻用于锪锥形埋头孔。其结构如图 5-7（b）所示。锥形锪钻的锥角按工件锥形埋头孔的要求不同而分为 60°、75°、90°、120°四种。其中 90° 用得最多。锥形锪钻直径在 $\phi 12 \sim 60mm$，齿数为 4～12 个，前角 $\gamma_0 = 0°$，后角 $\beta_0 = 6° \sim 8°$。为了改善钻尖处的容屑条件，每隔一齿将切削刃切去一块。

③ 端面锪钻。端面锪钻专门用于锪平孔口端面，如图 5-7（c）所示。其端面刀齿为切削刃，前端导柱用来导向定心，以保证孔端面与孔中心线的垂直度。

锪孔时存在的主要问题是所锪的端面或锥面出现振痕，使用麻花钻改制的锪钻，振痕尤其严重。因此在锪孔时应注意以下问题。

● 锪孔时，进给量为钻孔时的 2～3 倍，切削速度为钻的 1/2～1/3。精锪时，往往用比粗锪时更小的主轴转速来锪孔，以减小振动而获得光滑表面。

● 麻花钻改制锪钻时，尽量选用较短的钻头来改磨锪钻，并注意修磨前刀面，减小前角，以防止扎刀和振动。还应选用较小后角，防止多角形。

● 锪钢件时，因切削热量大，应在导柱和切削表面加注切削液。

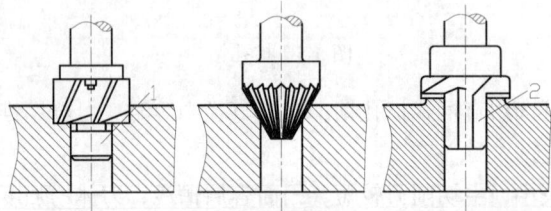

（a）柱形锪钻锪孔　（b）锥形锪钻锪孔　（c）端面锪钻锪端面

1、2—导柱

图 5-7　锪孔及锪孔口端面

5. 铰孔

（1）铰孔加工的特点

铰孔是利用铰刀从工件孔壁上切削微量金属层，以提高其尺寸精度、降低表面粗糙度值的方法。适宜于中小直径孔的半精加工及精加工。铰孔之前，工件应经过钻孔、扩孔等加工。

（2）铰孔刀具及其选择

加工中心上使用的铰刀多是通用标准铰刀。此外，还有机夹硬质合金刀片单刃铰刀和浮动铰刀等。加工精度为 IT8～IT9 级、表面粗糙度值为 $Ra0.8～1.6\mu m$ 的孔时，多选用通用标准铰刀。

通用标准铰刀如图 5-8 所示，有直柄、锥柄和套式三种。锥柄铰刀直径为 $\phi10～32mm$，直柄铰刀直径为 $\phi6～20mm$，小孔直柄铰刀直径为 $\phi1～6mm$，套式铰刀直径为 $\phi25～80mm$。

铰刀工作部分包括切削部分与校准部分。切削部分为锥形，担负主要切削工作。切削部分的主偏角为 5°～15°，前角一般为 0°，后角一般为 5°～8°。校准部分的作用是校正孔径、修光孔壁和导向。为此，这部分带有很窄的刃带（$\gamma_0=0°$，$a_0=0°$）。校准部分包括圆柱部分和倒锥部分。圆柱部分保证铰刀直径和便于测量，倒锥部分可减少铰刀与孔壁的摩擦和减小孔径扩大量。

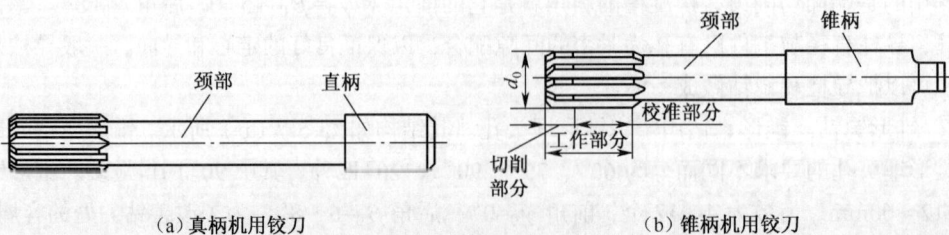

（a）真柄机用铰刀　　　　　　　　　　（b）锥柄机用铰刀

图 5-8　机用铰刀

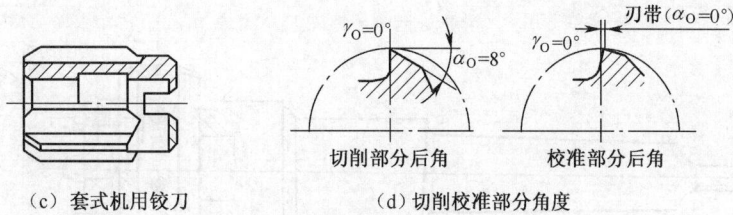

（c）套式机用铰刀   （d）切削校准部分角度

图 5-8 机用铰刀（续）

标准铰刀有 4～12 齿。铰刀的齿数除了与铰刀直径有关外，主要根据加工精度的要求选择。齿数对加工表面粗糙度的影响并不大。齿数过多，刀具的制造重磨都比较麻烦，而且会因齿间容屑槽减小而造成切屑堵塞和划伤孔壁以致使铰刀折断的后果。齿数过少，则铰削时的稳定性差，刀齿的切削负荷增大，且容易产生几何形状误差。铰刀齿数可参照表 5-1 选择。

应当注意，由工具厂购入的铰刀，需按工件孔的配合和精度等级进行研磨和试切后才能投入使用。

表 5-1   铰刀齿数的选择

铰刀直径/mm		1.5～3	3～14	14～40	>40
齿数	一般加工精度	4	4	6	8
	高加工精度	4	6	8	10～12

加工 IT5～IT7 级、表面粗糙度值为 $Ra0.7\mu m$ 的孔时，可采用机夹硬质合金刀片的单刃铰刀。这种铰刀的结构如图 5-9 所示，刀片 3 通过楔套 4 用螺钉 1 固定在刀体上，通过螺钉 7、销子 6可调节铰刀尺寸。导向块 2 可采用粘结和铜焊固定。机夹单刃铰刀应有很高的刃磨质量。因为精密铰削时，半径上的铰削余量是在 $10\mu m$ 以下，所以刀片的切削刃口要磨得异常锋利。

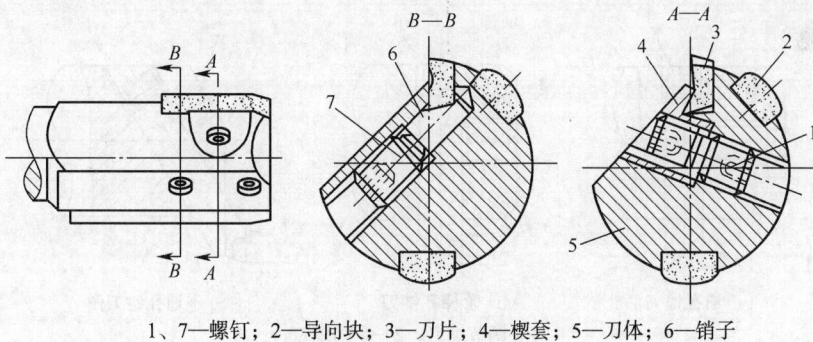

1、7—螺钉；2—导向块；3—刀片；4—楔套；5—刀体；6—销子

图 5-9 硬质合金单刃铰刀

铰削精度为 IT6～IT7 级，表面粗糙度值为 $Ra0.8～1.6\mu m$ 的大直径通孔时，可选用如图 5-10所示的专为加工中心设计的浮动铰刀。在装配时，先根据所要加工孔的大小调节好铰刀体 2，在铰刀体插入刀杆体 1 的长方孔后，在对刀仪上找正两切削刃与刀杆轴的对称度，控制在 0.02～0.05mm，然后，移动定位滑块 5，使圆锥端螺钉 3 的锥端对准刀杆体上的定位窝，拧紧螺钉 6后，调整圆锥端螺钉，使铰刀体有 0.04～0.08mm 的浮动量（用对刀仪观察），调整好后，将螺母 4 拧紧。

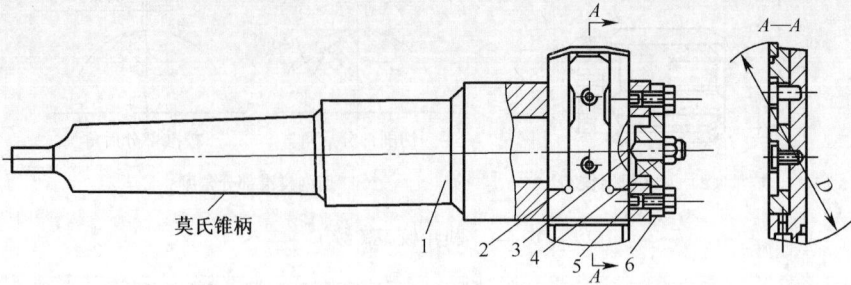

1—刀杆体；2—可调式浮动铰刀体；3—圆锥端螺钉；4—螺母；5—定位滑块；6—螺钉

图 5-10　加工中心上使用的浮动铰刀

浮动铰刀既能保证在换刀和进刀过程中刀片不会从刀杆的长方孔中滑出，又能较准确地定心。它有两个对称刃，能自动平衡切削力，在铰削过程中又能自动抵偿因刀具安装误差或刀杆的径向跳动而引起的加工误差，因而加工精度稳定。浮动铰刀的寿命比高速钢铰刀高 8～10 倍，且具有直径调整的连续性。

6. 镗孔

（1）镗孔加工的特点

镗孔是利用镗刀对工件上已有尺寸孔的加工，适宜于较大孔的加工，特别适合于在同一表面或不同表面上孔距的位置精度要求较高的孔系加工。

（2）镗孔刀具及其选择

镗孔所用刀具为镗刀。镗刀种类多，按切削刃数量可分为单刃镗刀和双刃镗刀。

镗削通孔、阶梯孔和不通孔可分别选用图 5-11（a）、图 5-11（b）、图 5-11（c）所示的单刃镗刀。

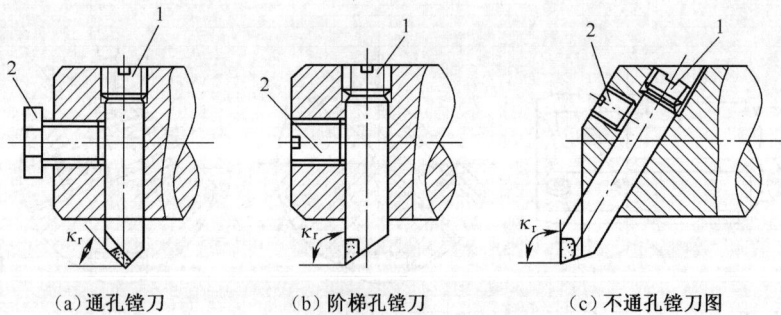

（a）通孔镗刀　　（b）阶梯孔镗刀　　（c）不通孔镗刀图
1—调节螺钉；2—紧固螺钉

图 5-11　单刃镗刀

单刃镗刀头结构类似车刀，用螺钉装夹在镗杆上。螺钉 1 用于调整尺寸，螺钉 2 起锁紧作用。

单刃镗刀刚性差，切削时易引起振动，所以镗刀的主偏角选得较大，以减小径向力。镗铸铁孔或精镗时，一般取 $k_r=90°$；粗镗钢件孔时，取 $k_r=60°～75°$，以提高刀具的寿命。

所镗孔径的大小要靠调整刀具的悬伸长度来保证，调整麻烦，效率低，只能用于单件小批生产。但单刃镗刀结构简单，适应性较广，粗、精加工都适用。

在孔的精镗中，目前较多地选用精镗微调镗刀。这种镗刀的径向尺寸可以在一定范围内进行微调，调节方便，且精度高，其结构如图 5-12 所示。调整尺寸时，先松开拉紧螺钉 6，然后转动带刻度盘的调整螺母 3，等调至所需尺寸，再拧紧螺钉 6，制造时应保证锥面靠近大端接触（即刀杆 4 的 90° 锥孔的角度公差为负值），且与直孔部分同心。导向键 7 与键槽配合间隙不能太大，否则微调时就不能达到较高的精度。

镗削大直径的孔可选用图 5-13 所示的双刃镗刀。这种镗刀头部可以在较大范围内进行调整，且调整方便，最大镗孔直径可达ϕ1 000mm。

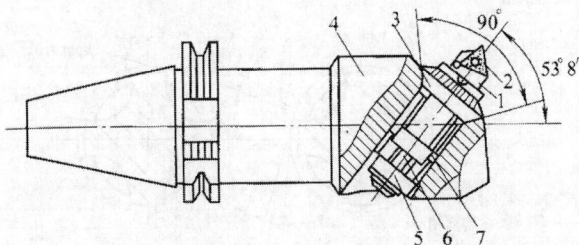

1—刀体；2—刀片；3—调整螺母；3—刀杆；5—螺母；6—拉紧螺钉；7—导向键

图 5-12　微调镗刀

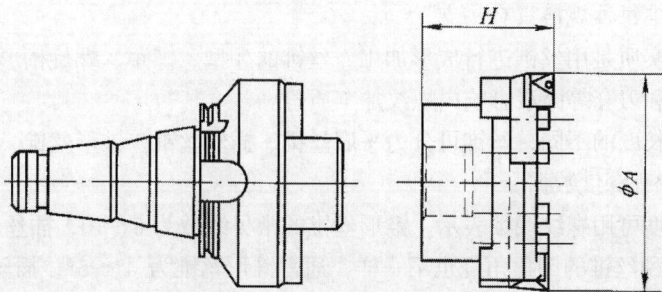

图 5-13　大直径不重磨可调镗刀

双刃镗刀的两端有一对对称的切削刃同时参加切削，与单刃镗刀相比，每转进给量可提高一倍左右，生产效率高。同时，可以消除切削力对镗杆的影响。

7. 铣孔

在加工单件产品或模具上某些不经常出现的孔时，为节约定型刀具成本，利用铣刀进行铣削加工。铣孔刀适用于加工尺寸较大的孔，对于高精度机床，铣孔可代替铰孔或镗孔。

除此之外，还有磨孔、拉孔、激光打孔、线切割孔等孔的加工办法。

8. 螺纹加工

加工中心大多采用攻螺纹的加工方法来加工内螺纹。此外，还采用螺纹铣削刀具来加工螺纹孔。

在一般情况下，内螺纹的加工根据孔径的大小选择加工方法。对 M6~M20 的螺纹，通常采用攻螺纹的方法进行加工。因为加工中心上攻小直径螺纹丝锥容易折断，故对于 M6 以下的螺纹，可在加工中心上完成底孔加工再通过其他方法攻螺纹。对于外螺纹或 M20 以上的内螺纹，一般采用铣削加工方法。

攻螺纹刀具为丝锥，一般由合金工具钢或高速钢制成。丝锥的基本结构如图 5-14 所示。其外表面是轴向开槽的外螺纹。丝锥前端切削部分制成圆锥，有锋利的切削刃；中间部分为导向校正部分，起修光和引导丝锥轴向运动的作用；工具尾部通过夹头和标准柄与机床上主轴锥孔连接。

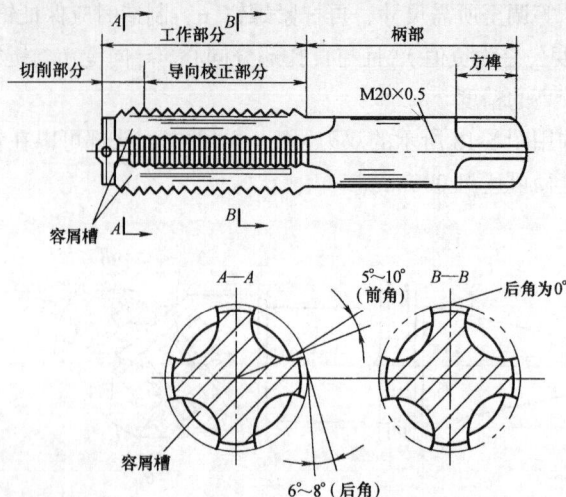

图 5-14　丝锥的基本结构

　　常用丝锥分为机用丝锥和手用丝锥两种，手用丝锥由两支或三支（头锥、二锥和三锥）组成一种规格，机用丝锥每种规格只有一支。

　　攻螺纹加工的实质是用丝锥进行成形加工，丝锥的牙型、螺距、螺旋槽形状、倒角类型、丝锥材料、工件材质和刀套等因素影响内螺纹加工质量。

　　根据丝锥倒角长度的不同，丝锥可分为平底丝锥、插丝丝锥、锥形丝锥。丝锥倒角长度会影响 CNC 加工中的编程深度数据。

　　丝锥的倒角长度可用螺纹线数表示，锥形丝锥的常见线数为 8～10，插丝丝锥为 3～5，平底丝锥为 1～1.5。各种丝锥的倒角角度也不一样，通常锥形丝锥为 4°～5°，插丝丝锥为 8°～13°，平底丝锥为 25°～35°。

　　不通孔加工通常需要使用平底丝锥；通孔加工大多数情况下选用插丝丝锥，极少数情况下也使用锥形丝锥。总体来说，倒角越大，钻孔留下的深度间隙就越大。

　　按照与之连接的丝锥刀套不同，丝锥可分为刚性丝锥和浮动丝锥（张力补偿型丝锥），如图 5-15、图 5-16 所示。

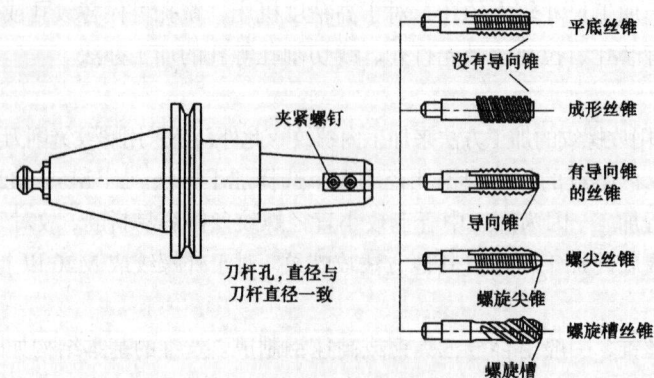

图 5-15　刚性丝锥

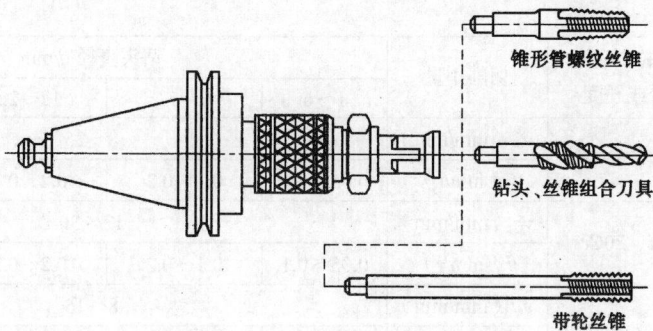

图 5-16 浮动丝锥

浮动丝锥刀套的设计使丝锥工作过程中的受力与手动攻螺纹类似，这种类型的刀套允许丝锥在一定的范围内缩进或伸出，而且浮动刀套可调节转矩，用以改变丝锥张紧力。

使用刚性丝锥则要求 CNC 机床控制器具有同步攻螺纹功能，攻螺纹时必须保持进给速度 F 与螺纹导程 P_h 和主轴转速 S 之间严格的同步关系：$F=P_hS$。

除非 CNC 机床具有同步运行功能，支持刚性攻螺纹，否则应选用浮动丝锥，但浮动丝锥较为昂贵。

使用浮动丝锥攻螺纹时，可将进给率适当下调 5%，将得到更好的攻螺纹效果。当给定的 Z 向进给速度略小于螺旋运动的轴向速度时，丝锥切入孔中几牙后，将被螺旋运动向下引拉到攻螺纹深度，有利于保护浮动丝锥。

二、孔加工常用切削用量

在孔加工过程中，切削用量的选取通常采用估算法。如采用国产硬质合金刀具粗加工，切削速度一般选取 70mm/min，进给速度可根据主轴转速和被加工孔径的大小，取每转或每齿 0.1mm 进给量加以换算。采用国产硬质合金刀具精加工时，切削速度可取 80m/min，进给速度取每转或每齿 0.06～0.08mm，材质好的刀具切削用量还可以加大。刀杆细长时，为防止切削中产生振动，切削速度要大大降低。使用高速钢刀具时，切削速度可取 20～25mm/min。

表 5-2～表 5-5 列出了推荐的孔加工常用切削用量，供参考。

表 5-2   高速钢钻头钻孔的切削用量

工 件 材 料	工 件 材 料 牌号或硬度	切削用量	钻头直径 d/mm			
			1～6	6～12	12～22	22～50
铸铁	160～200HBW	v_c/（mm/min）	16～24			
		fl（mm/r）	0.07～0.12	0.12～0.2	0.2～0.4	0.4～0.8
	160～200HBW	v_c/（mm/min）	10～18			
		fl（mm/r）	0.05～0.1	0.1～0.18	0.18～0.25	0.25～0.4
	160～200HBW	v_c/（mm/min）	5～12			
		fl（mm/r）	0.03～0.08	0.08～0.15	0.15～0.2	0.2～0.3

续表

工 件 材 料	工 件 材 料 牌号或硬度	切削用量	钻头直径 d/mm			
			1～6	6～12	12～22	22～50
钢	35钢、45钢	v_c/（mm/min）	8～25			
		fl（mm/r）	0.05～0.1	0.1～0.2	0.2～0.3	0.3～0.45
	15Cr、20Cr	v_c/（mm/min）	12～30			
		fl（mm/r）	0.05～0.1	0.1～0.2	0.2～0.3	0.3～0.45
	合金钢	v_c/（mm/min）	8～15			
		fl(mm/r)	0.03～0.08	0.08～0.15	0.15～0.25	0.25～0.35
铝	铝合金	v_c/（mm/min）	20～50			
		fl（mm/r）	0.02～0.2	0.1～0.3	0.2～0.35	0.3～1.0
铜	青铜、黄铜	v_c/（mm/min）	60～90			
		fl（mm/r）	0.05～0.1	0.1～0.2	0.2～0.35	0.35～0.75

表 5-3 　　　　　　　　　　　　　高速钢铰刀铰孔的切削用量

工 件 材 料	切削用量	钻头直径 d/mm				
		6～10	10～15	15～25	25～40	40～60
铸铁	v_c/（mm/min）	2～6				
	fl（mm/r）	0.3～0.5	0.5～1	0.8～1.5		1.2～1.8
钢及合金钢	v_c/（mm/min）	1.2～5				
	fl（mm/r）	0.3～0.4	0.4～0.5	0.5～0.6		
铜、铝及合金	v_c/（mm/min）	8～12				
	fl（mm/r）	0.3～0.5	0.5～1	0.8～1.5		1.5～2

表 5-4 　　　　　　　　　　　　　　攻螺纹的切削用量

工 件 材 料	铸 铁	钢及合金钢	铝及铝合金
v_c/（mm/min）	2.5～5	1.5～5	5～15

表 5-5 　　　　　　　　　　　　　　　镗孔的切削用量

工件材料及切削用量 工序及刀具材料		铸　铁		钢及合金钢		铜、铝及其合金	
		v_c/(mm/min)	fl(mm/r)	v_c/(mm/min)	fl(mm/r)	v_c(mm/min)	fl(mm/r)
粗镗	高速钢	20～25	0.4～1.5	15～30	0.35～0.7	100～150	0.5～1.5
	硬质合金	30～35		50～70		100～250	
半精镗	高速钢	20～25	0.15～0.45	15～50	0.15～0.45 2.5～5	100～200	0.2～0.5
	硬质合金	50～70		95～130			
精镗	高速钢	70～90	0.08～0.1	100～135	0.12～0.15	150～400	0.06～0.1
	硬质合金		0.12～0.15				

三、孔加工方法的选择

如图 5-17 所示，在数控铣床上加工内孔时，应根据被加工孔的加工要求、尺寸、具体生产条件、批量的大小及毛坯上有无预制孔等情况合理选用。

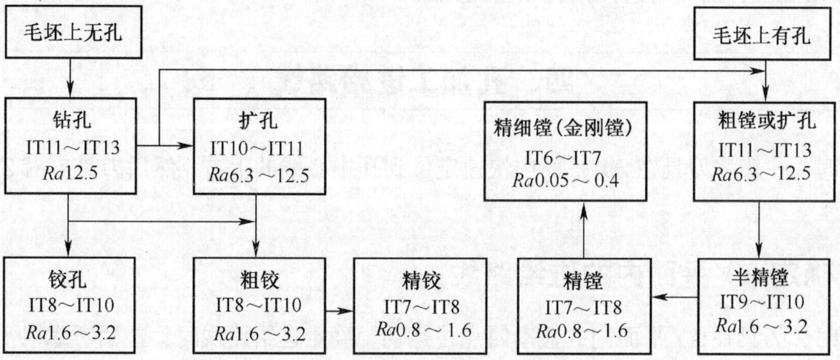

图 5-17 数控铣床加工内孔方案

（1）加工精度为 IT9 级的孔，当孔径小于 10mm 时，可采用钻—铰方案；当孔径小于 30mm 时，可采用钻—扩方案；当孔径大于 30mm 时，可采用钻—镗方案。工件材料为除淬火钢以外的各种金属。

（2）加工精度为 IT8 级的孔，当孔径小于 20mm 时，可采用钻—铰方案；当孔径大于 20mm 时，可采用钻—扩—铰方案，此方案适用于加工除淬火钢以外的各种金属，但孔径应在 20~80mm，此外也可采用最终工序为精镗的方案。

（3）加工精度为 IT7 级的孔，当孔径小于 12mm 时，可采用钻—粗铰—精铰方案；当孔径在 12~60mm 范围时，可采用钻—扩—粗铰—精铰方案。若毛坯上已铸出或锻出孔，可采用粗镗—半精镗—精镗方案。最终工序为铰孔适用于未淬火钢或铸铁，对有色金属铰出的孔表面粗糙度值较大，常用精细镗孔替代铰孔。最终工序为拉孔的方案适用于大批量生产，工件材料为未淬火钢、铸铁和有色金属。

（4）加工精度为 IT6 级的孔，最终工序可采用精细镗，工件材料为非淬火钢。

【例 5-1】   如图 5-18 所示零件，要加工内孔 ϕ40H7、阶梯孔 ϕ13 和 ϕ22 三种不同规格和精度要求的孔，零件材料为 HT200。试确定工艺方案。

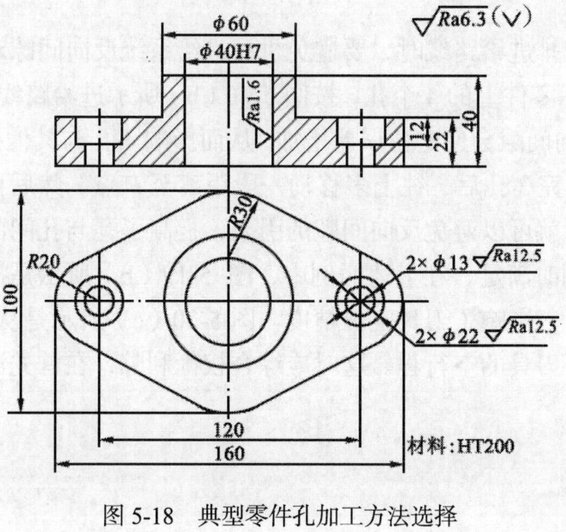

图 5-18 典型零件孔加工方法选择

解：

$\phi40$ 内孔的尺寸公差为 H7，表面粗糙度要求较高，为 $Ra1.6\mu m$，根据图 5-17 所示孔加工方案，可选择钻孔—粗镗（或扩孔）—半粗镗—精镗方案。

阶梯孔 $\phi13$ 和 $\phi22$ 没有尺寸公差要求，可按自由尺寸公差 IT11～IT12 处理，表面粗糙度要求不高，为 $Ra12.5\mu m$，因而可选择钻孔—锪孔方案。

四、孔加工进给路线

孔加工时，一般将刀具在 XY 平面内快速定位到孔中心线的上方，然后刀具再沿 Z 向（轴向）运动进行加工。

（一）确定 XY 平面内的进给路线

孔加工时，刀具在 XY 平面内的运动属点位运动，确定进给路线时，主要考虑以下两点。

（1）定位要迅速。在刀具不与工件、夹具和机床碰撞的前提下空行程时间尽可能短。例如，加工图 5-19（a）所示零件，按图 5-19（b）所示进给路线比按图 5-19（c）所示进给路线节约定位时间约一半。这是因为在点位运动情况下，刀具由一点运动至另一点时，通常是沿 XY 坐标轴的方向同时快速移动，当 XY 轴各自移动不同时，短移距方向运动先停，待长移距方向的运动停止后才到达目标位置（参见模块二中 G00 的用法），图 5-19（b）方案使两轴方向的移动距离接近，所以定位过程迅速。

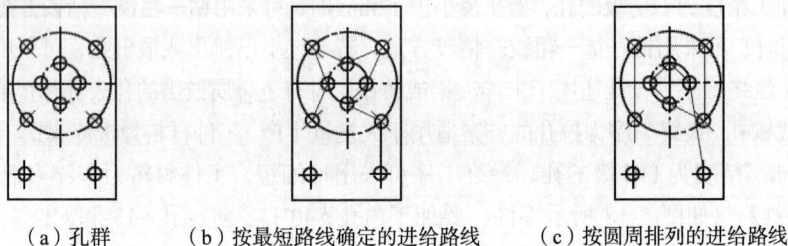

（a）孔群　　　（b）按最短路线确定的进给路线　　　（c）按圆周排列的进给路线

图 5-19　最短进给路线选择

（2）定位要准确。安排进给路线时，要避免机械进给系统反向间隙对孔定位精度的影响。例如，镗削图 5-20（a）所示零件上的 4 个孔，按图 5-20（b）所示进给路线加工，由于 4 孔与 1、2、3 孔位方向相反，Y 向反向间隙会使定位误差增加，从而影响 4 孔与其他孔的位置精度。按图 5-20（c）所示进给路线，加工完 3 孔后，往上多移动一段距离至 P 点，然后再折回来在 4 孔处进行定位加工，这样方向一致，就可以避免反向间隙的引入，提高了孔与孔间的定位精度。定位迅速和定位精度有时两者难以同时满足，在上述两例中，图 5-19（b）所示是按最短路线进给，但不是从同一方向趋近目标位置，影响了刀具定位精度。图 5-20（c）所示是从同一方向趋近目标位置，但不是最短路线，增加了刀具的空行程。这时应综合权衡利弊，在首先满足零件精度要求的前提下减少空行程。

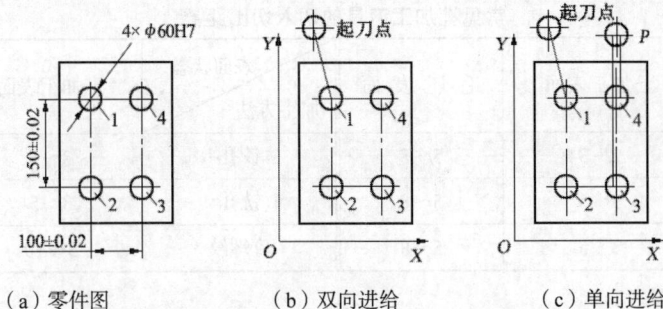

（a）零件图　　　　（b）双向进给　　　　（c）单向进给

图 5-20　保证定位精度的进刀路线选择

（二）确定 Z 向（轴向）的进给路线

刀具在 Z 向的进给路线分为快速移动进给路线和工作进给路线。刀具先从起始平面快速运动（快进）到距工件加工表面一定距离的 R 平面（距工件加工表面的一定切入距离的平面）上，然后按工作进给速度（工进）进行加工。图 5-21（a）所示为加工单个孔时刀具的进给路线。

对于多孔加工，为减少刀具空行程时间，加工中间孔时，刀具不必退回到初始平面，只要退到 R 平面上即可，其进给路线如图 5-21（b）所示。

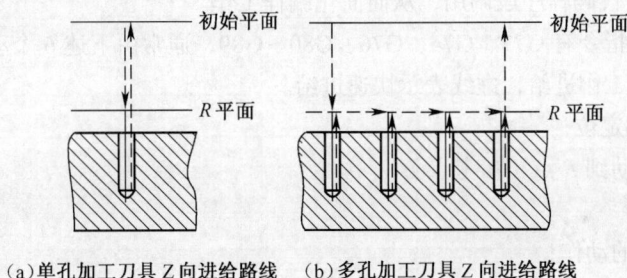

（a）单孔加工刀具 Z 向进给路线　　（b）多孔加工刀具 Z 向进给路线

图 5-21　刀具 Z 向（轴向）进给路线选择

在工作进给路线中应考虑切入距离和切出距离，如图 5-22 所示。

加工不通孔时，工作进给距离为：$Z_f = Z_a + H + T_t$。

加工通孔时，工作进给距离为：$Z_f = Z_a + H + Z_0 + T_t$。

常见孔加工的切入、切出距离如表 5-6 所示。

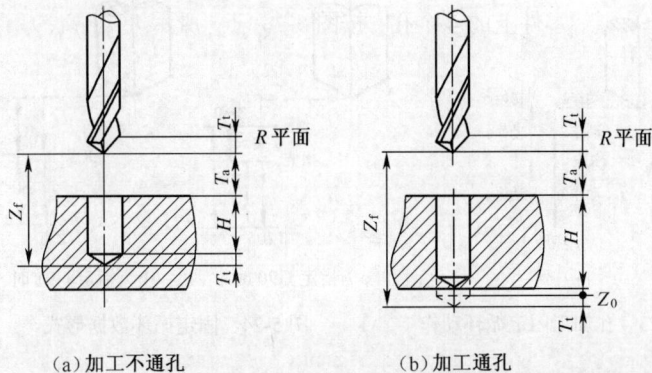

（a）加工不通孔　　　　（b）加工通孔

图 5-22　工作进给距离计算图

表 5-6　　　　　　　　常见孔加工刀具的切入切出距离

表面状态 加工方法	已加工表面	毛坯表面	表面状态 加工方法	已加工表面	毛坯表面
钻孔	2～3	5～8	铰孔	3～5	5～8
扩孔	3～5	5～8	铣孔	3～5	5～10
镗孔	3～5	5～8	攻螺纹	5～10	5～10

任务二　孔加工固定循环及其应用

一、孔加工固定循环一般格式

数控加工中，孔加工动作已经典型化。例如，钻孔、镗孔的动作是 *XY* 平面定位、快速引进、工作进给、快速退回等，这样一系列典型的加工动作已经预先编好程序，存储在内存中，可用称为固定循环的一个 G 代码程序段调用，从而简化编程工作。

孔加工固定循环指令有 G73、G74、G76、G80～G89，通常由下述 6 个动作构成，如图 5-23 所示，图中实线表示工作进给，虚线表示快速进给。

动作 1：*X*、*Y* 轴定位；

动作 2：快速运动到 *R* 点（参考点）；

动作 3：孔加工；

动作 4：在孔底的动作；

动作 5：退回到 *R* 点（参考点）；

动作 6：快速返回到初始点。

固定循环的程序格式包括数据表达形式、返回点平面、孔加工方式、孔位置数据、孔加工数据和循环次数。其中数据表达形式可以用绝对坐标 G90 和增量坐标 G91 表示，如图 5-24 所示。其中图 5-24（a）所示是采用 G90 的表达形式，图 5-24（b）所示是采用 G91 的表达形式。

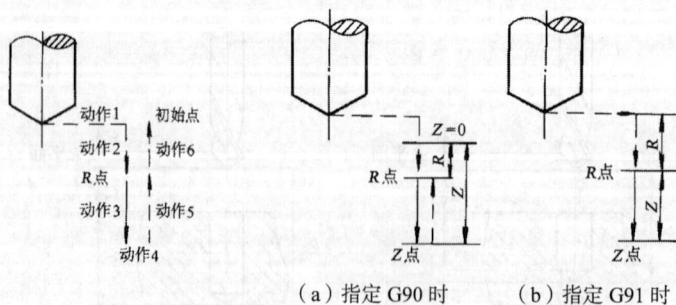

图 5-23　孔加工固定循环动作　　　图 5-24　固定循环数据形式

（a）指定 G90 时　　　（b）指定 G91 时

固定循环指令的一般格式：

G90/G91 G98/G99 G73～G89 X_ Y_ Z_ R_ Q_ P_ F_ K_ ;

说明：

① G90/G91——绝对坐标编程或增量坐标编程。

② G98——返回起始点；G99——返回 R 平面。

③ G73~G89——孔加工方式，如钻孔加工、高速深孔钻加工、镗孔等。

④ X、Y——孔的位置，Z——孔底坐标。

⑤ R——安全面（R 面）的坐标。增量方式时，为起始点到 R 面的增量距离；在绝对方式时，为 R 面的绝对坐标。

⑥ Q——在 G73、G83 方式中，Q 为每次加工深度；在 G76、G87 方式中，Q 为刀具偏移量。Q 始终是增量值，且用正值表示，与 G91 无关。

⑦ P——孔底的暂停时间，用整数表示，单位为 ms。

⑧ F——切削进给速度。

⑨ K——规定重复加工次数。没有指定 K 时，系统默认为 1，如果指定为 K0，则只存储孔加工数据，不进行孔加工。注意：FANUC 系统中，有的版本中用 L 表示重复加工次数。华中数控系统用 L 表示。

固定循环指令注消格式：G80

注意：除可用 G80 注消固定循环外，G00、G01、G02、G03 等 01 组的 G 代码也可注销固定循环。

二、高速深孔钻削循环指令 G73（啄钻）

格式：G73 X_Y_Z_R_Q_F_K_;（这里省略 G90、G91、G98、G99，后同）

说明：该循环以间歇方式切削进给到达孔底，一边将金属碎屑从孔中清除出去，一边进行加工。适用于高速深孔加工。

① G73 孔加工动作如图 5-25 所示。钻头通过 Z 轴方向的间断进给，有利于断屑与排屑，适用于深孔加工。

② $Q(q)$ 为每次钻孔深度，到达 Z 点的最后一次钻孔深度是若干个 q 之后的剩余量，它小于或等于 q。

③ d 是退刀距离，由系统内部参数设定。

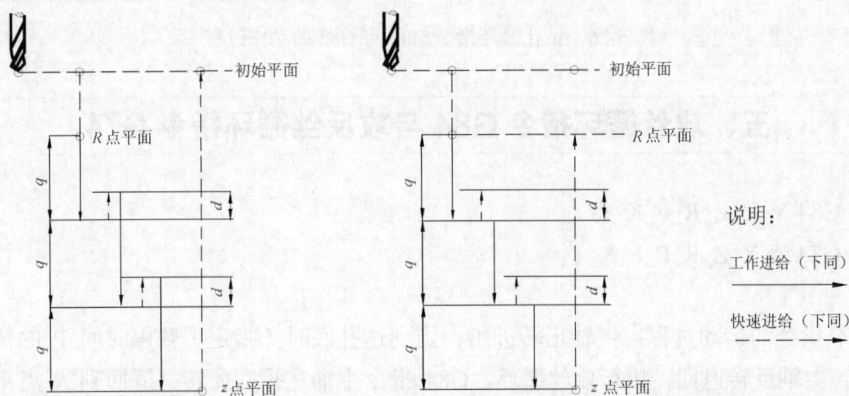

(a) G73（指定 G98 时）　(b) G73（指定 G99 时）

图 5-25　高速深孔钻削循环指令 G73 的动作过程

三、深孔钻削循环指令 G83

格式：G83 X_Y_Z_R_Q_F_K_；

说明：该循环以间歇方式切削进给到达孔底，一边将金属碎屑从孔中清除出去，一边进行加工。适用于深孔加工。

G83 与 G73 指令的不同之处在于，G83 每次钻头间歇进给后退回到 R 点平面，而 G73 每次进给后退回至离上次孔底上方 d 处。显然，G83 排屑更彻底。

四、钻孔循环指令 G81 与 G82

格式：G81 X_Y_Z_R_F_K_；

　　　G82 X_Y_Z_R_P_F_K_；

说明：孔加工动作如图 5-26 所示。G81 和 G82 均用于一般的钻孔加工。

G81 的运动过程：切削进给至孔底，刀具以快速移动的方式从孔底退出。

G82 的运动过程：切削进给至孔底，在孔底暂停，然后刀具以快速移动的方式从孔底退出。该循环可提高孔深精度。

G82 与 G81 不同之处在于，G82 指令在孔底有暂停，故适用于锪孔或镗阶梯孔；而 G81 指令在孔底无暂停，故适用于一般的钻孔、钻中心孔。

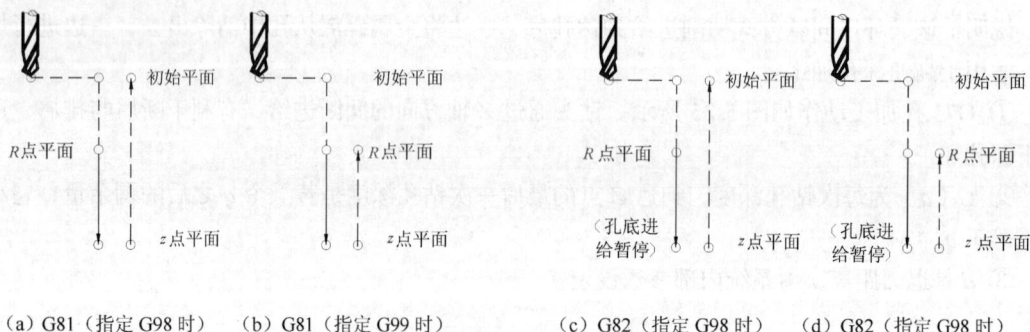

（a）G81（指定 G98 时）　　（b）G81（指定 G99 时）　　（c）G82（指定 G98 时）　　（d）G82（指定 G98 时）

图 5-26　钻孔循环指令 G81 与 G82 的动作过程

五、攻丝循环指令 G84 与攻反丝循环指令 G74

格式：G84 X_Y_Z_R_F_K_；

　　　G74 X_Y_Z_R_P_F_K_；

说明：

① G84 指令的运动过程：主轴正转进给，当到达孔底时（指定了暂停时间 P 的情况下，在孔底暂停），主轴反转退回，执行攻丝循环。G84 指令主轴在孔底反转，返回到 R 点平面后主轴恢复正转（指定了暂停时间 P 的情况下，在 R 点暂停）。G84 孔加工动作如图 5-27 所示。

② G74 指令的运动过程是：主轴反转进给，当到达孔底时，主轴正转并退刀，执行反向攻丝。返回到 R 点平面后主轴恢复反转。

③ 切削进给速度 F 值根据主轴转速 S 与螺纹导程 P_h 来计算（$F = S \times P_h$）。注意：有的系统已将 F 值直接设定为螺纹导程，进给速度由程序指定的 S 值和导程自动计算出来，这可免去人工计算的麻烦。

④ 在攻螺纹期间，进给倍率无效且不能使进给停止，即使按下进给保持按钮，加工也不停止，直到完成该固定循环后才停止进给。

注：有的版本中加入每次攻丝深度 Q 地址，用于深孔攻丝。

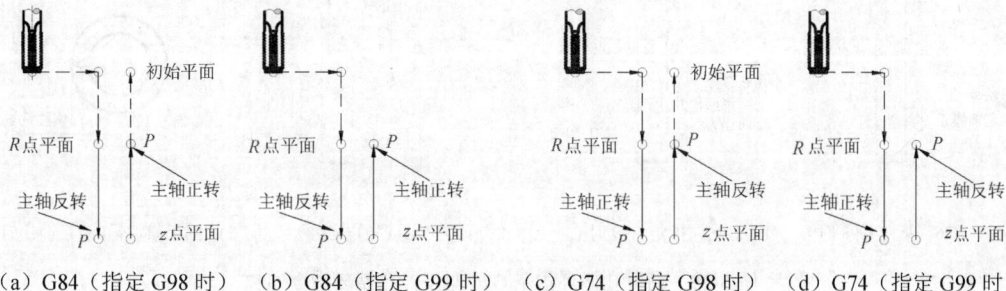

（a）G84（指定 G98 时）　（b）G84（指定 G99 时）　（c）G74（指定 G98 时）　（d）G74（指定 G99 时）

图 5-27　攻丝循环指令 G84 与攻反丝循环 G74 的动作过程

六、精镗孔循环指令 G85 与精镗阶梯孔循环指令 G89

格式：G85 X_Y_Z_R_F_K_；

G89 X_Y_Z_R_P_F_K_；

说明：

① 孔加工动作如图 5-28 所示。G85 和 G89 两种孔加工方式，刀具以切削进给的方式加工到孔底，然后又以切削进给方式返回到 R 点平面，因此适用于精镗孔等情况。

② G85 与 G89 的区别在于，G89 在孔底有暂停，而 G85 没有，所以 G89 适用于精镗阶梯孔。

（a）G85（指定 G98 时）　（b）G85（指定 G99 时）　（c）G89（指定 G98 时）　（d）G89（指定 G99 时）

图 5-28　精镗孔循环指令 G85 与精镗阶梯孔循环指令动作过程

七、精镗孔循环指令 G76 与反镗孔循环指令 G87

格式：G76 X_Y_Z_R_Q_P_F_K_；

G87 X_Y_Z_R_Q_P_F_K_；

说明：

① G76 与 G87 两种方式只能用于主轴有定向停止（准停）功能的加工中心上。

② G76 孔加工动作如图 5-29 所示，刀具从上往下镗孔切削，切削完毕后定向停止，并在反

方向偏移一个 Q（q，一般取 0.5～1mm）后返回。避免刀尖划伤已加工面。用于高精度的镗孔。

③ 在 G87 指令中，刀具首先定向停止，并在定向的反方向偏移一个 Q（q，一般取精加工单边余量 0.5～1mm），到孔底后由下往上进行镗孔切削，用于反镗孔加工。在 G87 指令中，没有 G99 状态。

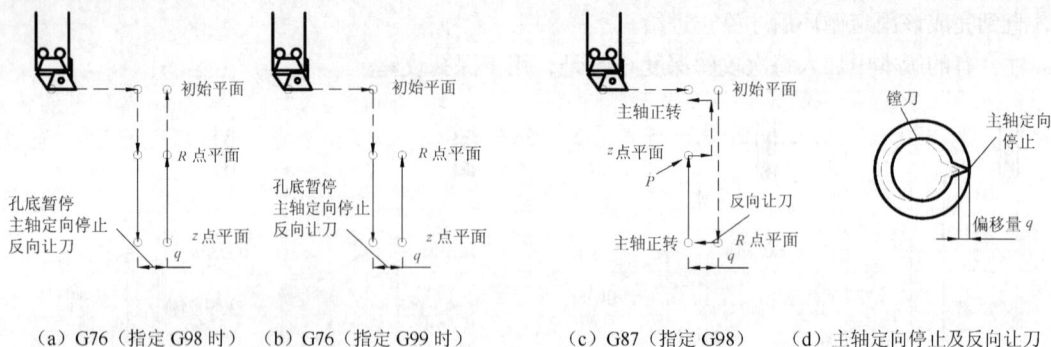

（a）G76（指定 G98 时）　（b）G76（指定 G99 时）　（c）G87（指定 G98）　（d）主轴定向停止及反向让刀

图 5-29　精镗孔循环指令 G76 与反镗孔循环指令 G87

八、镗孔循环指令 G86 与 G88

格式：G86 X_Y_Z_R_F_K_;

　　　　G88 X_Y_Z_R_P_F_K_;

说明：

① 孔底动作如图 5-30 所示。

② G86 指令在镗孔结束返回时是快速移动，所以镗刀刀尖在孔壁会划出一条螺旋线，对孔壁质量要求比较高的场合不适合用此指令。G88 指令在镗孔到孔底后主轴停止，返回必须通过手动方式，此时可使刀具作微量的水平移动（刀尖离开孔壁）后沿轴向上升，手动结束后按循环启动键继续执行。

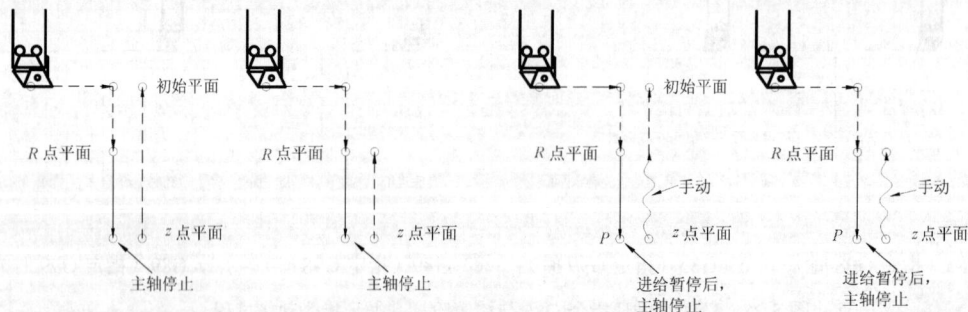

（a）G86（指定 G98 时）　（b）G86（指定 G99 时）　（c）G88（指定 G98 时）　（d）G88（指定 G99 时）

图 5-30　镗孔循环指令 G86 与 G88 的动作过程

九、孔加工固定循环应用实例

孔加工固定循环较多，它们是根据孔加工的工艺要求而开发的，所以在选用孔加工固定循环功能编写程序前，应先确定工艺方案，然后选用合理的孔加工固定循环指令。孔加工固定循环的用法比较类似，这里仅举两个简单的应用实例。

【例5-2】 加工如图 5-31 的 5 个孔，设 Z 轴开始点距工作表面 100mm 处，切削深度为 20mm。请用固定循环指令完成编程。

解：该加工特征为 5 个孔，没有特殊要求，孔也不太深，采用 G81 钻孔循环指令即可。

O0001；

N5 G92 X0 Y0 Z100.0；

N10 G00 S300 M03；　　　　　　　　　　　绝对坐标编程

N20 G99 G81 X10.0 Y-10.0 Z-20.0 R2.0 F200；　　用 G99 指令，加工完一个孔后抬刀到 R 点

N30 Y20.0；

N40 X20.0 Y10.0；

N50 X30.0；

N60 X40.0 Y30.0；

N70 G80 X0 Y0；　　　　　　　　　　　　　G80 取消固定循环

N80 M05；

N90 M02；

【例5-3】 加工如图 5-32 所示螺纹孔，请用固定循环指令编制加工程序（设钻孔深度为 20mm。攻螺纹深度 15mm，单线螺纹，螺距为 1.5mm ）。

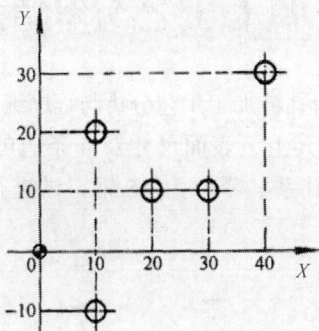

图 5-31　钻孔加工图　　　　　　　图 5-32　螺纹孔加工图

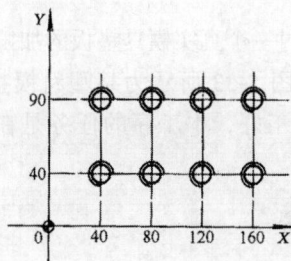

解：

① 先用 G81 钻孔

O0101；

N5 G00 X0 Y0 Z100.0；

N10 M03 S600；

N20 G90 G00 Y40.0；

N30 G99 G81 G91 X40.0 G90 Z-20.0 R2.0 F100 K4；

N40 G80 X0 Y90.0；

N50 G99 G81 G91 X40.0 G90 Z-20.0 R2.0 K4；

N60 G80 X0 Y0；

N70 Z100.0；

N80 M05；

N90 M02；

② 再用 G84 攻螺纹

螺纹切削时主轴转速不能太高，这里取 200r/min。螺纹导程为 1.5mm，则进给速度为 $F=S\times P_h=200\times1.5=300\text{mm/min}$。程序如下：

O0102；

N100 G90 G00 X0 Y0 Z100.0 M03 S200；

N110 G99 G84 X40.0 Y40.0 Z-15.0 R7.0 P2000 F300；

N120 G99 G84 G91 X40.0 G90 Z-15.0 R7.0 P2000 K3；

N130 G00 X0 Y90.0；

N130 G99 G91 X40.0 G90 Z-15 R7.0 P2000 K4；

N150 G80 X0 Y0；

N160 Z100.0；

N170 M05；

N180 M02；

任务三
模板零件加工工艺分析与编程

本任务通过一个真实模具垫板的加工学习如何进行孔群加工工艺分析与程序编制。

【例 5-4】图 5-33 所示为某塑料模垫板零件图，其上下表面尺寸及 4 条边的 U 形槽都已由前道工序加工好，本工序的任务是在铣床上加工孔系。零件为 45 钢，试进行工艺分析并编程。

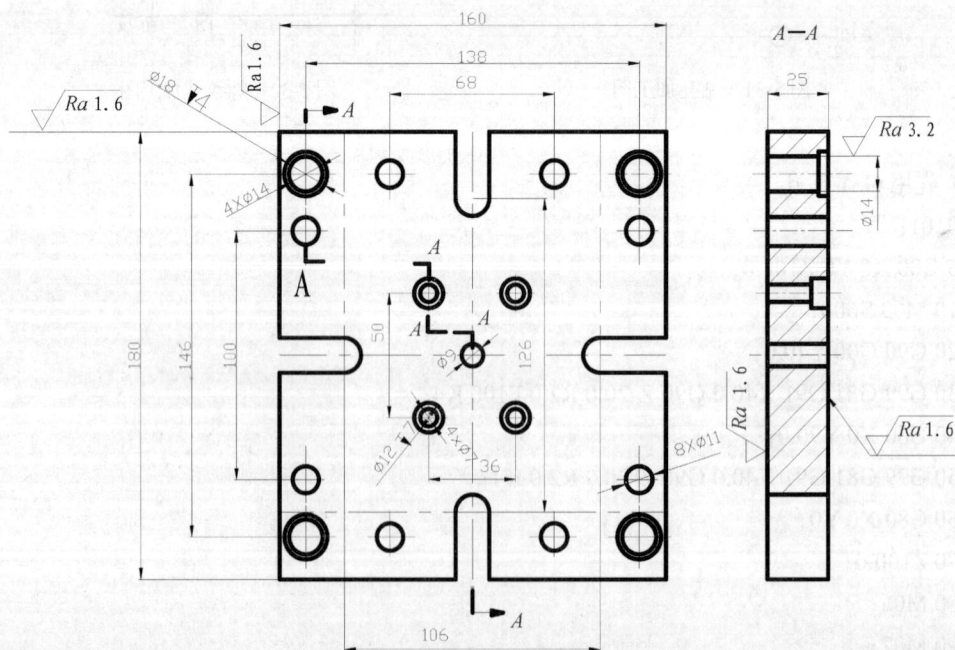

图 5-33　垫板零件图

解：

1. 加工工艺分析

（1）工艺性分析

垫板零件的孔及其他几何元素之间关系描述清楚完整，$\phi 9$ 孔为拉杆过孔，$4 \times \phi 7$ 与 $8 \times \phi 11$ 各孔均为螺栓过孔，精度要求不高。$4 \times \phi 14$ 为导柱孔，精度要求较高。整个垫板外轮廓面与底面有垂直度要求，并且表面粗糙度要求较高，为 $Ra1.6$。零件材料为 45 钢，切削性能较好。

（2）选择加工设备

对垫板零件孔系的数控削铣削钻孔加工，一般采用 2 轴以上的数控铣床，因此首先要考虑的是零件的外形尺寸，使其在允许的范围内；其次考虑数控铣床的精度是否能满足各孔的设计要求；最后，看孔的最大深度是否在刀具机床行程范围内。根据以上三条即可确定要使用 2 轴以上联动的数控机床。由于使用刀具多，选用三轴加工中心加工可显著提高加工效率。（注意：程序中用到了自动返回参考点指令 G28 和换刀指令 M06，将在模块七中进一步介绍它们的用法）。

（3）确定装夹方案

根据零件的结构特点，加工垫板各孔时，以底面为定位基准，采用 4 个 14mm 宽的 U 形槽压紧定位，采用双螺母夹紧，提高装夹刚性，防止铣削时振动。

（4）确定加工顺序及进给路线

加工顺序的拟定按照基面先行、先粗后精的原则确定。因此应先加工用作定位基准的各中心孔，然后再加工各孔到要求的尺寸。其中 $4 \times \phi 14$ 的导柱孔采用钻孔—铰孔方案加工，为保证加工精度，粗精加工应分开，其余各孔加工精度要求一般，采用相应规格的钻头直接钻孔即可。

（5）刀具选择

根据零件的结构特点，钻削各孔时，钻头、铰刀直径受孔尺寸限制，同时考虑 HT200 属于一般材料，加工性能较好。钻孔加工可选用较快的进给，精加工铰孔时可选择用较慢的进给。所以刀具及其加工部位如表 5-7 所示。

表 5-7　　　　　　　　　　　　某垫板孔系数控加工刀具卡片

产品名称或代号	×××	零件名称		垫　板	零件图号		×××
序　号	刀　具	规 格 名 称	数　量	刀具长度补偿号	加 工 表 面		备　注
1	T01	$\phi 3$ 中心钻	1	H1	钻中心孔		
2	T02	$\phi 7$ 钻头	1	H2	$\phi 7$ 孔加工，钻通孔		
3	T03	$\phi 9$ 钻头	1	H3	$\phi 9$ 孔粗加工		
4	T04	$\phi 11$ 钻头	1	H4	$8 \times \phi 11$ 孔加工		
5	T05	$\phi 13.8$ 钻头	1	H5	$4 \times \phi 14$ 孔粗加工		
6	T06	$\phi 12$ 柱形锪刀	1	H6	$\phi 12$ 深 7 孔的加工		
7	T07	$\phi 18$ 柱形锪刀	1	H7	$\phi 18$ 深 4 孔的加工		
8	T08	$\phi 14$ 铰刀	1	H8	$4 \times \phi 14$ 孔精加工		
编制	×××	审核	×××	批准	×××	年 月 日　共 页	第 页

（6）切削用量的选择

垫板孔系中精铰 $4 \times \phi 14$ 的导住孔时留 0.1mm 的铰削余量，选择主轴转速与进给速度时，先查切削用量手册，确定切削速度与每齿进给量，然后按下列两式计算进给速度和主轴转速：

式 1：$F = nzf_z$

其中，F 为进给速度（单位为 mm/min）、n 为刀具转速、z 为刀具齿数、f_z 为每齿进给量。

式 2：$n = \dfrac{1000v_c}{\pi D}$

式中，n 为主轴转速，单位为 r/min；v_c 切削速度，单位为 m/min；D 为刀具直径，单位为 mm。

（7）填写数控加工工序卡片

表 5-8　　　　　　　　　　　垫板的数控加工工序卡片

数控加工序卡片		产品名称或代号		零件名称		零件图号	
		×××		垫　板		X04	
产品号	程序编号	夹具名称		使用设备		车　　间	
01	O0410	螺旋压板		MVC400		数控加工车间	
工步号	工序内容	刀具号	刀具规格	主轴转速 n（r/min）	进给速度 F（mm/min）	背吃刀量 a_p	备注
1	钻中心孔	T01	$\phi 3$ 中心钻	1000	30		
2	$\phi 7$ 孔加工	T02	$\phi 7$ 钻头	500	35	3.5	钻通孔
3	$\phi 9$ 孔加工	T03	$\phi 9$ 钻头	500	40	4.5	钻通孔
4	$8 \times \phi 11$ 孔加工	T04	$\phi 11$ 钻头	500	40	5.5	钻通孔
5	$4 \times \phi 14$ 孔粗加工	T05	$\phi 13.8$ 钻头	400	40	6.9	钻通孔
6	$\phi 12$ 深 7 孔的加工	T06	$\phi 12$ 柱形锪刀	400	40	3	
7	$\phi 18$ 深 4 孔的加工	T07	$\phi 18$ 柱形锪刀	350	40	4	
8	$4 \times \phi 14$ 孔精加工	T08	$\phi 14$ 铰刀	250	25		
编制	×××	审核	×××	批准	×××	年　月　日　共　页	第　页

2. 加工程序编制

本例采用 Fanuc 0i 数控系统代码编程，参考程序见表 5-9（设加工前主轴已回参考点）。

表 5-9   垫板的数控加工程序卡

零 件 号	X04	零件名称	垫 板	编程原点	上表面的中心
程 序 号	O0410	数控系统	FUNAC0i	编 程	×××
程序内容			简要说明		
N100 G21; N102 G0 G17 G40 G49 G80 G90; N104 T1 M6; N106 G0 G90 G54 X0Y0 S1000 M3; N108 G43 H1 Z100.M08; N110 G98 G81 Z-7.R10.F30.; N112 X-18.Y-25.; N114 X-69.0.Y-50.; N116Y-73.; N118 X-34.; N120 X34.; N122 X69.; N124 Y-50.; N126 X18.Y-25.; N128 Y25.; N130 X69.Y50.; N132 Y73.; N134 X34.; N136 X-34.; N138X-69.; N140 Y50.; N142X-18.Y25.; N144 G80 M09; N146 M5; N148 G91 G28 Z0; N150 G28 X0Y0 N152 M01;			钻垫板孔系中各孔的中心孔		
N154 T2 M6; N156 G0 G90 G54 X0Y0S500M3; N158 G43 H2 Z100.M08; N160 G98 G83 Z-30.R10.Q5.F35; N162 X-18.Y-25.; N164X18.0; N166Y25.0; N168 X-18.0; N194 G80 M09; N196M5; N198 G91 G82 Z0.; N200 G28 X0.Y0.; N202 M01;			$\phi 7$ 孔粗加工		
N204 T3 M6; N206 G0 G90 G54 X0Y0S500 M3; N208 G43 H3 Z100.M08; N210 G98 G83 Z-30.R10.Q5.F40; N212 G80 M09; N214 M5; N216 G91 G28 Z0.; N218 G28 X0.Y0.; N220 M01;			$\phi 9$ 孔加工		

续表

零 件 号	X04	零件名称	垫 板	编程原点	上表面的中心
程 序 号	O0410	数控系统	FUNAC0i	编 程	×××

程 序 内 容	简 要 说 明
N222 T4 M6; N224 G0 G90 G54 X0Y0S500M5; N226 G43H4Z100.M08; N228 G98 G83 X-69.Y-50.Z-30.R10.Q5.F40; N230 X-34.Y-73.; N232 X34.; N234 X69.Y-50.; N236 Y50.; N238 X34.Y73.; N240 X-34.; N242 X-69.Y50.; N244 G80 M09; N246 M5; N248 G91 G28 Z0,; N250 G28 X0.Y0.; N252 M01;	8×ϕ11 孔加工
N254 T5 M6; N256 G0 G90 G54 X0Y0S400 M3; N258 G43 H5 Z100.M08; N260 G98 G83X-69.Y-73.Z-30.R10.Q5.F40; N262 X69.; N264 Y73.; N268 X-69.; N270 G80 M09; N274 M5; N276 G91 G28 Z0.; N278 G28 X0.Y0.; N280 M01;	4×ϕ14 孔加工
N282 T6 M6; N284 G0 G90 G54 X0Y0S400M3; N286 G43 H6 Z100.M08; N288 G98 G82 X-18.Y-25.Z-7.R10.P2000F40.; N290 X18.; N292 Y25.; N294 X-18.; N296 G80 M09; N298 M5; N300 G91 G28 Z0; N302 G28 X0.Y0; N304 M01;	ϕ12 深 7 沉孔加工
N306 T7 M6; N308 G0 G90 G54 X0Y0S350M3; N310 G43 H7 Z100.M08; N312 G98 G82 X-69.Y-73.Z-4.R10.P2000F40; N314 X69.; N316 Y73.; N318 X-69,; N320 G80 M09; N322 M5; N324 G91 G28 Z0; N326 G28 X0Y0; N328 M01;	ϕ18 深 4 沉孔加工

续表

零 件 号	X04	零件名称	垫　板	编程原点	上表面的中心
程 序 号	O0410	数控系统	FUNAC0i	编 程	×××
程序内容			简要说明		

程序内容	简要说明
N330 T8 M6; N332 G0 G90 G54 X0Y0S250 M3; N334 G43 H8Z100.M08; N336 G98 G81 X-69.Y-73.Z-30.R10.F25; N338 X69.; N340 Y73.; N342 X-69.; N344 G80 M09; N346 M5; N348 G91 G28 Z0; N350 G28 X0Y0; N352 M30;	4×φ14 孔精加工

课堂讨论 5-1：

1. 4×φ14 孔钻孔和铰孔走刀路线是相同的，只是刀具和切削参数不一样。为简化编程，可否将孔心坐标专门编成子程序，而将孔加工固定循环指令放在主程序中？请按此思路改写程序。（提示：主程序中用 G82、G81 固定循环指令并写出各孔加工相同的孔加工数据，如 R、Z。调用次数用 K0，X、Y 地址各孔数据不一样，放在子程序中。）

2. 为节约篇幅，例 5-4 假设上下表面和周围边轮廓已加工好，仅要求加工孔群。如果材料毛坯是 185mm×165mm×18mm 的钢板，试讨论确定合理的工艺方案。

任务四

拓展知识：SINUMERIK 802D sl 的固定循环指令

SINUMERIK 802D sl 系统中可以使用以下循环：

CYCLE81——钻孔，钻中心孔。

CYCLE82——钻中心孔。

CYCLE83——深度钻孔。

CYCLE84——刚性攻螺纹。

CYCLE840——带补偿夹具攻螺纹。

CYCLE85——铰孔 1（镗孔 1）。

CYCLE86——镗孔（镗孔 2）。

CYCLE87——铰孔 2（镗孔 3）。

CYCLE88——镗孔时可以停止 1（镗孔 4）。

CYCLE89——镗孔时可以停止 2（镗孔 5）

一、钻孔，钻中心孔 CYCLE81

格式：CYCLE81（RTP，RFP，SDIS，DP，DPR）；

参数：RTP Real——后退平面（绝对）（见图 5-34）。

　　　RFP Real——参考平面（绝对）。

　　　SDIS Real——安全间隙（无符号输入）。

　　　DP Real——最后钻孔深度（绝对）。

　　　DPR Real——相当于参考平面的最后钻孔深度（无符号输入）。

功能：刀具按照编程的主轴转速和进给速度钻孔，直到到达输入的最后钻孔深度。

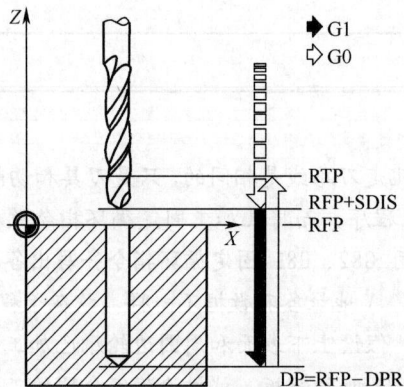

图 5-34　CYCLE81 循环

二、钻中心孔 CYCLE82

格式：CYCLE82（RTP，RFP，SDIS，DP，DPR，DTB）；

参数：RTP Real——后退平面（绝对）。

　　　RFP Real——参考平面（绝对）。

　　　SDIS Real——安全间隙（无符号输入）。

　　　DP Real——最后钻孔深度（绝对）。

　　　DPR Real——相当于参考平面的最后钻孔深度（无符号输入）。

　　　DTB Real——到达最后钻孔深度时的停顿时间（断屑）。

功能：刀具按照编程的主轴转速和进给速度钻孔，直到到达输入的最后钻孔深度。CYCLE82
与 CYCLE81 的区别是到达最后钻孔深度时允许停顿。

三、深度钻孔 CYCLE83

格式：CYCLE83（RTP，RFP，SDIS，DP，DPR，FDEP，FDPR，DAM，DTB，DTS，FRF，

VARI);

参数：RTP Real——返回平面（绝对）（见图 5-35）。

RFP Real——参考平面（绝对）。

SDIS Real——安全间隙（无符号输入）。

DP Real——最后钻孔深度（绝对）。

DPR Real——相当于参考平面的最后钻孔深度（无符号输入）。

FDEP Real——起始钻孔深度（绝对值）。

FDPR Real——相当于参考平面的起始钻孔深度（无符号输入）。

DAM Real——递减量（无符号输入）。

DTB Real——到达最后钻孔深度时的停顿时间（断屑）。

DTS Real——起始点处和用于排屑的停顿时间。

FRF Real——起始钻孔深度的进给速度系数（无符号输入）值范围：0.001～1。

VARI Int——加工类型：断屑=0，排屑=1。

功能：刀具以编程的主轴转速和进给速度钻孔，直至定义的最后钻孔深度。深孔钻削是通过多次执行最大可定义的深度并逐步增加直到到达最后钻孔深度来实现的。钻头可以在每次进给深度完以后退回到参考平面屏留安全间隙用于排屑，或者每次退回 1mm 用于断屑。

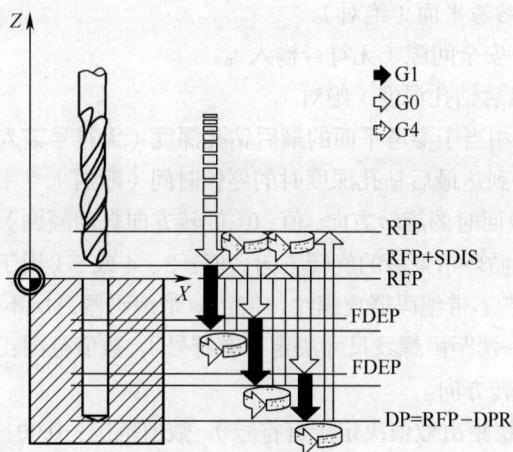

图 5-35　CYCLE83 循环

四、刚性攻丝 CYCLE84

格式：CYCLE84（RTP, RFP, SDIS, DP, DPR, DTB, SDAC, MPIT, PIT, POSS, SST, SST1 ）；

参数：RTP Real——返回平面（绝对）。

RFP Real——参考平面（绝对）。

SDIS Real——安全间隙（无符号输入）。

DP Real——最后钻孔深度（绝对）。

DPR Real——相当于参考平面的最后钻孔深度（无符号输入）。

DTB Real——到达最后钻孔深度时的停顿时间（断屑）。

SDAC Int——循环结束后的旋转方向，值：3、4 或 5（用于 M3、M4 或 M5）。

MPIT Real——螺距由螺纹尺寸决定（有符号），数值范围：3～48（用于 M3～M48）。符号决定了在螺纹中的旋转方向。

PIT Real——螺距由数值决定（有符号），数值范围：0.001～2000.000mm。符号决定了在螺纹中的旋转方向。

POSS Real——循环中定位主轴的位置（以°为单位）。

SST Real——攻螺纹速度。

SST1 Real——退回速度。

功能：刀具以编程的主轴转速和进给速度钻削，直到定义的最终螺纹深度。CYCLE84 一般用于刚性攻螺纹。对于带补偿夹具的攻螺纹，可以使用 CYCLE840 循环。

五、带补偿夹具攻螺纹 CYCLE840

格式：CYCLE840（RTP, RFP, SDIS, DP, DPR, DTB, SDR, SDAC, ENC, MPIT, PIT）;

参数：RTP Real——返回平面（绝对）。

RFP Real——参考平面（绝对）。

SDIS Real——安全间隙（无符号输入）。

DP Real——最后钻孔深度（绝对）。

DPR Real——相当于参考平面的最后钻孔深度（无符号输入）。

DTB Real——到达最后钻孔深度时的停顿时间（断屑）。

SDR Int——退回时的旋转方向，值：0（旋转方向自动颠倒）、3 或 4（用于 M3 或 M4）。

SDAC Int——循环结束后的旋转方向，值：3、4 或 5（用于 M3、M4 或 M5）。

ENC Int——带/不带编码器攻螺纹，值：0=带编码器，1=不带编码器。

MPIT Real——螺距由螺纹尺寸决定（有符号），数值范围：3～48（用于 M3～M48）。符号决定了在螺纹中的旋转方向。

PIT Real——螺距由数值决定（有符号），数值范围：0.001～2000.000mm。符号决定了在螺纹中的旋转方向。

功能：刀具以编程的主轴转速和进给速度钻削，直到定义的最终螺纹深度。用于带补偿夹具的攻螺纹。

六、铰孔 1（镗孔 1）CYCLE85

格式：CYCLE85（RTP, RFP, SDIS, DP, DPR, DTB, FFR, RFF）;

参数：RTP Real——返回平面（绝对）（见图 5-36）。

RFP Real——参考平面（绝对）。

SDIS Real——安全间隙（无符号输入）。

DP Real——最后钻孔深度（绝对）。

　　DPR Real——相当于参考平面的最后钻孔深度（无符号输入）。

　　DTB Real——到达最后钻孔深度时的停顿时间（断屑）。

　　FFR Real——进给速度。

　　RFF Real——退回进给速度。

　　功能：刀具以编程的主轴转速和进给速度钻削，直到到达定义的最后钻孔深度。向内、向外移动的进给速度分别是参数 FFR 和 RFF 的值。

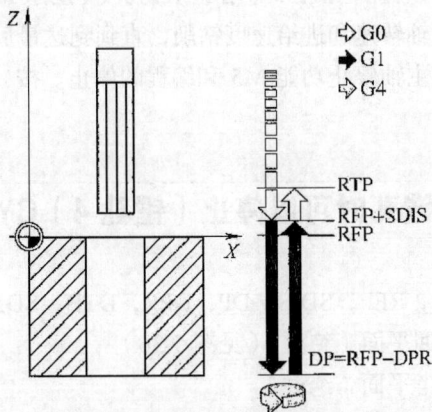

图 5-36　CYCLE85 循环

七、镗孔（镗孔 2）CYCLE86

　　格式：CYCLE86（RTP，RFP，SDIS，DP，DPR，DTB，SDIR，RPA，RPO，RPAP，POSS）;

　　参数：RTP Real——返回平面（绝对）。

　　　　　RFP Real——参考平面（绝对）。

　　　　　SDIS Real——安全间隙（无符号输入）。

　　　　　DP Real——最后钻孔深度（绝对）。

　　　　　DPR Real——相当于参考平面的最后钻孔深度（无符号输入）。

　　　　　DTB Real——到达最后钻孔深度时的停顿时间（断屑）。

　　　　　SDIR Int——旋转方向，值：3（用于 M3）、4（用于 M4）。

　　　　　RPA Real——平面中第一轴上的返回路径（增量，带符号输入）。

　　　　　RPAP Real——镗孔轴上的返回路径（增量，带符号输入）。

　　　　　POSS Real——循环中定位主轴停止的位置（以°为单位）。

　　功能：此循环可以使用镗杆进行镗孔。刀具按照编程的主轴转速和进给速度钻削，直到到达最后钻孔深度。镗孔时，一旦到达钻孔深度，便激活了定位主轴停止功能。然后，主轴从返回平面快速回到编程的返回位置。

八、铰孔 2（镗孔 3）CYCLE87

　　格式：CYCLE87（RTP，RFP，SDIS，DP，DPR，DTB，SDIR）;

参数：RTP Real——返回平面（绝对）（见图 5-36）。

RFP Real——参考平面（绝对）。

SDIS Real——安全间隙（无符号输入）。

DP Real——最后钻孔深度（绝对）。

DPR Real——相当于参考平面的最后钻孔深度（无符号输入）。

DTB Real——到达最后钻孔深度时的停顿时间（断屑）。

SDIR Int——旋转方向，值：3（用于 M3）、4（用于 M4）。

功能：刀具以编程的主轴转速和进给速度钻削，直到到达最后钻孔深度。铰孔时，一旦到达钻孔深度，便激活了不定位主轴停止功能 M5 和编程的停止。按 "NC START" 键，继续快速返回直至返回平面。

九、镗孔时可以停止（镗孔 4）CYCLE88

格式：CYCLE88（RTP，RFP，SDIS，DP，DPR，DTB，SDIR）；

参数：RTP Real——返回平面（绝对）（见图 5-36）。

RFP Real——参考平面（绝对）。

SDIS Real——安全间隙（无符号输入）。

DP Real——最后钻孔深度（绝对）。

DPR Real——相当于参考平面的最后钻孔深度（无符号输入）。

DTB Real——到达最后钻孔深度时的停顿时间（断屑）。

SDIR Int——旋转方向，值：3（用于 M3）、4（用于 M4）。

功能：刀具以编程的主轴转速和进给速度钻削，直到到达定义的最后钻孔深度。镗孔时，一旦到达钻孔深度，便会产生无方向 M5 的主轴停止和已编程的停止。按 "NC START" 键在快速移动时持续退回动作，直至返回平面。

十、镗孔时可以停止 2（镗孔 5）CYCLE89

格式：CYCLE89（RTP，RFP，SDIS，DP，DPR，DTB）；

参数：RTP Real——返回平面（绝对）（见图 5-36）。

RFP Real——参考平面（绝对）。

SDIS Real——安全间隙（无符号输入）。

DP Real——最后钻孔深度（绝对）。

DPR Real——相当于参考平面的最后钻孔深度（无符号输入）。

DTB Real——到达最后钻孔深度时的停顿时间（断屑）。

功能：刀具以编程的主轴转速和进给速度钻削，直到到达定义的最后钻孔深度。如果编程时指定了停顿时间，到达最后钻孔深度时，在孔底停顿。

【例 5-5】　用 SIEMENS 802D 系统编制孔加工程序。如图 5-37 所示的孔板，材质为 45 钢，请用 SIEMENS 802D 系统的孔固定循环指令编写数控加工程序。

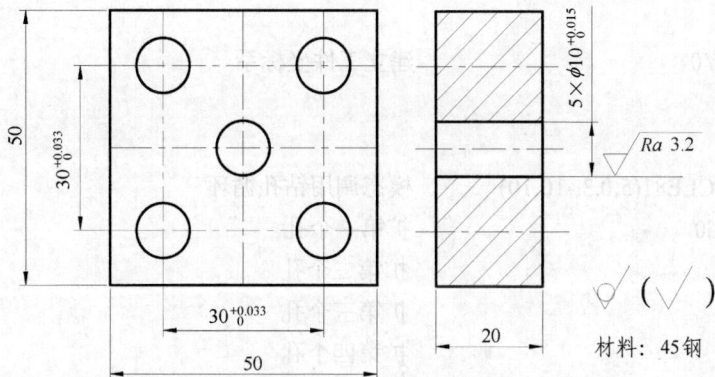

图 5-37　孔板零件图

解：

该零件尺寸精度要求较高，属于 7 级精度，可采用"钻—扩—粗铰—精铰"的方案。零件在加工时使用的刀具及工艺参数如表 5-10 所示。

表 5-10　　　　　　　　　　刀具及工艺参数

工 步 号	工步内容	刀具号	刀具规格/mm	主轴转速/（r/min）	进给速度/（mm/min）
1	钻 ϕ3mm 定位孔	T01	ϕ3mm 中心钻	1500	100
2	扩孔至 ϕ9.7mm	T02	ϕ9.7mm 麻花钻	600	60
3	铰孔成 ϕ10mm	T03	ϕ10mm 铰刀	100	20

程序参考如下：

```
CC.MPF
N10 G54 G90 G40 G17              安全指令
M6 T01                          换 1 号刀（中心钻）
G0 D2 Z100                      建立 1 号刀具长度补偿
M3 S1500
Z50
M8
MCALL CYCLE81(5,0,3,-4,4)       模态调用钻孔循环
G0 X0 Y0 F100                   钻第一个孔
X-15 Y-15                       钻第二个孔
Y15                             钻第三个孔
X15                             钻第四个孔
Y-15                            钻第五个孔
MCALL                           取消模态调用
M9
G0 Z100
M6 T2                           换 2 号刀（麻花钻）
```

```
G0 D2 Z100
M3 S600
G54 G0 X0 Y0                                    建立工件坐标系
Z50
M8
MCALL CYCLE81(5,0,3,-10,10)                     模态调用钻孔循环
G0 X0 Y0 F60                                     扩第一个孔
X-15 Y-15                                        扩第二个孔
Y15                                             扩第三个孔
X15                                             扩第四个孔
Y-15                                            扩第五个孔
MCALL                                           取消模态调用
M9
G0 Z100
M6 T3                                           换 3 号刀（铰刀）
G0 D2 Z100                                      建立 3 号刀具长度补偿
M3 S100
G54 G0 X0 Y0                                    建立工件坐标系
Z50
M8
MCALL CYCLE85(5,0,3,-8,8,1,20,30)               模态调用铰孔循环
G0 X0 Y0 F20                                     铰第一个孔
X-15 Y-15                                        铰第二个孔
Y15                                             铰第三个孔
X15                                             铰第四个孔
Y-15                                            铰第五个孔
MCALL                                           取消模态调用
M9
M30
```

习 题 五

一、选择题（请将正确答案的序号填写在题中的括号中）

1. 主轴正转,刀具以进给速度向下运动钻孔,到达孔底后,快速退回,这一钻孔指令是(　　)。

A. G81   B. G82   C. G83   D. G84

2. 扩孔时，一般不采用的刀具是（　　　　）。

A. 扩孔钻　　　　　　　　B. 铰刀　　　　　　　　C. 镗刀　　　　　　　　D. 球头刀

3. 修正钻孔时产生的孔的轴线位置误差，保证孔的位置精度，最好采用（　　）。

A. 锪孔　　　　　　　　　B. 扩孔　　　　　　　　C. 铰孔　　　　　　　　D. 镗孔

4. 固定循环指令执行后，返回初始平面用（　　）指令。

A. G98　　　　　　　　　B. G99　　　　　　　　　C. G80　　　　　　　　　D. G40

5. 在固定循环指令"G98/G99 G73～G89 X_Y_Z_R_Q_P_F_;"中，R 表示（　　　　）。

A. 孔半径　　　　　　　　　　　　　　　　B. 刀具半径

C. 机床参考点　　　　　　　　　　　　　　D. 孔加工时由快进改为工进的转换点

6. 数控铣床钻批量零件上的盲孔时，如果盲孔深度有较高尺寸精度要求，需要对（　　　　）
进行补偿。

A. 刀尖圆弧半径　　　　B. 刀具半径　　　　　　C. 刀具长度　　　　　　D. 刀具角度

7. 位置精度较高的孔系加工时，特别要注意孔的加工顺序的安排，主要是考虑到（　　　　）。

A. 坐标轴的反向间隙　　　　　　　　　　　B. 刀具的耐用度

C. 控制振动　　　　　　　　　　　　　　　D. 加工表面质量

8. 标准麻花钻的顶角约为（　　）。

A. 118°　　　　　　　　　B. 35～40°　　　　　　　C. 50～55°　　　　　　　D. 112°

9. 沉孔、锥孔、小台阶面常用的刀具是（　　）。

A. 立铣刀　　　　　　　　B. 面铣刀　　　　　　　C. 铰刀　　　　　　　　D. 锪刀

10. 加工中心上加工 M6～M20 的螺纹，通常采用（　　）的方法加工。

A. 攻螺纹　　　　　　　　B. 铣螺纹　　　　　　　C. 两者均可　　　　　　D. 两者都不行

二、判断题（正确的在括号中打√，错误的在括号中打×）

1. 点位控制的特点是，只要求准确定位到要加工的点，对其定位过程的轨迹不进行控制，
因为在定位过程中不进行加工。　　　　　　　　　　　　　　　　　　　　　　（　　　　）

2. 在数控铣床上可以进行钻孔、扩孔、铰孔、镗孔和攻螺纹等。　　　　　　　（　　　　）

3. 加工精度为 IT7 级的孔，当孔径大于 12mm 时，可采用钻—铰方案。　　　（　　　　）

4. 在加工中心上可采用丝锥攻螺纹和用螺纹刀铣螺纹。　　　　　　　　　　　（　　　　）

5. 孔加工固定循环中，G98 为返回程序指定的 R 点平面。　　　　　　　　　（　　　　）

6. 用麻花钻钻孔时，孔的表面粗糙度可达 $Ra1.6\mu m$。　　　　　　　　　　　（　　　　）

7. 钻孔一般作为孔的预加工工序。　　　　　　　　　　　　　　　　　　　　（　　　　）

8. 钻盲孔时，一般应采用孔底有暂停的固定循环指令编程。　　　　　　　　　（　　　　）

9. 攻螺纹加工的实际上是成形加工。　　　　　　　　　　　　　　　　　　　（　　　　）

10. 所有 CNC 铣床/镗铣加工中心均可使用刚性丝锥攻丝。　　　　　　　　　（　　　　）

三、问答题

1. 简述根据孔加工的直径及其精度等级选择孔加工刀具的原则。

2. 简述麻花钻、可转位浅孔钻及扁钻的特点及用途。

3. 简述单刃镗刀和双刃镗刀的特点及用途。

四、编程与实训题

请用固定循环指令编制图 5-38～图 5-40 所示零件孔群的数控加工程序（指明所用的数控系统）。

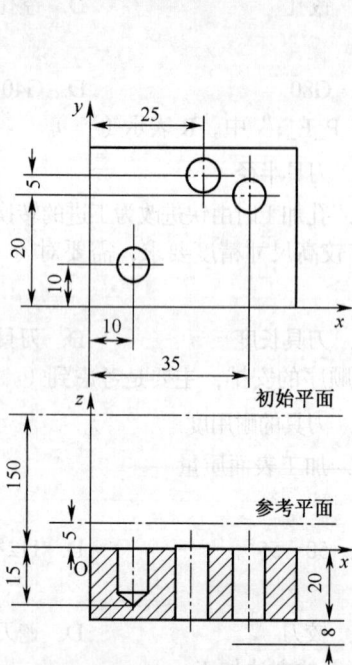

图 5-38　题四图（1）

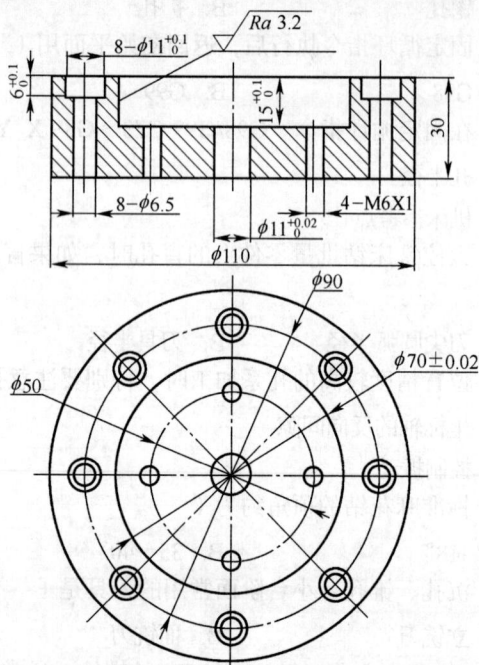

图 5-39　题四图（2）

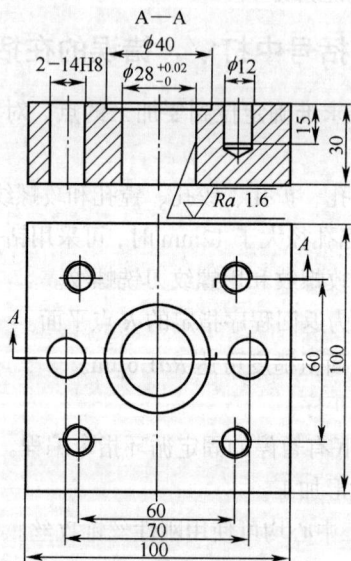

图 5-40　题四图（3）

模块六
曲面加工工艺与编程

任务一
学习曲面加工基本工艺

一、直纹面加工

曲面轮廓的加工工艺处理较平面轮廓要复杂得多，加工时要根据曲面形状、刀具形状以及零件的精度要求，选择合理的进给路线。图 6-1 表示了加工一曲面时可能采取的三种进给路线，即沿参数曲面的 U 向参数线行切、沿 W 向参数线行切和环切。

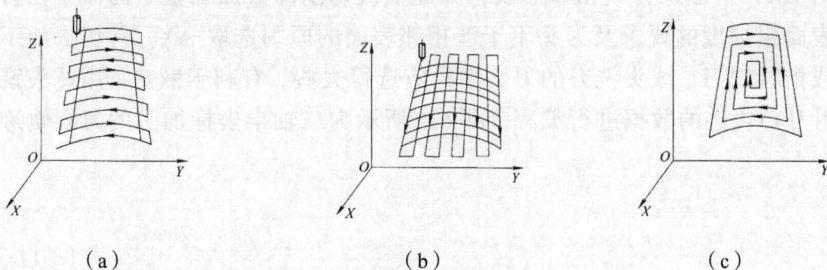

| (a) | (b) | (c) |

图 6-1　曲面轮廓加工进给路线

直纹面可以展开成平面，严格来说，可以划归平面加工一类。对于直母线的翼面类零件，采用图 6-1（b）所示的方案较为有利。每次沿直线进给，刀位点计算简单，程序段数目少，而且加工过程符合直纹面的形成规律，可以保证母线的直线度。图 6-1（a）所示方案的优点是便于加工后检验翼型的准确度。因此，实际生产中最好将以上两种方案结合起来。图 6-1（c）所示的环切方案一般应用在型腔加工中，在型面加工中由于编程麻烦而应用较少。但在加工螺旋桨叶轮一类零件时，工件刚度小，加工变形问题突出。采用从里到外的环切，刀具切削部位的四周受到毛坯刚性边框的支持，有利于减少工件在加工中的变形。

当工件的边界开敞时，为保证加工的表面质量，应从工件的边界外进刀和退刀，如图 6-1（a）和图 6-1（b）所示。

对于直纹面的加工，可以采用手工直接编程。

二、规则曲面的加工

规则曲面有球面、锥面、柱面、抛物面、双曲面、椭球面等。这些规则曲面的加工可采用数控变量编程（宏程序）来完成。数控机床加工这类零件时，可用球头刀或立铣刀，采用二轴半层（行）切法加工（X、Y、Z 三轴中任意二轴作联动插补，第三轴做单独的周期进刀，称为二轴半坐标联动），即刀具沿 XY 平面运动一周，按照切削零件轮廓的方式加工出一平面曲线，然后在 Z 方向上移动一个层距 ΔZ，再加工出一个新的平面曲线，直到整个曲面形状加工完成。图 6-2 所示为圆锥体采用二轴半加工刀具切削轨迹。由于球刀与锥面均为规则曲面，容易求得刀具运动轨迹方程，因而可采用宏程序编程。

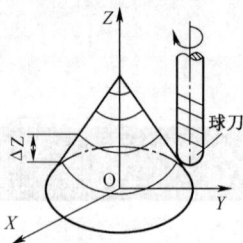

图 6-2　二轴半层切法加工的刀具轨迹

三、空间轮廓表面的加工

空间轮廓表面的加工根据曲面形状、机床功能、刀具形状以及零件的精度要求，有不同加工方法。

1. 二轴半加工

如图 6-3 所示，将 X 向分成若干段，球头铣刀沿 YZ 面所截的曲线进行铣削，每一段加工完成进给 ΔX，再加工另一相邻曲线，如此依次切削即可加工整个曲面。在行切法中，要根据轮廓表面粗糙度的要求及刀头不干涉相邻表面的原则选取 ΔX。行切法加工中通常采用球头铣刀或指状铣刀。球头铣刀的刀头半径应选得大些，有利于散热。用球头铣刀加工曲面时，总是用刀心轨迹的数据进行编程。图 6-4 所示为二轴半坐标加工的刀心轨迹与切削点轨迹示意图。

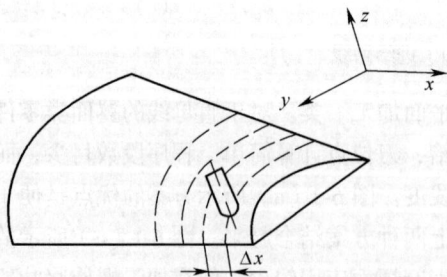

图 6-3　曲面行切法

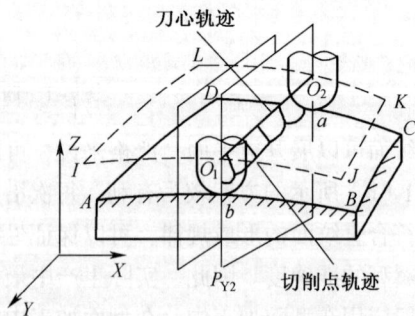

图 6-4　二轴半坐标加工

由于二轴半坐标加工的刀心轨迹为平面曲线，故计算不太复杂。常用在曲率半径变化不大及精度要求不高的粗加工中。

2. 三轴联动加工

图 6-5 所示为内循环滚珠螺母的回珠器示意图。其滚道母线 SS 为空间曲线，可用空间直线去逼近。因此，可在具有空间直线插补功能的三轴联动的数控机床上进行加工，但由于编程计算复杂，宜采用自动编程。

3. 四轴联动加工

如图 6-6 所示的飞机大梁，其加工面为直纹扭曲面，若采用三坐标联动加工，则只能用球头刀，不仅效率低，而且加工表面粗糙度差。为此，可使用圆柱铣刀，采用周边切削方式在四轴联动机床上进行加工。即除 3 个直线坐标轴运动外，为保证刀具与工件型面在全长始终贴合，刀具还应绕 O_1O_2 做摆角运动。由于摆角运动导致直线坐标轴（图中 Y 轴）需做附加运动，计算较复杂，故一般采用自动编程。

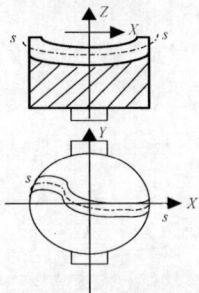

图 6-5 回珠器示意图

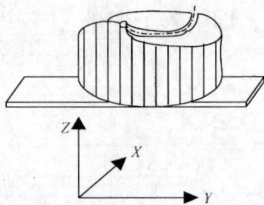

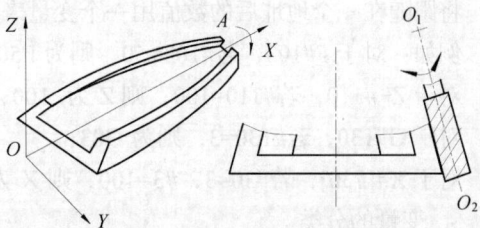

图 6-6 飞机大梁

4. 五轴联动加工

如图 6-7 所示的船用螺旋桨是五坐标联动加工的典型零件之一。由于其曲率半径较大，一般采用端铣刀进行加工，为了保证端铣刀的端面与加工处的曲面的切平面重合，铣刀除了需要 3 个直线轴运动（X、Y、Z）外，还应做螺旋角 φ_i（与 R 有关）与后倾角 α_j 的摆动运动，并且还要做相应的附加补偿。所以，叶面的加工需要五轴（X、Y、Z、A、B）联动，这种编程只能利用自动编程系统。

本书仅介绍手工编程方法，自动编程要使用 CAD/CAM 软件（如 CAXA、MasterCAM、UG、CATIA、CIMATRON、DELCAM 等），这是 CAD/CAM 课程的内容，本书不做介绍。

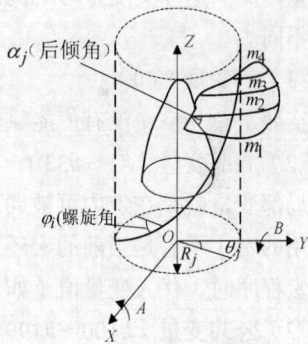

图 6-7 船用螺旋桨加工

任务二 学习宏程序基本知识

通常将程序中含有变量及其表达式的程序称为宏程序。宏程序可以编制成子程序登录在内存中，再把这些功能用一个命令作为代表，执行时只需写出这个代表命令，同时给有关变量赋值，就可执行其功能。所登录的一群命令称为用户宏主体（或用户宏程序），简称用户宏指令

（Custom Macro）。这个代表命令称为宏调用命令。使用时，用户只需会使用用户宏命令即可，而不必理会用户宏主体。宏程序也可编制成一般的加工程序，其中的变量需直接在程序中适当位置赋值。

FANUC 0i 系统宏程序分为 A 类宏程序和 B 类宏程序，由于 A 类宏程序极不直观，可读性差，用户乐于配置 B 类宏程序。故本节仅介绍 B 类宏程序。

一、变量及其运算

1. 变量的表示

宏程序中的变量用符号"#"加变量号表示，如#1、#2…等。表达式可以用于指定变量号。此时表达式必须封闭在括号中。例如，#[#1+#2-12]。

2. 变量的引用

将跟随在一个地址后的数值用一个变量来代替，即引入了变量。

例如：对于 F#103，若#103=50，则为 F50；

对于 Z-#110，若#110=100，则 Z 为-100；

对于 G#130，若#130=3，则为 G03；

对于 X#[#30]，若#30=3，#3=100，则 X 为 100。

3. 变量的分类

FANUC 0i 系统变量可分为空变量、局部变量、公共变量（#100～#199、#500～#999）和系统变量四类。这 4 类变量号不同的数控系统（甚至是同一数控系统的不同版本之间）的规定可能有所不同。

（1）空变量（#0）

空变量总为空，没有值能赋给该变量。

（2）局部变量（#1～#33）

局部变量就是在宏内可被局部使用的变量。在某一时刻调用的宏中的局部变量#i 和在另一时刻调用的宏（不管是当前的宏还是别的宏）中使用的#i 不是同一变量。局部变量在断电时清空，调用宏程序时，代入变量值（如 G65 P9011 A10 表示调用宏程序 O9011，并对#1 代入数值 10）。

（3）公共变量（#100～#199、#500～#999）

公共变量是在主程序、从主程序调用的各子程序、各个宏之间通用。也即在某一宏中使用的#i 与在其他宏中使用的#i 是同一个变量。

（4）系统变量

系统变量是数控系统中已被规定了固定用途的变量，如刀具偏置变量、接口的输入/输出变量、位置信息变量等。系统变量一般不允许用户改变其用途，但可按数控系统确定的规则用于运算和编程。如 FANUC 0i 系统中#13001～#13400 用于刀具补偿量，编程中可通过向系统变量赋值，更新刀具半径补偿值。如#13001=6.0，相当于 D01 对应的刀具偏置寄存器中的半径补偿量为 6.0。

4. 算术逻辑运算

运算符右边的表达式可包含常量和/或由函数或运算符组成的变量。表达式中的变量#j、#k 可以用常数赋值。运算符左边的变量也可以用表达式赋值。表 6-1 列出的运算可以在变量中执行。

表 6-1 算术和逻辑运算

功　能	格　式	备　注
定义、置换	#i=#j	
加法	#i=#j+#k	
减法	#i=#j-#k	
乘法	#i=#j*#k	
除法	#i=#j/#k	
正弦	#i=SIN[#j]	
反正弦	#i=ASIN[#j]	
余弦	#i=COS[#j]	三角函数及反三角函数的数值均以度为单位来指定,例如,90°30′表示 90.5°
反余弦	#i=ACOS[#j]	
正切	#i=TAN[#j]	
反正切	#i=ATAN[#j]	
平方根	#i=SQRT[#j]	
绝对值	#i=ABS[#j]	
舍入	#i=ROUND[#j]	
指数函数	#i=EXP[#j]	
(自然)对数	#i=LN[#j]	
上取整	#i=FIX[#j]	
下取整	#i=FUP[#j]	
与	#iAND#j	
或	#iOR#j	
异或	#iXOR#j	
从 BCD 转为 BIN	#i=BIN[#j]	用于与 PMC 的信息交换
从 BIN 转为 BCD	#i=BCD[#j]	

二、转移和循环语句

1. 无条件转移

转移(跳转)到标有顺序号 N 的程序段。

格式:GOTO n; n 为程序段号(1~99999)

例如,GOTO 100;即转移到标有程序段号为 N100 的程序段执行。

2. 条件转移

(1)IF【条件表达式】GOTO n

条件表达式成立时,跳转到标有程序段号为 n 的程序段执行;条件表达式不成立时,则顺序执行下一个程序段。

条件表达式有以下几类:

#j EQ #k;EQ 等于

#j NE #k;NE 不等于

#j GT #k;GT 大于

#j LT #k;LT 小于

#j GE #k;GE 大于或等于

#j LE #k；LE 小于或等于

条件表达式中变量#j 或#k 可以是常量，也可以是表达式，条件表达式必须用中括弧括起来。

（2）IF [条件表达式] THEN

如果指定的条件表达式满足时，则执行预先指定的宏程序语句，而且只执行一个宏程序语句。

例如：IF [#1 EQ #2] THEN #3=10；如果#1、#2 的值相同，10 赋值给#3。

（3）循环语句

格式：

WHILE [条件表达式] DOn；

……；

END n；

当逻辑条件为真时，程序执行 DOn 和 END n 之间的程序段；当逻辑条件为假时，程序执行 END n 后的程序段。N 的取值为 1、2、3。

例如：

……

#20=50；#20 初值为 50

#30=20；#30 之值为 20

WHILE [#20GT#30] DO1；如果#20 的值大于#30 的值，则执行下面的程序段：

#20=#20-1;每次循环减 1

END1；结束循环

……

上例中，#20 初值为 50，每次循环减 1，直到循环 30 次后，#20 不再大于#30（#30=20），则结束循环，转而执行 END1 后面的程序段。

三、用户宏调用指令

1. 宏程序非模态调用

当指定 G65 时，调用以地址 P 指定的用户宏程序，数据（自变量）能传递到用户宏程序中，指令格式为

G65 P_L_；<自变量赋值>

其中，P 为要调用的程序号；L 为宏程序被重复调用的次数（默认值为 1）。

图 6-8 所示为主程序 O1301 调用用户宏 O9011 时程序执行流程及数据传递情况。其中，实线箭头表示执行顺序，虚线箭头表示数据传递（赋值）情况。

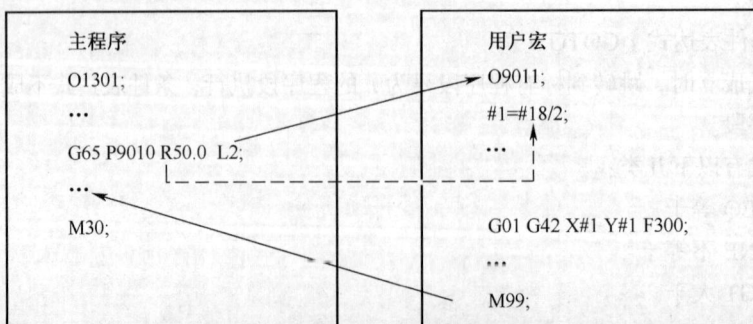

主程序	用户宏
O1301;	O9011;
...	#1=#18/2;
G65 P9010 R50.0 L2;	...
...	G01 G42 X#1 Y#1 F300;
M30;	...
	M99;

图 6-8　G65 宏调用及数据传递

主程序 O1301 用 G65 调用用户宏 O9010，并且对用户宏中的变量赋值：#18=50（用 R 向#18 传递数据）。而在用户宏中未知量用变量#18 来代表。用户宏中的变量#1 为中间变量。

2. 宏程序模态调用与取消

当指定 G66 时，则指定宏程序模态调用，即指定沿移动轴移动的程序段后持续调用宏程序（直到被 G67 取消）；G67 取消宏程序模态调用。指令格式与非模态调用 G65 相似。如图 6-9 所示。

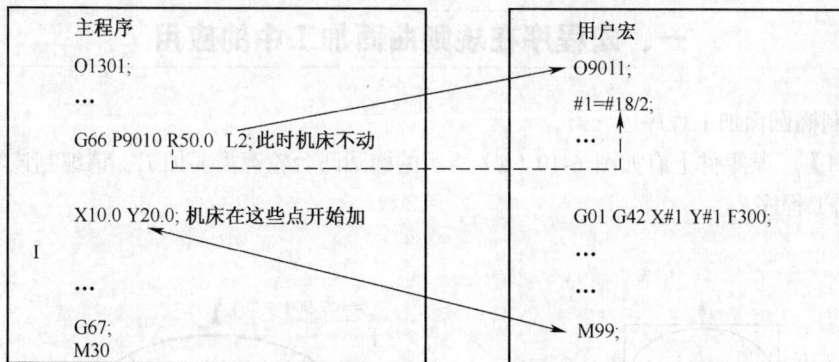

图 6-9　G66 宏调用及数据传递

3. 自变量赋值

在用 G65 调用用户宏时，宏主体中自变量的赋值有两种规则：第Ⅰ类自变量赋值和第Ⅱ类自变量赋值。

（1）第Ⅰ类自变量赋值。用英文字母后加数值进行赋值。除了 G、L、O、N、P 之外，其余所有 21 个字母都可以给对应的字母赋值，每个字母赋值一次，赋值不必按字母顺序进行，但使用 I、J、K 时，必须按字母顺序指定，不赋值的地址可以省略。

（2）第Ⅱ类自变量赋值。与第Ⅰ类自变量赋值类似，也是用英文字母后加数值进行赋值，但只用了 A、B、C 和 I、J、K 六个字母。具体用法是，除了 A、B、C 之外，还用 10 组 I、J、K 来对自变量赋值。在这里，I、J、K 是分组定义的，同组的 I、J、K 必须按字母顺序指定，不赋值的地址可以省略。

第Ⅰ类自变量赋值和第Ⅱ类自变量赋值与用户宏本体中的局部变量的关系见表 6-2。

表 6-2　　　　　　　　　　　　FANUC 0i 地址与局部变量的关系

第Ⅰ类自变量赋值地址	第Ⅱ类自变量赋值地址	变量号	第Ⅰ类自变量赋值地址	第Ⅱ类自变量赋值地址	变量号	第Ⅰ类自变量赋值地址	第Ⅱ类自变量赋值地址	变量号
A	A	#1	M	I_4	#13	Y	I_8	#25
B	B	#2	/	J_4	#14	Z	J_8	#26
C	C	#3	/	K_4	#15	/	K_8	#27
I	I_1	#4	/	I_5	#16	/	I_9	#28
J	J_1	#5	Q	J_5	#17	/	J_9	#29
K	K_1	#6	R	K_5	#18	/	K_9	#30
D	I_2	#7	S	I_6	#19	/	I_{10}	#31
E	J_2	#8	T	J_6	#20	/	J_{10}	#32
F	K_2	#9	U	K_6	#21	/	K_{10}	#33
/	I_3	#10	V	I_7	#22			
H	J_3	#11	W	J_7	#23			
/	K_3	#12	X	K_7	#24			

注：对于第Ⅱ类自变量赋值，上表中的 I、J、K 的下标用于确定自变量赋值的顺序，在实际编程中不写。

任务三

宏程序在数控铣削加工中的应用

一、宏程序在规则曲面加工中的应用

1. 编制椭圆面加工程序

【例 6-1】 某零件上有如图 6-10（a）所示的椭圆凸台轮廓需要加工，请编制该零件上椭圆轮廓的精加工程序。

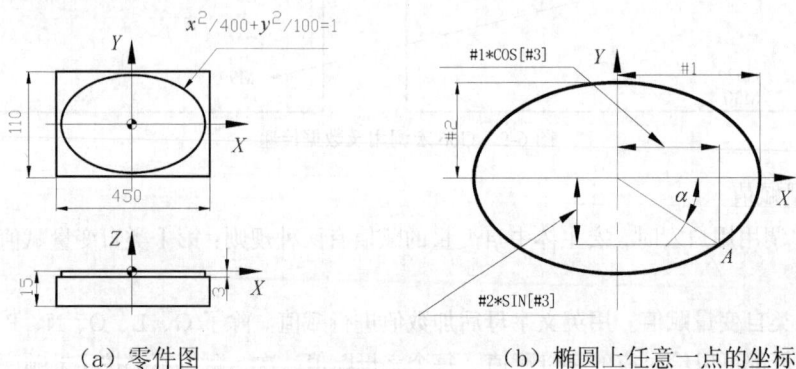

（a）零件图　　　　　　　　　　　（b）椭圆上任意一点的坐标

图 6-10　椭圆轮廓曲面编程

解：

由于一般的数控系统没有专门的椭圆插补功能，手工编制椭圆加工程序只能采用直线或圆弧逼近的办法，其中以直线逼近法更为简单。直线逼近法又可分为等弦长法、等坐标增量（X 或 Y 坐标增量相等）法和等角度增量法。等弦长法计算太复杂，手工编程一般不采用；采用等坐标增量法时，对于同样的 X 坐标值对应的 Y 坐标值不是唯一的（有正负两个值），因而编程相对较复杂一些。这里采用最简便的等角度增量法。

由数学知识可知，椭圆上任意一点 A 的坐标可表示为

$X=a \times \cos\alpha$；$Y=b \times \sin\alpha$

若椭圆的长半轴、短半轴、分别用变量#1、#2 表示，OA 与 X 轴的夹角用#3 表示，立铣刀半径用#4 表示，则在图 6-10（a）和图 6-10（b）所示坐标系下，A 点的坐标可表示为 A（#1*COS[#3]，#2*SIN[#3]）。该零件椭圆轮廓程序编制如下：

```
O0001
#4=5.0;                        定义刀具半径 R 值
#1=20.0;                       定义 a 值
#2=10.0;                       定义 b 值
#3=0;                          定义角α的初值，单位：度
N1 G92 X0 Y0 Z10.0;
```

```
N2 M03 S1000;
N3 G00 X[2*#4+#1]Y[2*#4+#2];
N4 G01 Z-3.0 F100;
N5 G41 X[#1]D01;
N6 WHILE [#3 GE -360] DO1;        当α≥360°时，执行循环体
N7 G01X[#1*COS[#3]]Y[#2*SIN[#3]]; 插补到 A 点
N8 #3=#3-5;                       每次循环α减少 5°
END1;                            直至α<-360 结束循环
G01 G91 Y[-2*#4];                切线方向退刀
G90 G00 Z10.0;                   抬刀
G40 X0 Y0;
M05;
M30;
```

课堂讨论 6-1：

若要加工椭圆内轮廓，请模仿例 6-1 编写宏程序。

---

2. 铣削凹球面

【例 6-2】　在数控铣床上用φ12 球头刀对图 6-11 所示凹球面进行精加工。要求编制参数化程序，以适应不同半径球面的精铣加工。

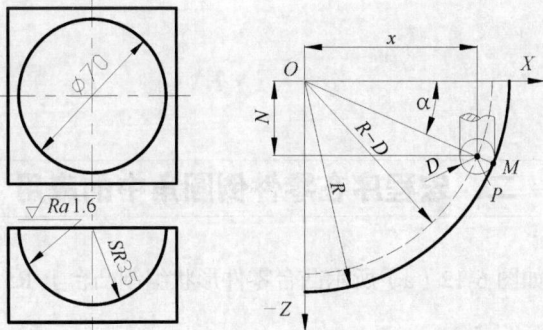

（a）零件图　　（b）XZ 截面及球刀切削分析图

图 6-11　凹球面及其精铣分析图

在球面上的 XZ 截面上任取一点 M。设凹球面半径为 R，球刀半径为 D，点 M 与球心的连线 OM 与水平线的夹角为 α，球刀切削点 M 时刀心 P 的坐标为：

$$x=(R-D)\cos\alpha$$
$$z=(R-D)\sin\alpha$$

在宏程序中，用#18、#7 表示 R、D，用#19 代表球刀分层切削每次循环的角步距 S，用#107 代表 α，则宏程序编制如下：

O0003;　　　　　　　　　主程序名

```
G90 G54 G0 X0 Y0；
Z5.0；
M08；
M03 S900；
G65 P9800 R35.0 D6.0 S5.0；          用 G65 宏指令调用宏 O9800
G0Z5.0 M09；
G91 G28 Z0；
M30；

O9800；                              宏主体
#103=#18- #7；                       计算（R-D）
#104=#19；                           给角度α赋初值，#19 定义为角步距 S
G0 X#103；
G01 Z0 F120；
WHILE [#104 LE 90] DO1；
#110=#103*COS[#104]；                计算 x
#120=#103*SIN[#104]；                计算 z
G1 X#110 Z-[#120]F80；               进刀切削至 M 点
G2 I-[#110]；                        在 XY 平面内切削一个整圆
#104=#104+#18；                      每循环一次角度α增加一个角步距（角步距大小由主程序
中对应字母 S 赋值）
END1；
M99；
```

二、宏程序在零件倒圆角中的应用

【例 6-3】   请根据如图 6-12（a）所示凸台零件形状编制凸台上 R5 倒圆角曲面的加工程序。

解：

零件上倒圆角，传统加工方法一般采用成形刀加工，但针对不同的倒圆角半径需要磨制专门的成形刀。利用宏程序，可用普通球刀代替成形刀倒圆角，在二轴半立式铣床上即可完成加工。

零件上倒圆角 R5 曲面为空间曲面，如果按例 6-2 的方法直接计算刀心坐标来编程是不行的。这里要用到半径补偿功能。其基本编程思路：在 XY 平面，以 40mm×40mm 的正方形（倒圆角 R6）作为编程轨迹，在 XZ 平面，刀具先下刀到倒圆曲面的底部平面（Z 轴高度为 30-5=25mm 的平面），完成一圈 XY 平面内轮廓的加工，然后刀具沿 Z 向提刀一小段距离，利用刀具的半径补偿功能，让刀具实际切削点在此高度上向 R5 圆弧逼近，然后刀具又在 XY 平面内走一圈……依此类推，直到刀具提刀到 1/4 圆弧的最上部，并完成最上部一圈的加工。需要说明的是，球刀在不同高度处切削时，刀心偏置量是不同的，宏程序编制的关键是找到刀心偏置量与某个循环变量之间的关系，这里我们以步距角#2 作为循环变量，见图 6-12（b）。

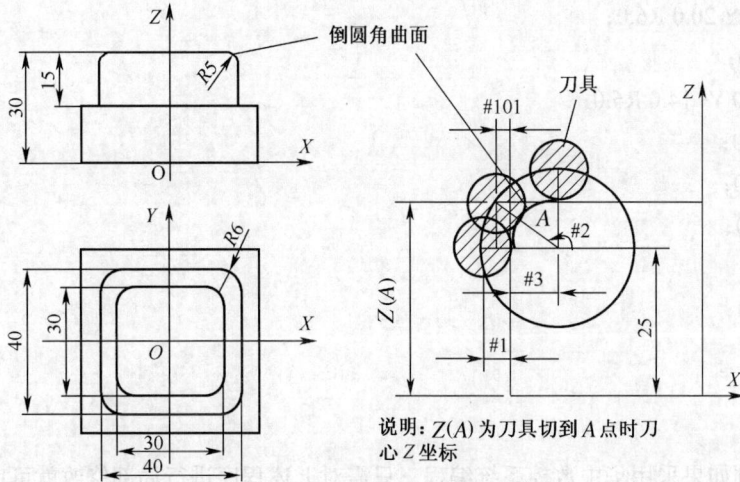

说明：Z(A)为刀具切到A点时刀心Z坐标

（a）零件图　　　　（b）刀具切削任一点A时的Z轴坐标及刀心偏置

图6-12　凸台上倒圆角曲面

为了讨论方便，将倒角圆弧单独画出，如图 6-12（b）所示，设球头刀半径为#1，刀具切削倒圆角曲面时的步距角为#2（与X轴正方向的夹角），倒圆角半径为#3，刀心离XY平面的编程轨迹偏移量为#13001（对应D01），则很容易算得刀具在倒角圆弧上任意一点A时刀心的Z轴坐标为

$$Z（A）=25+[\#3+\#1]*SIN[\#2]$$

刀心离编程轨迹的偏移量为

$$\#13001=ABS[[\#3+\#1]*COS[\#2]]-\#3$$

有了这些数据，编写程序就比较容易了，参考程序如下（这里将宏变量的赋值及运算过程全部写入主程序中，不采用宏调用命令）。

```
O0001
G54 G90 G17 G00 X0 Y0 Z150.0;
Z30.0;
G01 X-30.0 Y-30.0 Z25.0;
M03 S1000;
#3=5.0;                              倒圆半径
#1=4.0;                              球刀半径
#2=180.0;                            步距角的初值，单位：度
WHILE [#2 GT 90] DO1;
G01 Z[25.0+[#3+#1]*SIN[#2]] F100     计算Z轴高度
#13001=ABS[[#3+#1]*COS[#2]]-#3       计算半径偏移量，对刀具偏置量进行更新
G01 G41 X-20.0 D01 F100;
Y14.0;
G02 X-14.0 Y20.0 R6.0;
G01 X14.0;
G02 X20.0 Y14.0 R6.0;
G01 Y-14.0;
```

G02 X14.0 Y-20.0 R6.0；

G01 X-14.0；

G02 X−20.0 Y−14.0 R6.0；

G01 X−30.0；

G40 Y−30.0；

#2=#2-10.0；

END1；

G00 Z150.0；

X0 Y0；

M05；

M30；

注意：此例如果采用华中数控系统编程，只需对上述程序进行局部修改就可以了。华中数控系统中用#101、#102…（分别对应 D101、D102…）作为刀具偏置的系统变量。且华中数控系统三角函数运算中是以弧度计算的。故上例中角度#2 应转换成弧度，或者在定义循环变量#2 的初值和终值时，均以弧度进行定义。

三、宏程序在自动报警中的应用

宏程序不仅能用于规则曲面的编程，而且可用于简化编程、定制固定循环、程序报警、计时、测量、坐标偏置等方面。这些往往要用到系统变量。这里仅介绍在一些企业定型产品制造中广泛采用的宏程序报警。

1. 宏程序的报警

系统变量#3000 可以用于宏程序错误条件的报警，变量#3000 后必须跟一个报警号。必要时，报警号后可跟一条报警信息提示。报警信息必须和报警号在同一个程序段内，并放在圆括号中。报警信息长度允许 26 个字符（含空格）或更长。报警号和报警信息由编程人员自己确定。

例如，例 6-2 所给出的宏程序中，必有 $R > D$，如果赋值时 $R \leq D$，要求给出报警提示"刀具半径太大"。可在上面的程序中加入用于报警的程序段。

O0003；　　　　　　　　　　　主程序名

G90 G54 G0 X0 Y0；

Z5.0；

M08；

M03 S900；

G65 P9800 R35.0 D6.0 S5.0；　　　用 G65 宏指令调用宏 O9800

G0Z5.0 M09；

G91 G28 Z0；

M30；

O9800　　　　　　　　　　　　宏土体

#103=#18-#7；　　　　　　　　计算（R-D）

IF[#103 LE 0]GOTO1001；　　　　如果 R 值小于或等于 D，跳转到 N1001 程序段；如果条

任务四

拓展知识：SINUMERIK 802D sl 系统用户宏程序

件不成立，执行下面的程序段

#104=#19；	给角 α 赋初值，#19 定义为角步距 S
G0 X#103；	
G01 Z0 F120；	
WHILE [#104 LE 90] DO1；	
#110=#103*COS[#104]；	计算 x
#120=#103*SIN[#104]；	计算 z
G1 X#110 Z-[#120]F80；	进刀切削至 M 点
G2 I-[#110]；	在 XY 平面内切削一个整圆
#104=#104+#18；	每循环一次角度 α 增加一个角步距（角步距大小由主程

序中对应字母 S 赋值）

END1；	
GOTO 1002；	无条件跳转到 N1002 程序段
N1001 #3000=118(Tool is too large)；	118 号报警（刀具半径值太大）
N1002 M99；	返回主程序

上述程序中，主程序给出 R35.0、D6.0，当然不会报警，如果要加工的凹球面为半径为 12mm，而指定的刀具半径为 15，则机床会作报警，程序暂时不会执行，等待编程人员对刀具半径重新赋值。

2. 宏程序的复位

当产生宏程序报警时，会给出如下信息：

① 循环启动指示灯灭；

② "ALARM" 字在屏幕上闪烁；

③ 报警号和信息（如果有的话）将出现在屏幕上。

在这种情况下，控制系统已停止了所有操作。为排除报警，可按下 RESET 键。必须消除产生报警的原因，因此要确保所有刀具位置的正确性，然后按下循环启动键，再次运行宏程序，此时报警消失。

注意：华中数控系统宏程序中，自变量赋值字母用 A～Z 分另对应局部变量#0～#25。局部变量、全局变量、系统变量号及其功能与 FANUC 0i 系统有不同的规定。其循环语句的格式为

WHILE【条件表达式】

…

ENDW

华中系统的三角函数用弧度表示，而不是用度数表示。

任务四

拓展知识：SINUMERIK 802D sl 系统用户宏程序

一、R 参数

（1）格式：R0=_ ～R300=_

（2）R 参数的种类

① 传输参数：R0～R49——用于把参数分配给固定循环和程序。

② 局部参数：R50～R99——用于在循环和程序内计算，对于被嵌套的各子程序，可以使用相同的局部参数。

③ 整体参数：R100～R199——用于零件程序和子程序可存取的数据存储器。SINUMERIK 802D sl 系统将 R100～R109 留用，测量系统将 R110～R199 留用。

④ 内部函数用参数。

R200～R219——留作内部分配（循环转换程序）

R220～R239——WS 编译程序

R240～R299——留作内部分配

R300～R499——堆栈指针

⑤ 附加参数：R500～R599——留给用户使用。

⑥ 中央参数：R900～R999——留给用户使用。

二、赋值

（1）算术参数赋值范围为 ±（0.0000001～99999999）。同时，也可根据机床进行具体赋值。整数值的小数点可以省略，正号也可省略。例如，

R1=3.179，R2=-91.3，R3=5，R7=-7。

（2）通过指数符号可以扩展的数值范围来赋值。例如，±（10^{-300}～10^{+300}）。

指数数值书写在 EX 字符的后面；总的字符数最多为 10（含符号和小数点）。EX 的取值范围为-300～+300。

例如，R1=-0.1EX-5 即 R1=-0.000001

R2=1.867EX8 即 R2=186700000

注意：在一个程序段内可以有多个赋值或多个表达式赋值，但必须在一个单独的程序段内赋值。

三、算术运算

（1）运算符号

+——加号

-——减号

*——乘号

/——除号（注意：类型整数/类型整数=类型实数，例如：3/4=0.75）

DIV——除（注意：只对整型变量有效。类型整数/类型整数=类型整数，例如：3DIV4=0）

NOD——模式求余（只对整型有效，产生一个整型余数）

（2）函数符号

与 FANUC 0i 系统和华中数控系统规定的符号相同。

（3）运算符

==等于；<>不等于；>大于；<小于；>=大于或等于；<=小于或等于。

四、程序跳转

1. 程序跳转标记符

标记符或程序段号用于标记程序中所跳转的目标程序段。用跳转功能可以将程序进行分支。

标记符由 2～8 个字母或数字组成。在一个程序段中标记符不可含有其他意义。

如：

N10 MARKE1：G1 X20；   MARKE1 为标记符

TR789：G0 X10 Z20；   TR789 为标记符

N100…；   程序段号也可作为标记符

2. 绝对跳转（无条件跳转）

格式：GOTOF Label；说明：向前跳转（向程序结束的方向跳转）。

GOTOB Label；说明：向后跳转（向程序开始的方向跳转）。

如图 6-13 所示为绝对跳转指令在程序中的用途及程序执行顺序。

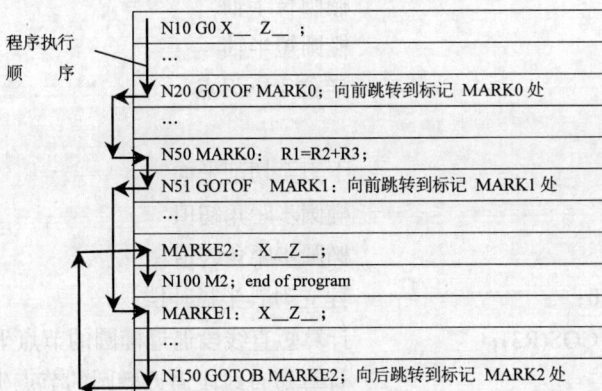

图 6-13 跳转功能示意图

3. 有条件跳转

格式：IF 条件表达式 GOTOF Label；说明：向前跳转。

IF 条件表达式 GOTOB Label；说明：向后跳转。

例如，

N10 IF R1<>0 GOTOF MARKE1；   R1 不等于 0 时，跳转到 MARKE1 程序段

…

N100 IF R1>1 GOTOF MARKE2；   R1 大于 1 时，跳转到 MARKE2 程序段

…

N1000 IF R45==R7+1 GOTOB MARKE3；   R45 等于 R7 加 1 时，跳转到 MARKE3 程序段

五、参数在编程中的赋值方法

1. 在程序中赋值

在程序中用 R 进行赋值，并在程序中进行应用。例如：

R1=30，R2=20。

2. 在公共变量中进行赋值

公共变量赋值步骤如下：

① 使系统处于手动状态；

② 按下 OFFSET PARAM 软键；

③ 按下 R 参数；

④ 在 R 参数中输入数值。

【例 6-4】 利用 SINUMERIK 802D sl 系统宏程序功能编写如图 6-10（a）所示椭圆凸台轮廓精加工程序。

解：

建立如图 6-10（a）所示工件坐标系，参考程序如下：

OVAL.PRO

G54 G0 X0 Y0 Z50；	
R1=20；	椭圆长半轴
R2=10；	椭圆短半轴
G0 X=2*R1 Y=R2；	定位于下刀点
Z5；	
G1Z-3F50；	下刀至切削平面
R3=0；	椭圆步距角初值
R4=-360；	椭圆步距角终值
G41 X=R1 D1 F120；	建立刀具半径补偿
MARKE1:R5=R1*COS(R3)；	计算短直线段逼近椭圆的节点坐标（X 值）。
R6=R2*SIN(R3)；	计算短直线段逼近椭圆的节点坐标（Y 值）。
G1 X=R5 Y=R6；	刀具从当前位置直线插补至求出的节点处
R3=R3-1；	角度计数器递减
IF R3>=R4 GOTOB MARKE1；	如果步距角大于-360°，跳转到标记 MARKE1 处
G1 X=R1 Y0；	椭圆长轴与 x 轴交点处
Y=R2；	切向退刀
G40 X=2*R1；	取消补偿
G0 Z50；	抬刀
X0 Y0；	刀具回到原处
M05；	
M30；	

习 题 六

一、选择题（请将正确答案的序号填写在题中的括号中）

1. 在程序中使用变量,通过对变量进行赋值及处理使程序具有特殊功能,这种程序一般叫(　　)。

A. 宏程序　　　　　　　B. 主程序　　　　　　C. 子程序　　　　　　D. 加工程序

2. 加工曲面时, 一般采用(　　)进行切削。

A. 球头刀　　　　　　　B. 立铣刀　　　　　　C. 面铣刀　　　　　　D. 槽刀

3. 球头刀加工编程时，一般以(　　)为刀位点来编程比较方便。

A. 球头中心　　　　　　　　　　　　　B. 球头最底部

C. 直径最大处　　　　　　　　　　　　D. 刀杆轴线的任意位置

4. 如果空间曲面由不规则的网格面构成时，则只能采用(　　)。

A. 宏程序编程　　　　　　　　　　　　B. 计算机自动编程

C. 手工编程　　　　　　　　　　　　　D. 采用子程序等简化编程手段

5. 船用螺旋桨表面应采用(　　)轴机床加工。

A. 二轴半　　　　　　　　　　　　　　B. 三轴联动

C. 四轴联动　　　　　　　　　　　　　D. 五轴联动

6. 球头铣刀加工空间曲面时，刀头半径不应(　　)曲面的最小曲率半径。

A. 大小　　　　　　　　　　　　　　　B. 小于

C. 等于　　　　　　　　　　　　　　　D. 小于或等于

7. 宏程序的模态调用用(　　)取消。

A. G65　　　　　　　　　　　　　　　B. G66

C. G67　　　　　　　　　　　　　　　D. G00

8. 如果#10 变量中保存的数值为 20.0，#20 变量中保存的数值为 10.0，则执行完 G90G01Z[#20-#10]F120 后，Z 坐标为(　　)。

A. 10.0　　　　　　　　B. −10.0　　　　　　　C. 20.0　　　　　　　D. −20.0

9. 采用球刀铣削曲面，减小残留高度有效的方法是(　　)。

A. 减小球头半径，加大行距　　　　　　B. 减小球头半径，减小行距

C. 加大球头半径，加大行距　　　　　　D. 加大球头半径，减小行距

10. 如果#10 变量中保存的数值为 20.0，#20 变量中保存的数值为 10.0，执行下面程序：

N100 IF [#20EQ#10] GOTO 200;

N110 G01 X35.0 F 120;

…

N200 Y15.0;

N210 X20.0;

则在执行完 N100 程序段后，下一行被执行的程序段是(　　)。

A. N100　　　　　　　　B. N110　　　　　　　C. N200　　　　　　　D. N210

二、判断题（正确的在括号中打√，错误的在括号中打×）

1. 对于形状相对简单的规则曲面，可以手工编制数控加工程序。 （　　）
2. 对于曲面的加工，只能使用球头刀。 （　　）
3. 空间曲面的加工，行距对其残留高度影响很大，而层距没有影响。 （　　）
4. 宏程序只能用于零件加工，而不能用于测量。 （　　）
5. 二轴半坐标联动是指：X、Y、Z 三轴中任意二轴作联动插补，第三轴做单独的周期进刀。 （　　）
6. 相同变量号在主程序和子程序中是同一个变量。子程序中的取值会影响到主程序中该变量号的取值。 （　　）
7. 系统变量已被规定了具体功能，用户不能更改其用途。 （　　）
8. 宏程序与一般数控程序都是按程序段的先后顺序执行的。 （　　）
9. 宏程序与一般数控程序都是按程序段号的大小，按升序执行的。 （　　）
10. FANUC 0i 数控系统中#0 和数值 0 的含义是一样的。 （　　）

三、问答题

1. 简述 U 向行切、W 向行切、环切 3 种加工空间曲面方式的特点。
2. 简述采用三轴二联动数控铣床加工立体曲面轮廓的原理。
3. 简述宏程序有哪些用途。

四、综合题

1. 用 100mm × 100mm × 70mm 方料铣削如图 6-14 所示工件，确定加工工艺过程。建立用球刀精铣图 6-14 所示凸球面刀具轨迹数学模型，并编写精加工程序。材料为 45 调质钢。

2. 编制如图 6-15 所示零件上的轮廓、腔、倒圆角程序。毛坯为 150 mm × 120 mm × 35 mm 六方体，上下表面已完成加工。

3. 请编制图 6-16 所示零件的数控加工程序，材料为硬铝，毛坯为已完成加工的六面体。

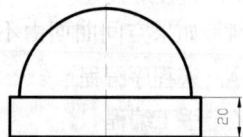

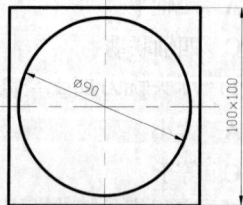

图 6-14　凸球面零件图

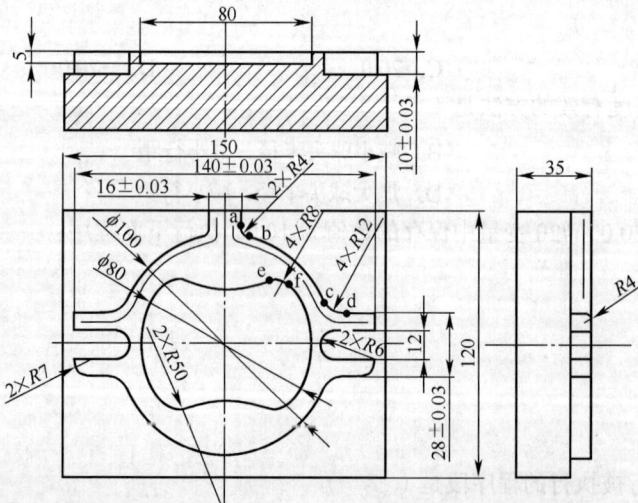

	X	Y
a	8.0	52.65
b	11.111	48.75
c	45.391	20.968
d	56.285	14.0
e	19.506	29.994
f	28.284	28.284

以上各点坐标的原点为工件的对称中心

技术要求：
毛坯尺寸：150×120×35，外形不要加工
未注公差的尺寸，允许误差±0.07
曲面表面加工残留高度≤0.1mm

图 6-15　题 2 图

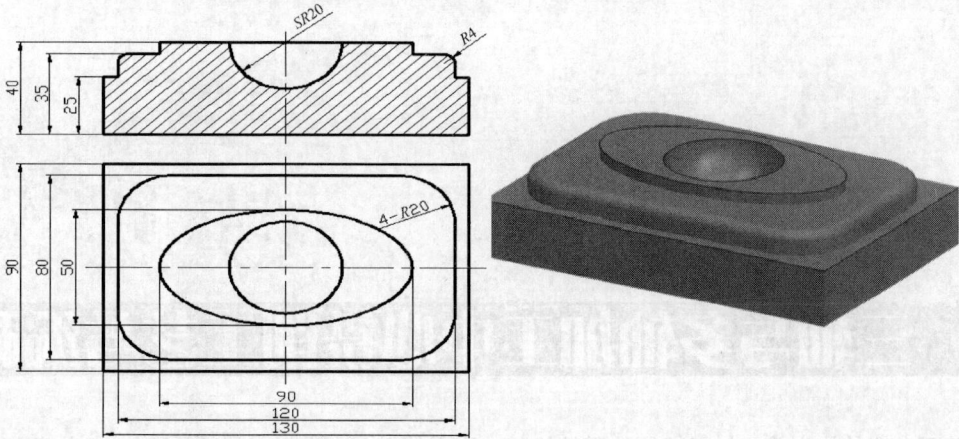

图 6-16　题 3 图

4. 请编制图 6-17 所示零件的数控加工程序，材料为硬铝，毛坯为已完成加工的六面体。

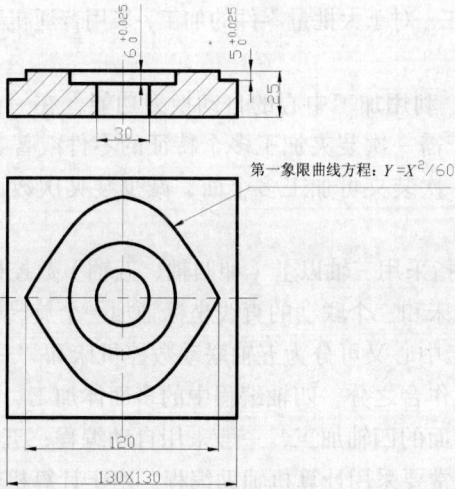

第一象限曲线方程：$Y = X^2 / 60$

图 6-17　题 4 图

三轴与多轴加工中心铣削工艺与编程

　　前面介绍的均为单一加工特征的零件加工。当零件上有多个加工特征需要加工时，可以基于工序分散原则分机台加工，也可基于工序集中原则采用加工中心加工。当零件需要一次装夹加工多个面时，还要用到多轴机床加工。

　　① 分机台加工。一个工件分散在几台机床上加工。一个机台只加工一种或少数几个加工特征，适用于大批量零件的加工。对于大批量零件的加工，采用普通机床分机台加工往往比较经济、快捷。

　　② 在加工中心上加工。利用加工中心的自动换刀功能，在一台机床上的一次装夹中尽量加工多个加工特征。适用于需一次装夹加工多个特征的零件或普通机床不便加工的零件。特别是在多轴加工中心上，一次装夹可加工多个面，减少装夹次数，从而也减少了人为误差的影响。

　　所谓多轴加工，一般是指采用三轴以上（如四轴、五轴）数控机床加工。四轴数控机床/加工中心又可分为四轴联动机床和三个联动的直线坐标轴加一个旋转轴的机床（3+1 数控机床）。同样地，五轴数控机床/加工中心又可分为五轴联动数控机床和"3+2"五轴机床。其中，旋转轴又有主轴头摆动和旋转工作台之分。四轴编程中的多面体加工，程序相对简单，可以采用手工编程，而像飞机大梁扭曲面的四轴加工，一般采用自动编程；五轴加工通常需要多个轴的联动，手工编程无法实现，通常要采用计算机辅助编程。由于计算机辅助编程属于 CAD/CAM 课程内容，故本书只对四轴编程加工多面体进行介绍，其他需要自动编程的内容，留待后续课程继续学习。

任务一 在三轴加工中心加工

　　如图 7-1 所示零件，其中要加工的部位有表面、孔、槽、凸台轮廓、圆角等。完成工件的加工要用到多把刀具，如面铣刀、立铣刀、键槽刀、钻头、镗刀、球刀或成形刀（倒圆角）等。如果在数控铣床上加工，需要手动更换刀具，这对于批量零件的加工是不方便的，这样的零件特别适合在加工中心上加工。利用加工中心的自动换刀功能可以免去人工换刀的麻烦，大大提高加工精度和生产效率。

　　这里我们先学习自动回参考点指令及加工中心换刀指令。

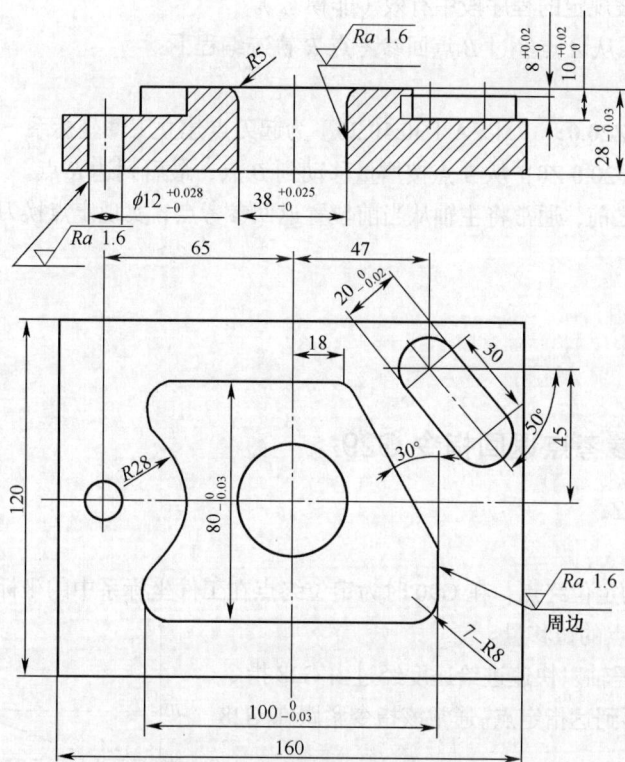

图 7-1　有多个加工特征的零件

一、回参考点控制指令 G28/G29

（一）自动返回参考点指令 G28

格式：G28 X_Y_Z；

说明：

X、Y、Z：回参考点时经过的中间点（不是机床参考点），在 G90 时为中间点在工件坐标系中的坐标；在 G91 时为中间点相对于起点的位移量。

G28 指令先使所有的编程轴都快速定位到中间点，然后再从中间点到达参考点，如图 7-2 所示。

G28 指令一般用于刀具自动更换或者消除机械误差。在执行该指令之前应取消刀具半径补偿和刀具长度补偿。在 G28 的程序段中不仅产生坐标轴移动指令，而且记忆了中间点坐标值，以供 G29 使用。

系统电源接通后，在没有手动返回参考点的状态下，执行 G28 指令时，刀具从当前点经中间点自动返回参考点，与手动返回参考点的结果相同。这时从

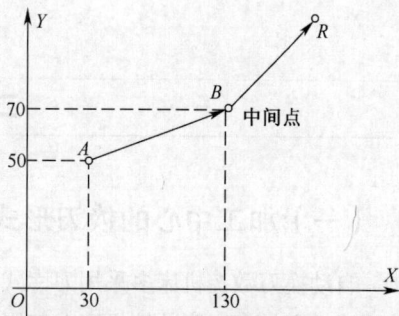

图 7-2　G28 编程

中间点到参考点的方向就是机床参数"回参考点方向"设定的方向。

G28 指令仅在其被规定的程序段中有效（非模态）。

例如，图 7-2 中，从 A 点经过 B 点回参考点 R 轨迹编程下：

O1101

G92 X30.0 Y50.0 Z20.0;　　以 A（30,50,20）为起刀点建立工件坐标系

G91 G28 X100.0 Y20.0 Z0;从 A 点按增量移动到 B 点，最后到达 R 点。

在加工中心换刀之前，通常将主轴从当前位置返回参考点，实现定点换刀，此时可用 G28 指令。其程序如下：

G91 G28 Z0;

G28 X0 Y0;

……;

（二）自动从参考点返回指令 G29

格式：G29 X_Y_Z;

说明：

X、Y、Z：返回的定位终点，在 G90 时为定位终点在工件坐标系中的坐标；在 G91 时为定位终点相对于 G28 中间点的位移量。

G29 可使所有编程轴以快速进给速度经过由 G28 指令定义的中间点，然后再到达指定点。通常该指令紧跟在 G28 指令之后。

G29 指令仅在其被规定的程序段中有效。

例如，用 G28、G29 对图 7-3 所示的路径编程：要求由 A 点经过中间点 B 并返回参考点，然后从参考点经由中间点 B 返回到 C 点。

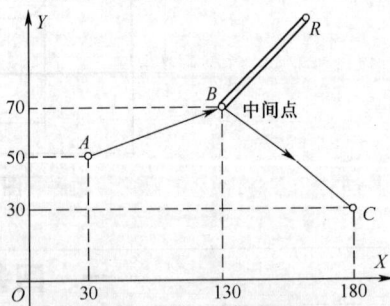

图 7-3　G28、G29 编程

编程如下：

…

G92 X30.0 Y50.0 Z20.0;　　以 A（30,50,20）为起刀点建立工件坐标系

G91 G28 X100.0 Y20.0 Z0;　　从 A 点按增量移动到 B 点，最后到达 R 点

G29 X50.0 Y_40.0;　　从参考点经过 B 点，到达 C 点

…

二、加工中心的换刀

（一）加工中心的换刀形式

自动换刀数控机床多采用刀库式自动换刀装置。带刀库的自动换刀系统由刀库和刀具交换机构组成，它是多工序数控机床上应用最广泛的换刀方法。

换刀过程较为复杂，首先把加工过程中需要使用的全部刀具分别安装在标准的刀柄上，在机外进行尺寸预调之后，按一定的方式放入刀库。换刀时，先在刀库中进行选刀，并由刀具交换

装置从刀库和主轴上取出刀具。在进行刀具交换之后，把旧刀具放回刀库，将新刀具装入主轴。存放刀具的刀库具有较大的容量，它既可安装在主轴箱的侧面或上方，也可作为单独部件安装到机床以外。

刀库用于存放刀具，它是自动换刀装置中的主要部件之一。根据刀库存放刀具的数目和取刀方式，刀库可设计成直线刀库、圆盘刀库、链式刀库、格子箱式刀库等多种形式。

数控机床的自动换刀装置中，实现刀库与机床主轴之间传递和装卸刀具的装置称为刀具交换装置。包括：无机械手换刀和机械手换刀两种形式。无机械手换刀必须首先将用过的刀具送回刀库，然后再从刀库中取出新刀具。这两个动作不可能同时进行，因此换刀时间长。机械手换刀采用机械手进行刀具交换，应用得最为广泛。机械手换刀有很大的灵活性，而且可以减少换刀时间。

（二）加工中心的主轴准停

主轴准停也叫主轴定向。在加工中心等数控机床上，由于有机械手自动换刀，要求刀柄上的键槽对准主轴的端面键上，因此主轴每次必须准确停在一个固定的位置上，以利于机械手换刀。

主轴准停装置有机械式和电气式两种。图 7-4（a）所示为典型的机械式准停装置原理图，它由带有 V 形槽的粗、精定位盘、定位液压缸、定向活塞、无触点开关（接近开关）等组成，装在主轴尾部。其中，粗定位盘用螺钉紧固在精定位盘上，带有 V 形槽的精定位盘与主轴保持一定的关系，以实现主轴圆周位置的准停。准停前，若主轴处于运行状态，当 CNC 发出准停指令后，主轴迅速降速至该机床设定的定向准停的低速度旋转（一般设定在 60~300r/min）；若主轴静止时，当 CNC 发出准停指令后，主轴迅速升速到设定的定向准停的最低速度旋转，当检测到无触点开关的有效信号后，主轴电动机立即停止并断开主传动链（此时主轴由于惯性会继续运转），同时准停液压缸右腔进油，定向活塞带动定位销伸出并压向精定位盘面，定位销端部滚子在精定位盘面上滚动，当其正对定位盘 V 形槽时，定位销在油缸的压力下插入 V 形槽，卡住槽轮，完成准停精定位。最终准停到位信号 LS_2 有效，准停动作完成。机械准停装置只能进行单角度准停，在早期的数控机床上使用较多。

图 7-4（b）~图 7-4（d）所示为电气式准停装置原理图，是现代数控机床使用较多的几种准停方式，读者可参考有关数控机床及数控原理方面的文献进一步学习。

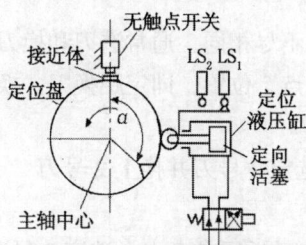

(a) 机械式准停装置原理图

图 7-4　主轴准停装置原理图

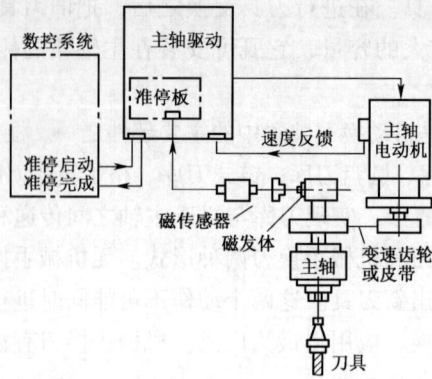

（b）磁传感器主轴准停装置原理图

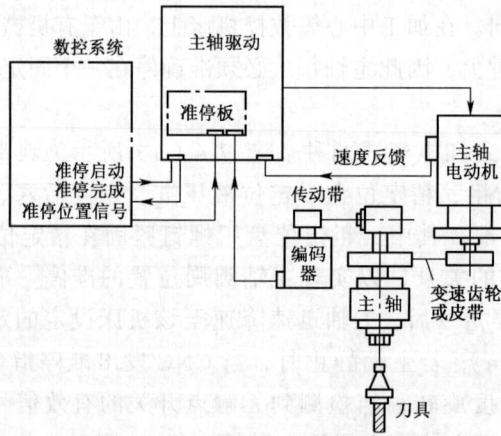

（c）编码器型主轴准停装置原理图

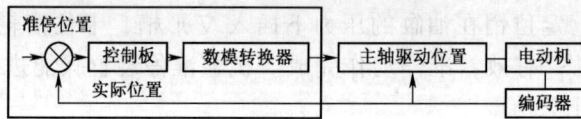

（d）数控系统控制主轴准停装置原理图

图 7-4　主轴准停装置原理图（续）

（三）加工中心换刀指令

不同的数控系统，其换刀程序不尽相同，通常选刀和换刀分开进行。

多数加工中心都规定了"换刀点"位置，即定距换刀。换刀程序可采用如下方式设计：

方法 1：

N5 M06 T02　　　　　　　　选定 2 号刀并换上 2 号刀

方法 2：

N10 G91 G28 Z0 T02　　　　自动返回参考点，选定 2 号刀

N20 G28 X0 Y0；

N30　M06；　　　　　　　　换上选定的刀具

方法 3：

N100 G01 Z30 T02　　　　　直线插补到 Z30，选定 2 号刀

……………

N200 G91 G28 Z0 M06　　　　自动返回参考点，换上选定的刀具

N210　G28 X0 Y0；

N220 G90 G01 Z30 T05　　　直线插补到 Z30，选定下次要用的 5 号刀

……………

其中方法 1 和方法 2 均为选定刀具后紧接着换刀。而方法 3 是选定刀具后，可执行其他的程序，等需要时再换上。如 N200 程序段换上 N100 程序段选出的 T02 号刀具，在换刀后，紧接着选出下次要用的 T05 号刀具。在 N100 程序段和 N220 程序段执行选刀时，不占用机动时间，所以方法 3 较好。

需要说明的是，有的系统也可用 T 指令直接选刀和换刀，如 SIEMENS 802D 系统可通过系统参数设置选择到底是用 T 指令直接选刀和换刀，还是用 T 指令选刀，用 M06 换刀。

例如，在加工中心上加工图 7-1 所示零件时，可采用如下编程方式。

零件加工要用到 7 把刀具：T01—ϕ80 面铣刀；T02—ϕ16 立铣刀；T03—ϕ11.8 钻头；T04—ϕ12 铰刀；T05—ϕ35 钻头；T06—ϕ38 镗刀；T07—成形刀（或球刀，倒 R5 圆角用）。设加工前 1 号刀已装入主轴。

O1234；

G54 G90 G17；

M03 S400 T02；选定 2 号刀

……

<用 1 号刀铣上表面，去除凸台周边轮廓大部分余量>

……

M05；

G91 G28 Z0；

G28 X0 Y0；

M06；换 2 号刀立铣刀

G01 X_Y_T03；选定 3 号刀

……

<用 2 号刀粗、精铣凸台周边轮廓及斜槽>

……

M05；

G91 G28 Z0；

G28 X0 Y0；

M06；换 3 号刀

……

<钻ϕ12 预孔>

……

其他程序段略。

三、三轴加工中心数控加工实例

加工中心上一次装夹可以进行多工序加工，最理想的情形是一次装夹完成全部工序，但有时往往不能如愿，这就要综合权衡。我们前面讲的装夹方式都是在通用夹具上进行装夹（这样的零件形状也是最适合在数控机床/加工中心上加工的）。但并不是说在数控机床上就不需要用专用夹具。有时受零件加工特征的限制，不得不制作专门的工装来完成加工。本节我们就是要通过一个实例说明如何根据零件加工特征制作简单工装，以完成零件上多个加工特征的加工。

【例 7-1】 图 7-5 所示零件，毛坯为 $\phi90 \times 15$ 的棒料，工件材料为 45#钢，批量生产，要求制订工艺方案并编写加工程序。

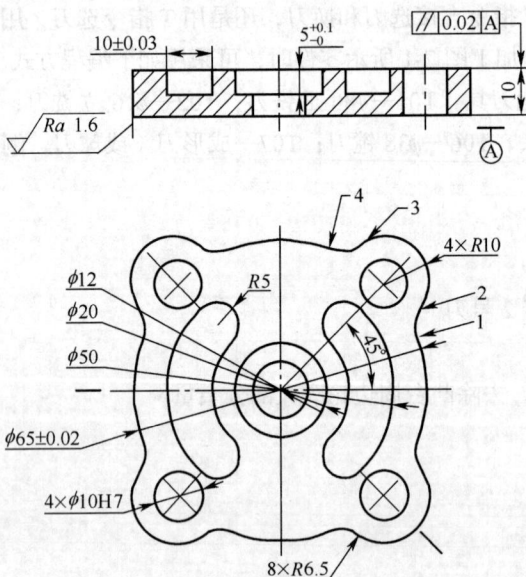

图 7-5 零件加工图

参考点坐标 1（30.156,12.118），2（30.747,18.099），3（16.478,31.654），4（10.536,30.745）。

解：

1. 零件工艺分析

（1）工艺路线确定

该工件为二维加工，加工内容较多，其中的圆弧加工特征需要在数控机床上加工（这里采用加工中心加工可有效提高加工效率）。

通过读图发现工件的毛坯形状不规则，一次装夹无法完成，毛坯呈圆盘状，工件底面为定位基准，上下面有平行度要求，为保证加工精度和效率，采用三爪卡盘和工艺辅助板（一面两销进行定位）的组合装夹方式。

根据上述分析，可制订 3 个工艺方案。

工艺方案 1：普通铣床加工工艺辅助板—普通铣床加工零件上、下表面 普通铣床上加工孔系——数控机床/加工中心上加工轮廓及槽。

工艺方案 2：普通铣床加工工艺辅助板—余下工序全部在数控铣床/加工中心上加工。

工艺方案3：工序全部采用加工中心加工。

方案选择：该工件的形状虽不太复杂，但加工要素较多，包括平面、孔、槽、轮廓的加工，适合在加工中心上加工。为保证零件加工精度，工艺辅助板的加工精度和安装精度也要保证，故本例将工艺辅助板的加工也放在加工中心上完成。为此选择工艺方案3。程序零点设定在工件上表面中心，如图7-6所示。

（2）加工工序

工序1：用ϕ100面铣刀加工上表面，如图7-7所示。

工序2：用ϕ100面铣刀加工下表面。

工序3：加工中心孔ϕ12。

工序4：加工工件中心沉孔ϕ20，如图7-8所示。

工序5：加工四个ϕ10孔，其中两个用于圆锥销定位（工序2～工序5可在加工中心上一次装夹完成4个工序加工），如图7-9所示。

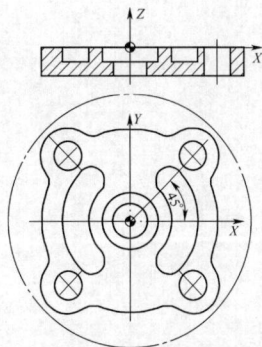

图7-6 设定程序零点

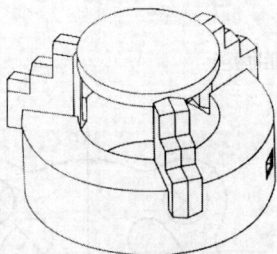

图7-7 上下表面加工

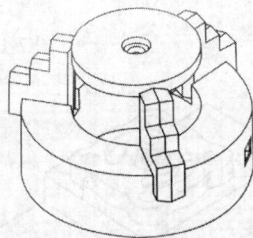

图7-8 ϕ12孔及ϕ20沉孔加工

工序6：加工工艺辅助板（$100 \times 100 \times 40$），保证平面度，中心M12螺纹孔用于装夹工件，其余两个定位销孔需要铰削，而后用于定位，如图7-10、图7-11所示。

工序7：以工艺辅助板装夹定位，加工工件外轮廓及两个腰圆槽，如图7-12所示，外轮廓进退刀路线如图7-13所示。外轮廓及两个腰圆槽的加工可一次装夹完成。

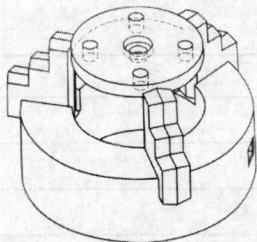

图7-9 加工ϕ10孔

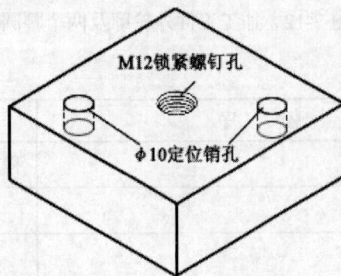

图7-10 工艺辅助板

2. 零件的程序编制

现以外轮廓和腰圆槽加工程序为例编制加工程序（见表7-1）。

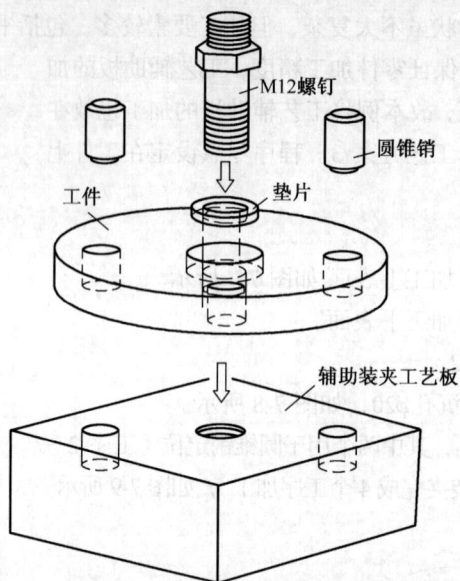

图 7-11　把工件装到工艺辅助板上

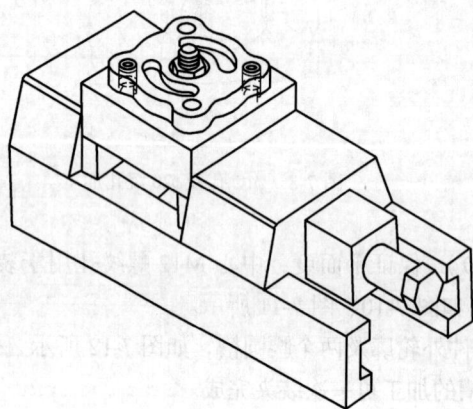

图 7-12　加工工件外轮廓及两个腰圆槽

图 7-13　外轮廓退刀路线

表 7-1　　　　　　　　　　　　　　参考程序单

程　　　序	注　　　释
O3004	程序号
G91 G28 Z0；	
G28 X0 Y0；	
T07 M6；	换 7 号刀，ϕ12 高速钢立铣刀
G90 G54 G00 X0 Y0 Z150.0；	
G00 G43 Z100.0 H07；	长度补偿
M3 S800；	主轴启动
M08；	冷却液开

续表

程　序	注　释
G0 Z10.0；	初始高度
Y-57.5；	刀具运动到下刀点
G1 Z-10.0 F60；	下刀到指定深度
G1 G41 X20.0 D07 F100；	建立刀具半径补偿 D07=6
G3 X0 Y-37.5 R20.0；	圆弧切入工件外轮廓
G2 X-10.536 Y-30.747 R37.5；	轮廓加工
G3 X-16.478 Y-31.654 R6.5；	轮廓点位
G2 X-30.747 Y-18.099 R10.0；	轮廓点位
G3 X-30.156 Y-12.118 R6.5；	轮廓点位
G2 X-30.156 Y12.118 R37.5；	轮廓点位
G3 X-30.747 Y18.099 R6.5；	轮廓点位
G2 X-16.478 Y31.654 R10.0；	轮廓点位
G3 X-10.536 Y30.745 R6.5；	轮廓点位
G2 X10.536 Y30.745 R37.5；	轮廓点位
G3 X16.478 Y31.654 R6.5；	轮廓点位
G2 X30.747 Y18.099 R10.0；	轮廓点位
G3 X30.156 Y12.118 R6.5；	轮廓点位
G2 X30.156 Y-12.118 R37.5；	轮廓点位
G3 X30.747 Y-18.099 R6.5；	轮廓点位
G2 X16.478 Y-31.654 R10.0；	轮廓点位
G3 X10.536 Y-30.745 R6.5；	轮廓点位
G2 X0 Y-37.5 R37.5；	轮廓点位
G3 X-20.0 Y-57.5 R20.0；	圆弧切除工件轮廓
G1 G40 X0 Y-57.5；	取消刀具半径补偿
M9；	冷却液关闭
G1 Z10.0 F500；	抬刀
M5；	主轴停止
G49 G0 Z150.0；	取消长度补偿
X0 Y0；	回到起始点
M00；	
G91 G28 Z0；	
G28 X0 Y0；	
M06 T06；	换 6 号刀（φ8 键槽刀）
M03 S1200；	
M08；	
G90 G68 X0 Y0 R-45.0；	坐标旋转-45°
M98 P2000；	调用子程序，加工右边一个腰圆槽及其内轮廓

续表

程 序	注 释
G68 X0 Y0 R135.0;	坐标旋转 135°
M98 P2000;	调用子程序，加工左边一个腰圆槽及其内轮廓
G69;	取消坐标旋转功能
G91 G28 Z0;	Z 轴返回参考点
G28 X0 Y0;	X 轴、Y 轴返回参考点
M05;	
M09;	
M30;	程序结束
O2000;	腰圆槽加工子程序
G90 X20.0 Y0;	刀具定位
Z2.0;	下刀
G01 Z0 F50;	
G03 X0 Y20.0 R20.0 Z-2.5 F120;	螺旋切削
G02 X20.0 Y0 Z-5.0 R20.0;	
G03 X0 Y20.0 R20.0;	铣平槽底
G01 G41 X5.0 Y25.0 D01;	建刀补
G03 X0 Y15.0 R-5.0;	切内轮廓
G02 X15.0 Y0 R15.0;	
G03 X25.0 R5.0;	
G03 X0 Y25.0 R25.0;	
G91 X-4.5 Y-4.5 J-4.5;	
G90 G41 G01 Y20.0;	
G91 Z7.0;	抬刀
M99;	

提示：加工准备表见表 7-2。

表 7-2　　　　　　　　　　加工准备表

序　号	名　称	备　注
1	立式加工中心	配 FANUC 0i 数控系统
2	精密虎钳	
3	三爪卡盘	车床用三爪卡盘可替代
4	压板	2 套（安装三爪卡盘用）
5	ϕ100 面铣刀	硬质合金刀片
6	ϕ8 键槽刀	高速钢
7	ϕ12 立铣刀	高速钢
8	中心钻 ϕ2.5	含钻夹头

续表

序　号	名　称	备　注
9	直柄麻花钻 $\phi9.6$	含钻夹头
10	直柄麻花钻 $\phi11.8$	含钻夹头
11	$\phi20$ 锪刀	高速钢
12	铰刀 $\phi10$	含钻夹头
13	M12 丝锥	高速钢
14	M12 螺栓、螺母（垫片）	
15	内径千分尺	
16	游标卡尺	
17	材料 HT100	工艺辅助板用
18	工件毛坯	$\phi90 \times 12$ 棒料，45#钢

任务二　在四轴立式加工中心上加工

一、多轴编程概述

四轴加工编程属于多轴编程。四轴加工中心通常带有 NC 分度工作台或旋转工作台。其中分度工作台可用于旋转安装在它上面的工作，以实现多面加工。但它一般不能和其他坐标轴（X 轴、Y 轴、Z 轴）联动，只能支持定位运动。旋转工作台也可旋转安装在它上面的工件，但它一般可实现与其他轴（X 轴、Y 轴、Z 轴）的联动，支持轮廓加工。NC 分度工作台或旋转工作台如果可绕 X 轴做旋转运动，则命名为 A 轴；绕 Y 轴做旋转运动，则命名为 B 轴；绕 Z 轴做旋转运动，则命名为 C 轴。前面介绍过，A 轴、B 轴、C 轴的方向按右手螺旋定则判断。

这里以 NC 分度工作台为例进行说明。

分度工作台用于分度，它以工作所需的度数进行编程，例如，配备 A 轴的分度工作台顺时针转到 45° 位置进行加工，其程序为

G90 G00 A45.0;

程序中 A 轴的方向好像与右手螺旋定则的规定有矛盾，其实不然。因为在数控编程中，总是假定工件是静止的，而刀具是运动的。分度工作台顺时针旋转，相当于刀具做逆时针旋转，再用右手螺旋定则判断，可知上例应为 A45.0，而不是 A-45.0。

分度工作台的分度精度取决于机床设计。常见的最小增量单位为 1° 甚至 5°，也有 0.1°、0.01°、0.001° 的情形。分度运动可沿两个方向进行。分度可以使用绝对编程方式，也可使用增量编程方式，分别用 G90、G91 指定。

注意：有的机床生产厂家为了保持刚性安装，在切削过程中将分度工作台工作台夹紧在机床主体上，分度时，工作台松开。为此准备了两个辅助功能：

工作台夹紧：M78

工作台松开：M79

并不是所有机床生产厂家均采用同样的 M 代码表示工作台的夹紧与松开。不同的厂家有不同的规定。

通常在分度前写松开功能，后面紧跟轴的分度运动，然后在接下来的程序段中写夹紧功能。

如：

M79；

G00 A90.0；

M78；

…

例如，要为带有夹紧与松开功能的 B 轴上的两个位置（如图 7-14 所示）进行编程，编程格式如下所示。

O4601；

G90 G54 G00 X_Y_Z_；

M79；

B0；

M78；

…

<在 B0 位置钻孔>

…

G90 G55 G00 X_Y_Z_；

M79；

B-90.0；

M78；

…

<在 B-90.0 位置钻孔>

…

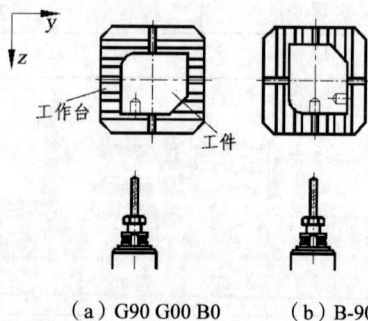

（a）G90 G00 B0　　（b）B-90.0

图 7-14　B 轴方向在绝对模式下从 B0～B-90.0

在多轴加工中心上编程时，当从一个加工表面换到另一个表面时，切记要更改工件坐标系（如果有多个工件坐标系的话）。例如，要加工 4 个不同方向的平面，则每个平面的加工均要设置工件坐标系，如 G54、G55、G56、G57 等。

多轴加工中，要特别注意在每个方向均要进行准确对刀。

二、多面体的数控编程与加工

【例 7-2】　根据以下多面体零件图（见图 7-15）和毛坯图（见图 7-16）的要求，运用带 A 轴的数控立式加工中心，制订合理的加工工艺，完成多面体零件加工。

解：

1. 工艺分析与加工准备

（1）如图 7-15 所示的零件毛坯料是一块 300×140×60 的方料，整块料没有进行粗加工，编写程序时需考虑粗加工部分程序。该零件加工部位由肋板、槽及孔组成，其几何形状属于多面体图形，零件外形轮廓为方形。对于肋板上槽加工时，入刀点可选择圆弧槽的圆心点，但需要计算该点坐标，在编制程序时其他节点坐标可省略计算，只需采用坐标系旋转指令进行加工，即 G68 指令即可。

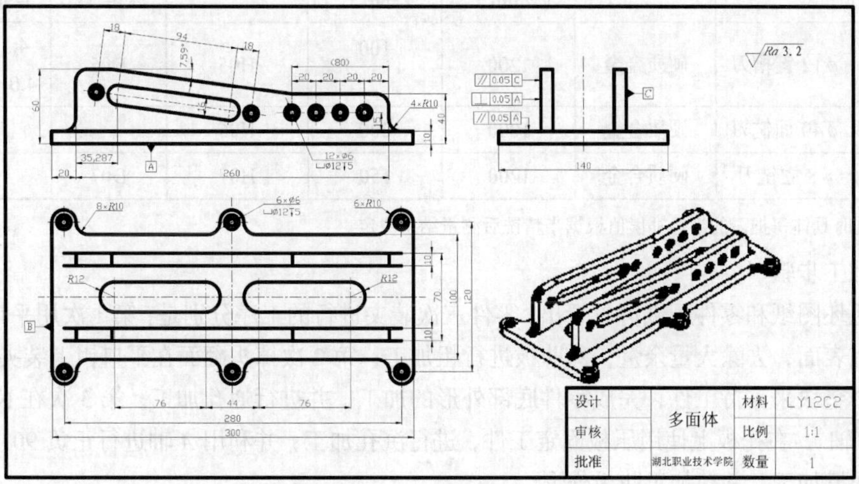

图 7-15　多面体零件图

（2）根据零件图 7-16 和毛坯图 7-15 分析，已给出的毛坯图尺寸刚好符合零件图加工极限尺寸，则不去考虑基准面的铣削，直接进行零件加工。该三面体零件属四轴加工范围，至少需要 3 次装夹。第 1 次装夹完成零件上表面外形加工和底座圆弧槽的加工，第 2 次装夹完成零件背面底座的加工，包括底座上 6 个 ϕ12 沉孔的加工、肋板上 12 个 ϕ6 通孔的加工和 ϕ12 沉孔的加工、肋板上圆弧槽的加工以及肋板外形的精加工。

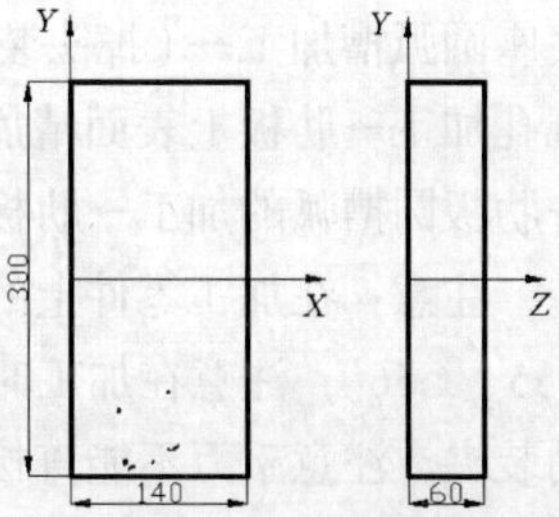

图 7-16　毛坯图

（3）根据以上分析，选择如下刀具。

① ϕ20 立铣刀 1 支，作用：粗、精铣削加工基准面、底座、肋板斜面及侧面。

② ϕ16 立铣刀 1 支，作用：粗、精铣削底座上两个圆弧槽。

③ ϕ2 中心钻 1 支，作用：钻底座及肋板上 18 个 ϕ6 通孔的引正孔，保护锥面。

④ ϕ6 麻花钻 1 支，作用：钻底座及肋板上 18 个 ϕ6 通孔。

⑤ ϕ12 键槽铣刀 1 支，作用：粗、精铣底座和肋板上 18 个 ϕ12 沉孔及肋板上圆弧槽。

⑥ ϕ40 面铣刀 1 支，作用：去除两肋板间及外侧切削余量。

⑦ ϕ8 立铣刀 1 支，作用：粗、精铣削肋板外形轮廓。

（4）确定切削参数（见表 7-3）

表 7-3　　　　　　　　　　　　　　刀具加工参数选择

刀具号	名　称	材　质	转速（r/min）	进给量（mm）	刀长补偿号	刀具半径补偿号	刀具半径补偿值（mm）
T01	ϕ20 立铣刀	硬质合金	800	100 150	H01	D01	11（粗铣） 10.5（半精铣）
T02	ϕ16 立铣刀	硬质合金	1000	100 150	H02	D02	9（粗铣） 8.5（半精铣）
T03	ϕ2 中心钻		1200	60	H03		
T04	ϕ6 钻头		1000	60	H04		

续表

刀具号	名　称	材　　质	转速 （r/min）	进给量 （mm）	刀长补偿号	刀具半径 补偿号	刀具半径补 偿值（mm）
T05	ϕ12 键槽刀	硬质合金	1200	100	H05	D05	4.5（粗铣） 4.0（半粗铣）
T06	ϕ40 面铣刀	硬质合金	1000	200	H06		
T07	ϕ8 立铣刀	硬质合金	1200	150	H07	D07	4

注：精铣时具体每把刀的半径补偿值根据半精铣后测量结果决定。

（5）加工步骤

根据毛坯图纸和零件图纸可以看出，零件三次装夹进行的工序分别是：第 1 次用平口钳装夹，加工零件上表面，去除大量余量，对肋板进行粗加工；第 2 次掉头翻面在平口钳上装夹，在虎钳中插入一个垫块来支持工件，完成零件底部外形的加工，并进行通孔加工；第 3 次在 NC 分度头上装夹（A 轴），在托板上使用压板固定工件，进行沉孔加工；并利用 A 轴进行正负 90°旋转加工肋板上的孔槽加工，并精加工肋板外形。

加工工步顺序：铣肋板上表面外形→除肋板外侧余量→去除肋板间余量→精加工肋板侧面→底座圆弧槽加工→（掉头装夹）底座 6 个ϕ6 通孔加工→底座外形加工→（掉头装夹）底座 6 个ϕ12 沉孔加工→肋板上表面精加工→A 轴逆时针旋转 90°，肋板 6 个ϕ6 通孔加工→6 个ϕ12 沉孔加工→肋板圆槽弧的加工→肋板上表面精加工。

注意：在加工零件上的 3 个不同方向的面时，3 次装夹需要设 3 个不同的工件坐标系（G54、G55、G56），注意在加工时对刀。并且在第 2 次装夹加工底面外形和钻孔时，需要有胎具进行辅助装夹，注意千万不能直接夹在肋板上，会产生挤压变形，且加工时会发生危险。

2．程序编制

本例需 3 次装夹，第 1 次装夹加工上表面和第 2 次装夹铣底面的编程方法与前面讲的内容相同，仅做提示后留给读者自行完成。第 3 次装夹后加工侧面时，需要旋转 A 轴，属多轴加工范围，本例重点给出侧面加工程序。

（1）上表面加工

提示：工作坐标系设在 G54，原点设在毛坯料的上表面中心。要求去除肋板外形斜面的余量，并单边留有 2mm 的轮廓加工余量；去除肋板外部切削余量，采用分层铣削；去除肋板间余量，并完成肋板侧面外形半精加工、精加工；完成底座两圆弧槽的加工。

上表面加工程序与三轴编程方法完全一样，读者可自行完成。

（2）底面加工

提示：工件坐标系设在 G55，设在翻面掉头装卡后上表面中心。加工ϕ6 通孔；去除底座 4 个凹槽加工余量及底座外形的粗精加工；去除底座 4 个凹槽的余量。

底面加工程序与三轴编程方法完全一样，读者可自行完成。

（3）侧面加工

设置加工原点，坐标系设在 G56，将坐标系设在 A 轴旋转轴线上，使程序编写计算简便。加工件坐标原点：X：零件底面中心

Y：零件底面中心

Z：零件底面

侧面加工参考程序见表 7-4。

表 7-4　　　　　　　　　　　　　侧面加工程序单

程　序　段	说　　明
O0003； N10 T05 M06；（φ12 键槽刀，轴心对刀） G90 A0 G56 G00 X0 Y0 Z100.0 S800 M03； G43 Z100.0 H5； G00 X140.0 Y60.0； Z20.0； G99 G82 X140.0 Y60.0 R20.0 P2000 Z5.0F100.0； Y-60.0； X0； X-140.0； Y60.0 X0； G80 G00Z100.0 X0Y0； N100 M05；	N10～N100 程序段完成底座 上表面 6 个 φ12 沉孔的加工
N110 T03 M06； S1000 M03； G43 G00 Z100.0 H03； A90.0　 ； G00 X-112.569 Y41.397； G00 Z45.0　 ； G98 G81 X-112.569 Y41.397 Z30.0 R40.0 F60； X16.304 Y24.316； X50.0 Y25.0； X70.0； X90.0； X110.0； G80； N200 M05；	N110～N200 程序段完成第四 轴顺时针旋转 90°，并加工肋 板上 6 个 φ6 通孔的定位孔，以 利于钻通孔时的定位
N210 T04 M06； S1200 M03； G43 G00 Z100.0 H04； G00 X-112.569 Y41.397； G00 Z45.0； G98 G83 X-112.569 Y41.397 Z20.0 R40.0 Q3.0 F60； X16.304 Y24.316； X50.0 Y25.0； X70.0； X90.0； X110.0； G80； N300M05；	N210～N300 程序段完成 6 个 φ6 通孔的加工

续表

程 序 段	说 明
N310 T05 M06； S1200 M03； G43 G00 Z100.0 H05； G00 X-112.569 Y41.397； G00 Z45.0； G98 G82 X-112.569 Y41.397 Z30.0 R40.0 P2000 F100； X16.304Y24.316； X50.0Y25.0； X70.0； X90.0； X110.0； G80； G00 Z50.0； G00 X-94.713 Y39.118； G68 X0 Y0 R-7.59；	N310～N400 程序段完成肋板上 6 个 ϕ12 沉孔及圆弧槽的加工
Z40.0； G01 Z35.0 F150； G91G01 X94.0 Z-10.0； G41 G01 Y-8.0 D05；（半径补偿值 6） G03 Y16.0 R8.0； G01 X-94.0； G03 Y-16.0 R8.0； G01 X94.0； G03 X6.0 Y6.0 J6.0； G01 G40 X-6.0 Y2.0； G00 Z50.0； G69； G90 Z100.0； N400 M05；	N310～N400 程序段完成肋板 上 6 个 ϕ12 沉孔及圆弧槽的加工
N410 T07 M06；（ϕ8 的立铣刀） S1200 M03 G00 X-140.0 Y20.0； G43 Z100.0H06； Z24.0； G41G01 X-150.0 Y20.0 D06 F150；（刀补值 4） G03 X-130.0 R10.0； G01Y50.0； G02 X-120.0 Y60.0 R10.0； G01 X-100.0； X50.0 Y40.0； X120.0； G02 X130.0 Y30.0 R10.0； G01Y20.0； G03 X150.0 Y20.0 R10.0； G00 X160.0； Z100.0； G40 X0 Y0； N500 M05；	N410～N500 程序段完成肋板 上表面的精加工

程 序 段	说 明
N510 T03 M06; S1000 M03; G43 G00 Z100.0 H03; A-90.0; G00 X-112.569 Y-41.397; Z45.0; G98 G81 X-112.569 Y-41.397 P2000 Z30.0 R40.0 F60; X16.304 Y-24.316; X50.0 Y-25.0; X70.0; X90.0; X110.0; G80; M05; T04 M06; S1200 M03; G43 G00 Z100.0 H04; G00 X-112.569 Y-41.397; Z45.0; G98 G83 X-112.569 Y-41.397 Q3.0 Z20.0 R40.0 F60; X16.304Y -24.316; X50.0Y -25.0; X70.0; X90.0; X110.0; G80; M05; T05 M06; S1200 M03; G43 G00 Z100.0 H05; G00 X-112.569Y -41.397; Z45.0; G98 G82 X-112.569 Y-41.397 P2000 Z30.0 R40.0 F100; X16.304 Y-24.316; X50.0 Y-25.0; X70.0; X90.0; X110.0; G80; G00 Z50.0; G00 X-94.713 Y-39.118; G68 X0 Y0 R7.59; Z40.0; G01 Z35.0 F150;	N510～N600 程序段完成第四轴逆时针转 90°，并完成肋板上 $\phi6$ 的通孔、圆弧槽及肋板上表面精加工

续表

程 序 段	说 明
G91G01 X94.0 Z-10.0;	
G41G01Y-8.0 D05;（半径补偿值6）	
G03 Y16.0 R8.0;	
G01X-94.0;	
G03 Y-16.0 R8.0;	
G01X94.0;	
G03 X6.0 Y6.0 J6.0;	
G01 G40 X-6.0 Y2.0;	
G00 Z50.0;	
G69;	
G90 Z100.0;	
M05;	
T07 M06;（φ8 的立铣刀）	
S1200 M03;	
G00 X-140.0 Y-20.0;	N510～N600 程序段完成第四
G43 Z100.0 H06;	轴逆时针转 90°，并完成肋板
Z24.0;	上 φ6 的通孔、圆弧槽及肋板上
G42 G01 X-150.0 Y-20.0 D06 F150;（刀补值4）	表面精加工
G02 X-130.0 R10.0;	
G01Y-50.0;	
G03 X-120.0 Y-60.0 R10.0;	
G01 X-100.0;	
X50.0 Y-40.0;	
X120.0;	
G03 X130.0 Y-30.0 R10.;	
G01Y-20.0;	
G02 X150.0 Y-20.0 R10.0;	
G00 X160.0;	
G00 Z100.0;	
G40 X0 Y0;	
N600 M30;	

提示：在肋板 φ6 通孔的加工程序编写时，圆弧槽两侧通孔的位置可计算出来，但计算过程较烦琐，可选用坐标系旋转功能，主视图肋板上，圆弧槽左侧 φ6 通孔位置较容易确定，采用 G68 指令旋转后 X 正向移动 130mm，即可确定圆弧槽右侧 φ6 通孔位置（上面所给出的程序采用计算节点的方案）。

任务三 在四轴卧式加工中心上加工

一、卧式加工中心与立式加工中心的区别

前面我们学习的内容均为在立式数控铣床或加工中心上加工。本节我们学习在卧式加工中心

上如何编程和加工。

卧式加工中心主轴是水平的，一般带有 B 轴，通常适用于加工比较大型的箱体类工件，其造价比立式加工中心高得多。图 7-17 所示为立式加工中心与卧式加工中心坐标轴的区别。

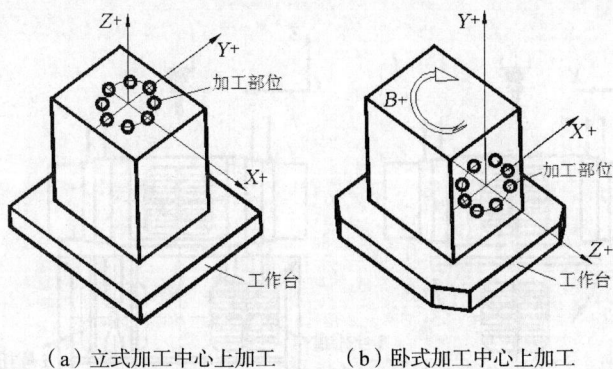

（a）立式加工中心上加工　　　（b）卧式加工中心上加工

图 7-17　立式和卧式加工中心坐标轴的方向

如图 7-17（b）所示，利用带 B 轴的卧式加工中心，可以一次装夹加工 4 个面。当加工完图中所示的 8 个孔后，B 轴旋转 90°，加工另一个面上的加工特征，直到将垂直方向 4 个面上的加工特征全部加工完。从而大大提高了加工效率和零件加工精度，减少了零件多次装夹引起的误差。

立式加工中心在换刀之前，通常先将 Z 轴返回参考点，然后进行换刀。这是因为立式加工中心 Z 轴机床原点是自动换刀位置。由于卧式加工中心主轴位置与立式加工中心不同，每次换刀前的机床原点返回都是沿 Y 轴方向进行的。所以在编程时就有所不同。以下是两类机床换刀前典型的程序段：

立式加工中心：G91 G28 Z0；

卧式加工中心：G91 G28 Y0 Z0；

在卧式加工中心上，之所以 Y 轴返回参考点时，还要让 Z 轴方向返回参考点，是为了更安全。尽管实现自动换刀只需要在 Y 轴方向返回，但同时刀具也必须远离工件，沿 Z 轴返回参考点，以便有更安全的换刀空间。

二、自动托盘交换装置（APC）

1. 托盘类型

有的卧式加工中心还配有自动托盘交换装置（APC）。一台传统机床只有一个工作台，在机床工作时不能执行其他任务。每加工完一个工件，再装夹下一个工件时，需要很长的装夹找正等辅助工作时间。设计有自动托盘交换装置的机床，当一个托盘上的工件加工时，在另一个托盘上完成加工好工件的卸下和新毛坯的装夹找正工作，从而可大大缩短辅助工作时间。卧式加工中心上常见的为双托盘系统，但也有多达 12 个托盘的设计用于生产。

自动托盘交换装置有 3 个主要部件：托盘、机床定位器、交换系统。

托盘实际上是一个小型的工作台，它的工作面用于安装工件，工作台上布置有 T 形槽或锥形孔，便于安装工件。将托盘移动到工作区域通常称为"装载"，将托盘移动到安装区域通常称为"卸载"。

根据交换系统的不同，托盘分为回转式和穿梭式两种。

回转式托盘的工作原理类似于回转工作台，即一个托盘在机床外，一个托盘在机床内，托盘交换指令发出后，将托盘旋转 180°，其编程比较简单。图 7-18（a）所示为回转式托盘示意图。

穿梭式托盘在装卸区和机床内部接收区设计有滑道，如图 7-18（b）所示。

两类托盘都是从机床前部区域装载。

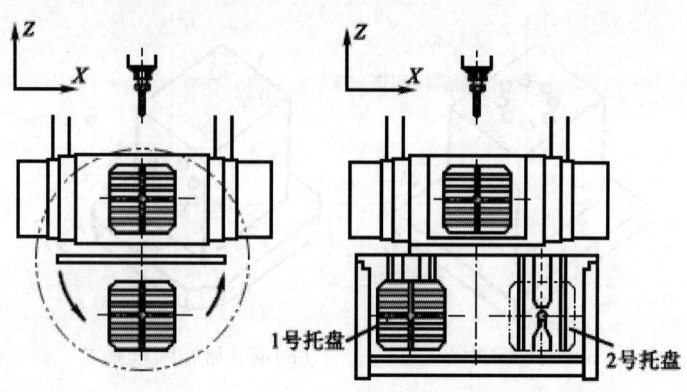

（a）典型回转式托盘交换装置　　　（b）典型穿梭式托盘交换装置

图 7-18　回转式托盘与穿梭式托盘

2．编程指令

自动托盘交换的标准辅助功能为 M60。只有当托盘处于以下两个机床参考点之一时，该指令才能正确工作。

G28；返回第一机床参考点

G30；返回第二机床参考点

G28 指令比较常用，G30 指令的用法与 G28 是相同的，只不过它所选择的轴移动到第二机床参考点。

3．托盘交换程序

下面以穿梭式托盘为例说明托盘交换的编程。

O4604；

G91 G28 X0 Y0 Z0；

G28 B0；

M60；（装载托盘 1）

…

<在托盘 1 上加工>

…

G91 G28 X0 Y0 Z0；

G28 B0；

M60；（卸载托盘 1）

G30 X0；

M60；（装载托盘 2）

…

<在托盘 2 上加工>

...

G30X0；

M60；（卸载托盘2）

M30；

三、四轴卧式加工中心编程实例

【例7-3】 在四轴卧式加工中心上加工如图7-19所示圆柱筒上612个$\phi10$的通孔，请编写程序。

解：

1. 工艺分析

本例要在圆柱筒上钻612个$\phi10$通孔，如果直接用$\phi10$钻头钻孔，钻头容易引偏。故在钻通孔前，先用$\phi3$中心钻点孔。根据零件形状特点，选用带B轴的卧式加工中心加工。由于零件形状是对称回转体，形状比较简单，不需要建立多个工件坐标系，故取零件底部中心处为工件坐标系原点，建立如图7-19所示的工作坐标系。

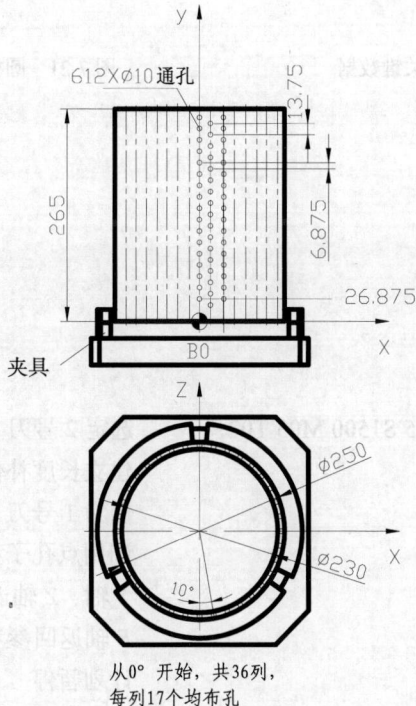

图7-19 在四轴卧式加工中心上加工孔

2. 坐标计算

用$\phi3$钻头点孔，点孔深度3mm。用$\phi10$钻头钻通孔，超越深度（钻过筒壁的长度）4mm。则容易计算两种刀具的加工深度，如图7-20所示。

3. 程序编制

零件上孔太多，使用子程序可简化编程。将图7-21所示双点画线区域编制成子程序的走刀轨迹。不考虑B轴的松开与夹紧。若需要可在适当位置加上松开与夹紧辅助功能指令。

刀具号：$\phi3$ 中心钻—T01；$\phi10$ 钻头—T02。工件坐标系如图 7-19 所示。事先将 T01 号刀装到主轴上。

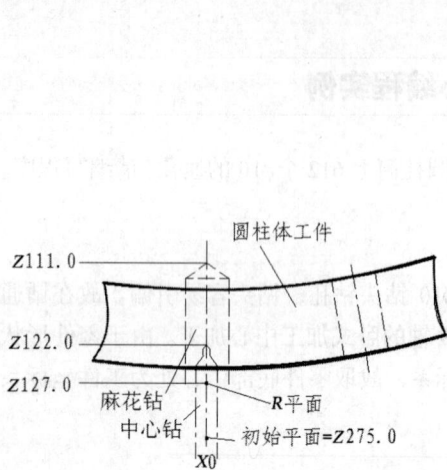

图 7-20 程序 O3502 中使用的刀具关键数据

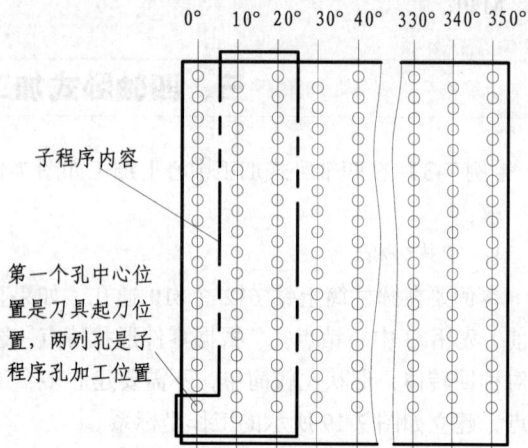

图 7-21 圆柱筒孔系加工展开图

参考程序如下：

O3502（主程序）

N1 G21;

N2 G17 G40 G80;

N3 G91 G28 Z0;

N4 G28 X0 Y0;

N5 G28 B0;

N6 G90 G54 G00 X0 Y26.875 S1500 M03 T02;　　选定 2 号刀（但未换上）

N7 G43 Z275.0 H01 M08;　　建立长度补偿（未出现 M06 前，主轴上仍为 1 号刀）

N8 M98 P3551 L18;　　调用点孔子程序

N9 G28 Y0 Z0;　　Y 轴、Z 轴返回参考点

N10 G28 B0;　　B 轴返回参考点

N11 M01;　　计划暂停

N12 T02;

N13 M06;　　换 2 号刀

N14 G90 G54 G00 X0 Y26.875 S1000 M03 T01;

N15 G43 Z275.0 H02 M08;　　对 2 号刀建立长度补偿

N16 M98 P3552 L18,　　调用钻通孔子程序

N17 G28 X0 Y0 Z0;　　Y 轴、Z 轴返回参考点

N18 G28 B0;　　B 轴返回参考点

N19 M06；　　　　　　　　　　　　　　　重新换上 1 号刀

N20 M30；

O3551（点孔子程序）

N101 G91 G80 Y-6.875；　　　　　　　　每次循环向下移动间距

N102 G90 Z275.0；　　　　　　　　　　Z 轴安全位置

N103 G91 B10.0；　　　　　　　　　　　旋转 10°

N104 G99 G82 R-148.0 Z-5.0 P2000 F120.0；　钻孔

N105 Y13.75 L16；　　　　　　　　　　沿 Y 轴正方向加工 16 个孔

N106 G80 G00 Y6.875；　　　　　　　　每次循环向上移动间距

N107 G90 Z275.0；　　　　　　　　　　Z 轴安全位置

N108 G91 B10.0；　　　　　　　　　　　旋转 10°

N109 G99 G82 R-148.0 Z-5.0 P2000；　　加工 1 个孔

N110 Y-13.75 L16；　　　　　　　　　　沿 Y 轴负方向加工 16 个孔

N111 M99；　　　　　　　　　　　　　　子程序结束

O3552（钻通孔子程序）

N201 G91 G80 Y-6.875；　　　　　　　　每次循环向下移动间距

N202 G90 Z275.0；　　　　　　　　　　Z 轴安全位置

N203 G91 B10.0；　　　　　　　　　　　旋转 10°

N204 G99 G83 R-148.0 Z-16.0 Q7.0 F200.0；　钻孔

N205 Y13.75 L16；　　　　　　　　　　沿 Y 轴正方向加工 16 个孔

N206 G80 G00 Y6.875；　　　　　　　　每次循环向上移动间距

N207 G90 Z275.0；　　　　　　　　　　Z 轴安全位置

N208 G91 B10.0；　　　　　　　　　　　旋转 10°

N209 G99 G83 R-148.0 Z-16.0 Q7.0；　　加工 1 个孔

N210 Y-13.75 L16；　　　　　　　　　　沿 Y 轴负方向加工 16 个孔

N211 M99；　　　　　　　　　　　　　　子程序结束

习 题 七

一、选择题（请将正确答案的序号填写在题中的括号中）

1. 在卧式加工中心上安装 NC 分度头，它可绕 X 轴做旋转运动，则该轴可称为（　　　）。

A. A 轴　　　　　　　B. B 轴　　　　　　　C. C 轴　　　　　　　D. U 轴

2. 加工中心的结构与数控铣床相比，显著区别是加工中心有（　　　）装置。

A. APC　　　　　　　B. ATC　　　　　　　C. CAD　　　　　　　D. CAM

3. 带有 A 轴 NC 分度头的加工中心，编程中要求 NC 分度头从当前位置逆时针方向旋转 45°，其程序段为（　　）。

    A. G90 A45.0   B. G90 A-45.0   C. G91 A45.0   D. G91 A-45.0

4. A、B、C 轴正方向用（　　）来判断。

    A. 右手笛卡尔坐标   B. 右手螺旋定则

    C. 左手笛卡尔坐标   D. 左手螺旋定则

5. 加工中心上安装自动托盘交换装置的主要目的是（　　）。

    A. 节损机床加工时间   B. 节损装夹、找正工作时间

    C. 节损机床投资   D. 简化编程

6. 多轴联动数控机床一般是指联动轴数为（　　）以上的数控机床。

    A. 3轴   B. 2轴   C. 4轴   D. 2轴半

7. 对于 A 轴、B 轴、C 轴的编程，是以（　　）来编程的。

    A. 旋转角度   B. 旋转弧度

    C. 旋转的弧长   D. 旋转的圆心角

8. 对于主轴头可摆动的五轴加工中心，主轴头的摆动相当于（　　）。

    A. A轴、B轴   B. B轴、C轴

    C. A轴、C轴   D. A轴、B轴、C轴

9. 下列程序执行完 N30 程序段后，B 轴相对于 B 轴机床原点到达的位置是（　　）。

N10 G91 G28 B0;

N20 B45.0;

N30 G90 B90.0;

    A. 45°   B. 90°   C. 135°   D. 0°

10. 加工零件上的多个面上的加工特征时，采用多轴加工中心与采用分机台加工相比，其最显著的优势在于（　　）。

    A. 制造成本低   B. 形位精度高

    C. 加工效率高   D. 工人劳动强度低

11. 换刀指令是（　　）。

    A. T 06   B. M06   C. G06   D. P06

12. Z 轴从当前位置自动返回参考点的指令是（　　）。

    A. G91G28Z0   B. G28Z0

    C. G91G29Z0   D. G29Z0

二、判断题（正确的在括号中打√，错误的在括号中打×）

1. 卧式加工中心与立式加工中心的主要区别是卧式加工中心的主轴处于水平位置。（　　）

2. 适用于立式加工中心的编程方法不再适用于卧式加工中心。（　　）

3. 数控分度头是一种测量角度的装置。（　　）

4. 四轴机床上编制多面体的加工程序一般只需建立一个工件坐标系。（　　）

5. APC 是指自动交换托盘装置。（　　）

6. 数控机床的可控轴为五轴，则该五轴中的任意两根轴可以实现联动加工。（　　）

7. 五轴编程通常采用 CAM 软件自动编程。 （　　）

8. 自动交换托盘装置分为回转式和穿梭式两类。 （　　）

9. 在多轴加工中心上一次装夹可以加工零件上下、前后、左右 6 个面上各部位的加工。 （　　）

10. 对于需要加工多个部位、多个面的零件，采用加工中心加工一定比采用分机台加工好。 （　　）

三、编程与实训题

1. 图 7-22 所示为一对配合件，请完成工艺分析，并编写程序。

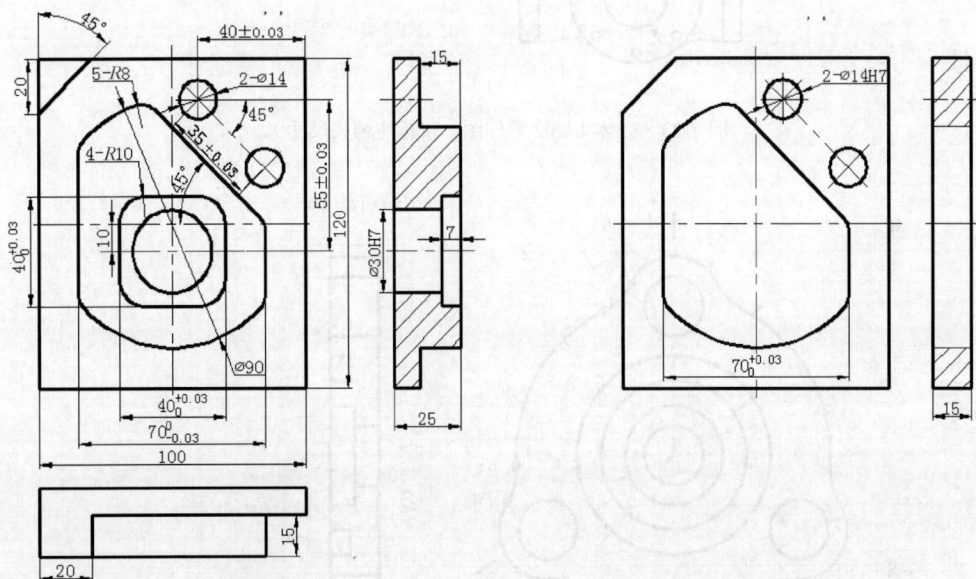

（a）件1　　　　　　　　　　　　　　（b）件2

图 7-22　题 1 零件图

2. 如图 7-23 所示的壳体，需要在一次装夹中加工 A 面、B 面、C 面上的孔及螺纹，请选择合适的机床、刀具，并编写数控加工程序。提示：A 面 45°角处孔心坐标（52.326,52.326），B 面、C 面第一象限孔心坐标（24.75,42.868）。

3. 如图 7-24 所示批量零件需要加工，材料毛坯为 $\phi 90 \times 15$ 棒料，工件材料为硬铝，试确定工艺方案，并编写零件上表面、下表面、周边轮廓、孔、槽的加工程序，并进行加工。

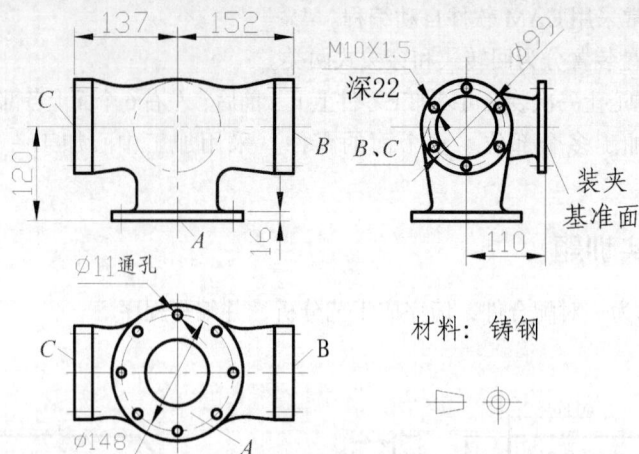

图 7-23　壳体（题 2 零件图，仅标注相关尺寸）

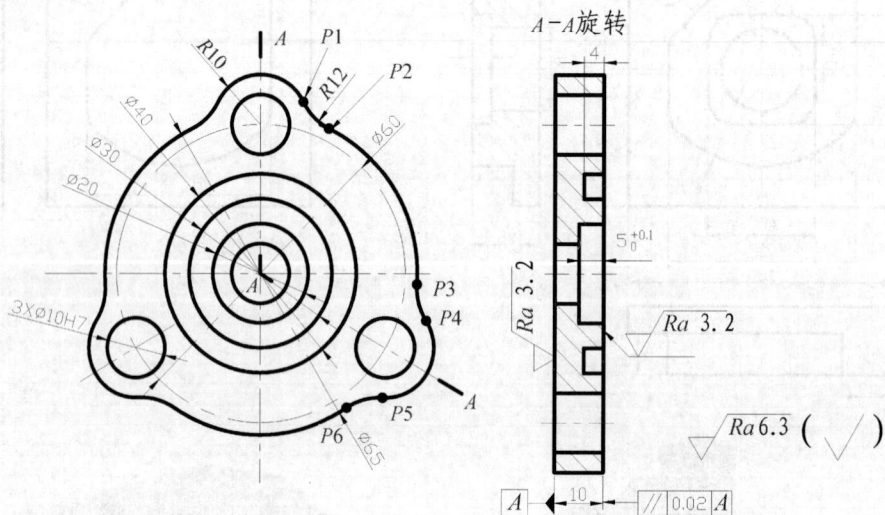

基点坐标：以对称中心为编程零点时，各基点坐标如下：

P1（8.92，34.5）；P2（14.33，29.17）；P3（32.43，-2.17）；
P4（34.35，-9.53）；P5（25.43，-24.98）；P6（18.09，-27）

图 7-24　题 3 零件图

模块八

数控铣床及加工中心操作

任务一

熟悉数控铣床/加工中心操作与维护保养规程

一、数控铣床/加工中心安全操作规程

数控铣床与加工中心是机、电、仪、计算机相结合的高科技产品，必须严格按照操作规程操作，才能保证机床的正常运行。

（一）文明生产

文明生产是现代企业管理的一项十分重要的内容，而数控加工是一种先进的加工方法，它与通用机床加工比较，在许多方面遵循的原则基本一致，使用方法也大致相同。但数控机床自动化程度高，为了充分发挥机床的优越性、提高生产效率，管好、用好数控机床显得尤为重要。操作者除了掌握数控机床的性能和进行精心操作以外，还必须养成良好的文明生产习惯和严谨的工作作风，具有较好的职业素质、责任心和良好的合作精神。操作时应做到以下几点：

（1）严格遵守《数控机床的安全操作规程》操作机床；

（2）保持数控机床周围的环境整洁；

（3）操作人员应穿戴好工作服、工作鞋，不穿戴有危险隐患的服饰品。

（二）安全操作规程

1. 加工前注意事项

（1）机床通电后，检查各开关、按钮和键是否正常、灵活，机床有无异常现象。

（2）进入数控加工场地，必须按照要求穿好工作服，女同志应戴上工作帽。在数控机床上操作时，不准戴手套，不准系领带。

（3）检查电压、油压、气压是否正常，有手动润滑的部位先要进行手动润滑。

（4）加工前，各坐标轴需要手动回零（机床原点）。若某轴在回零点位置前已处在零点位置，必须先将该轴移动到距离原点 100mm 以外的位置，然后再进行手动回零点。

（5）在进行工作台回转交换时，台面上、护罩上、导轨上不得有异物。

（6）为了使机床达到热平衡状态，必须让机床空转 15min 以上。

（7）NC 程序输入完毕后，应认真校对，确保无误。其中包括代码、指令、地址、数值、正负号、小数点及语法的查对。

（8）按工艺规程安装、找正好夹具。

（9）正确测量和计算工件坐标系，并对所得结果进行验证和验算。

（10）将工件坐标系输入到偏置页面，并对坐标、坐标值、正负号及小数点进行认真核对。

（11）未装工件以前，空运行一次程序，看程序是否顺利执行，刀具长度选取和夹具安装是否合理，有无超程现象。

（12）刀具补偿值（刀长、半径）输入偏置页面后，要对刀具补偿号、补偿值、正负号、小数点进行认真核对。

（13）装夹工件时，注意螺钉压板是否妨碍刀具运动，检查零件毛坯安装是否牢辈，尺寸是否合适。加工时要注意刀具是否会铣伤钳口等。

（14）检查各刀头的安装方向及各刀具旋转方向是否符合程序要求。

（15）检查各刀杆前后部位的形状和尺寸是否符合加工工艺要求，是否会碰撞工件与夹具。

（16）镗刀头尾部露出刀杆直径部分，必须小于刀尖露出刀杆直径部分。

（17）检查每把刀柄在主轴孔中是否都能拉紧。

2. 加工中注意事项

（1）无论是首次加工的零件，还是周期性重复加工的零件，都必须首先照图样工艺、程序和刀具调整卡，进行逐把刀、逐段程序的试切。

（2）单段试切时，快速倍率开关必须置于较低挡。

（3）每把刀首次使用时，必须先验证它的实际长度与所给补偿值是否相符。

（4）在程序运行中，要重点观察数控系统上的几种显示。

① 坐标显示：可了解目前刀具运动点在机床坐标系及工作坐标系中的位置，了解这一程序段的运动量，还剩多少运动量等。

② 寄存器和缓冲寄存器显示：可看出正在执行程序段各状态指令和下一程序段的内容。

③ 主程序和子程序：可了解正在执行程序段的具体内容。

（5）试切进刀时，在刀具运行至工件表面 30～50mm 处，必须在进给保持下，验证 Z 轴剩余坐标值和 X 轴、Y 轴坐标值与图样是否一致。

（6）对一些有试刀要求的刀具，采用"渐进"的方法。如镗孔，可先试镗一小段长度，检测合格后，再镗到整个长度。使用刀具补偿功能的刀具数据，可由小到大，边试切边修改。

（7）试切和加工中，更换刀具辅具后，一定要重新测量刀长并修改好刀具补偿值和刀补号。

（8）程序检索时应注意光标所指位置是否合理、准确，并观察刀具与机床运动方向坐标是否正确。

（9）程序修改后，对修改部分一定要认真仔细计算和认真核对。

（10）手摇进给和手动连续进给操作时，必须检查各种开关所选择的位置是否正确，弄清正负方向，认准按键，然后再进行操作。

3. 加工完毕后注意事项

（1）整批零件加工完毕后，应核对刀具号、刀补值，使程序、偏置页面、调整卡及工艺中的刀具号、刀补值完全一致。

（2）从刀库中卸下刀具，按调整卡或程序，清理编号入库。

（3）录入磁带、磁盘与工艺、刀具调整卡成套入库。

（4）卸下夹具。某些夹具应记录安装位置及方位，并做出记录，存档。

（5）清扫机床。

（6）将各坐标轴停在中间位置。

二、数控铣床/加工中心的维护与保养

数控铣床/加工中心是一种自动化程度高、结构复杂且价格昂贵的先进加工设备，在现代工业生产中发挥着巨大的作用。为了充分发挥加工中心（数控铣床）的功效，做好机床的日常维护、保养，降低数控铣床/加工中心的故障率，显得尤为重要。

对数控铣床/加工中心进行维护保养的目的就是要延长机械部件的磨损周期，延长元器件的使用寿命，保证数控铣床长时间稳定可靠地运行。

（一）定期检查

根据机床的情况，应该对机床的工作台、坐标轴系统、铣头、气动系统、润滑系统、防护罩、冷却系统、刀库、标牌、电气设置等进行定期的检查。检查以上部分的状态、功能、润滑及清洁情况，根据检查情况对机床的某些需要润滑的部位应及时添加润滑油、润滑脂，需要清洁的部位及时进行清理。

（二）维修保养

数控铣床/加工中心的维护保养要有科学的管理，有计划、有目的地制订相应的规章制度，并且应该严格遵守。对维护过程中发现的故障应及时加以清除，避免停机待修，从而延长平均无故障时间，增加机床的开车率。表8-1所示是数控铣床/加工中心维护保养基本要求。

表8-1 数控铣床/加工中心维护保养基本要求

序　号	检查周期	检　查　部　位	检　查　要　求
1	每天	导轨润滑	检查润滑油的油面、油量，如有不足，及时添加。检查润滑油泵能否定时启动、打油及停止，导轨各润滑点在打油时是否有润滑油流出
2	每天	X轴、Y轴、Z轴及回旋轴	清除导轨面上的切屑、赃物、切削液。检查导轨润滑油是否充分，导轨面上有无划伤损坏及锈斑，导轨防尘刮板上有无夹带铁屑。如果安装的是滚动滑块的导轨，当导轨上出现划伤时应检查滚动滑块
3	每天	压缩空气气源	检查气源供气压力是否正常，含水量是否过大
4	每天	机床进气口的油水自动分离器和自动空气干燥器	及时清理分水器中滤出的水分，加入足够的润滑油。检查空气干燥器是否能自动切换工作，干燥剂是否饱和

序　号	检查周期	检查部位	检查要求
5	每天	气液转换器和增压器	检查存油面高度并及时补油
6	每天	主轴箱润滑恒温油箱	检查恒温油箱能否正常工作。观察主轴箱上油标，确定是否有润滑油。检查调节油箱制冷能正常启动。制冷温度不要低于室温太多（相差 2～5℃），否则主轴容易产生水分凝聚
7	每天	机床液压系统	油箱、油泵应无异常噪声。检查压力表能否正常指示工作压力。检查油箱工作油面是否在允许的范围内。回油路上背压不得过高，各管路接头无泄漏和明显震动
8	每天	主轴箱液压平衡系统	平衡油路无泄漏，平衡压力指示正常，主轴箱上下快速移动时压力波动不大，油路补油机构动作正常
9	每天	数控系统及输入/输出	如光电阅读机的清洁，机械结构润滑良好，外接快递穿孔机或程序服务器连接正常
10	每天	各种电器装置及散热通风装置	数控柜、机床电气柜进入排风扇工作正常，风道过滤网无堵塞，主轴电动机、伺服电动机、冷却风道正常、恒温油箱、液压油箱的冷却散热片通风正常
11	每天	各种防护装置	导轨、机床防护罩应动作灵活、无漏水。刀库防护栏杆、机床工作区防护栏杆检查门开关应动作正常。在机床四周各防护装置上的操作按钮、开关、急停按钮位置正常
12	每周	各电柜进气过滤网	清洁各电柜进气过滤网
13	半年	滚珠丝杠螺母副	清洗丝杠上旧的润滑油脂，涂上新油脂，清洗螺母两端防护网
14	半年	液压油路	清洗溢流阀、液压阀、过滤器、油箱油底。更换或过滤液压油，注意加入油箱的新油必须经过过滤和去除水分
15	半年	主轴润滑恒温油箱	清洗过滤器，更换润滑油，检查主轴箱各润滑点是否正常供油
16	每年	检查并更换直流伺服电动机电刷	从电刷窝内取出电刷，用酒精清除电刷窝内和换向器上炭粉，当发现换向器表面有被电弧烧伤时，抛光表面、去毛刺，检查电刷表面和弹簧有无失去弹性，更换长度过短的电刷，抱合后才能正常使用
17	每年	润滑油泵、过滤器等	清理润滑油箱池底，清洗更换过滤器
18	不定期	各轴导轨上镶条，压紧液轮，丝杠	按机床说明书上的规定进行调整
19	不定期	冷却油箱	检查水箱液面高度是否合适。检查切削液装置是否工作正常，切削液是否变质。经常清洗过滤器，疏通防护罩和床身上各回水通道，必要时更换并清理水箱底部
20	不定期	排屑器	检查有无卡位等
21	不定期	清理废油池	及时取走废油池以免外溢，当发现油池中油量突然增多时，应检查液压管路中漏油点

任务二

操作 FANUC 系统数控铣床/加工中心

一、认识机床面板

1. FANUC 0i 系统数控铣床机床/加工中心面板总览

FANUC 数控系统有很多种系列型号，如 F3、F6、F17、F0 等，系列型号不同，数控系统操作面板则有一些差异，目前在我国应用较多的型号是 FANUC 0i 系列。FANUC 0i M 是可用于数控铣床和加工中心的数控系统。

FANUC 0i 系列数控铣床/加工中心的机床面板如图 8-1 所示。该面板由两大部分组成：LCD/MDI 单元和机床操作面板。LCD/MDI 单元也称做数控系统操作面板。LCD 是"液晶显示"的英文缩写，MDI 是"手动数据输入"的英文缩写。LCD/MDI 单元的作用是手动输入程序、手动输入数控系统控制指令、显示数控系统的输出结果。机床操作面板的作用是通过输入指令控制机床动作。

2. 数控系统操作面板（LCD/MDI 单元）的组成及操作

FANUC 0i 系统的数控系统操作面板由屏幕和键盘组成，如图 8-1 所示。操作面板的右侧是 MDI 键盘，MDI 键盘上的键按其用途不同可分为功能键、数据输入键和程序编辑键等，MDI 键盘上各种键的位置如图 8-2 所示。操作面板左侧是显示器，设在显示器下面的一行键，称为软键。软键的用途是可以变化的，在不同的界面下随屏幕最下一行的软键功能提示而有不同的用途。

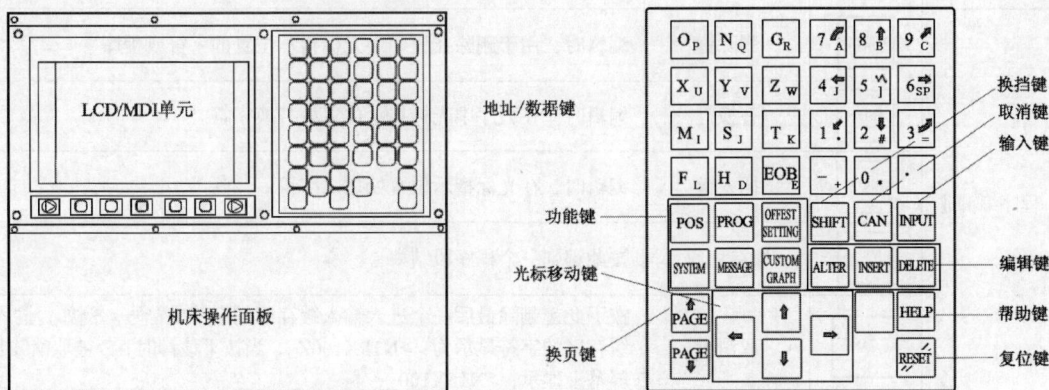

图 8-1 数控铣床/加工中心的 LCD/MDI 单元及机床操作面板   图 8-2 MDI 操作面板上键的位置分布

（1）MDI 键盘上各种键的分类、用途和英文标识

数控系统操作面板（MDI）上各键的用途见表 8-2。

表 8-2 数控系统操作面板（LCD/MDI）上各键的用途

键的标识符	名　称	用　途
RESET	复位键	用于使 CNC 复位或取消报警等
HELP	帮助键	当对 MDI 键的操作不明白时，按下该键可以获得帮助
SHIFT	换挡键	在键盘上有些键具有两种功能，按下换挡键，可以在这两个功能之间切换
INPUT	输入键	当按下一个字母键或者数字键时，再按下该键，数据被输入到缓存区，并且显示在屏幕上。要将输入缓存区的数据拷贝至偏置寄存器中，必须按下该键。这个键与软键上的[INPUT]键是等效的
光标移动键	光标移动键	光标移动键有 4 个。按下相应键时，光标按所示方向移动
PAGE↑ PAGE↓	页面变换键	按下此键时，可在屏幕上选择不同的页面（分别为前页、后页）
POS	位置显示键	按下此键显示刀具位置界面。可以用机床坐标系、工件坐标系、增量坐标及刀具运动中距指定位置剩下的移动量 4 种不同的方式显示刀具当前位置
PROG	程序键	按下此键时，在编辑方式下，显示在内存中的程序，可进行程序的编辑、检索和通信；在 MDI 方式下，可显示 MDI 数据，执行 MDI 输入的程序；在自动方式下，显示运行的程序和指令值进行监控
OFFSET SETTING	偏置键	按下此键显示偏置/设置 SETTING 界面，如刀具偏置值设置和宏程序变量设置界面，工件坐标系设定界面和刀具磨损补偿值设定界面等
SYSTEM	系统键	按下此键设定和显示系统参数表，这些参数供维修使用，一般禁止改动；显示自诊断数据
MESSAGE	信息键	按此键显示各种信息（报警号页面等）
CUSTOM GRAPH	图形显示键	按下此键以显示宏程序屏幕和图形显示屏幕（刀具路径图形的显示）
DELELTE	删除键	编辑时，用于删除在程序中光标指示位置的字符或程序
ALTER	替换键	编辑时，在程序中光标指示位置处替换字符
INSERT	插入键	编辑时，在光标指示位置处插入字符
EOB E	段结束符	按此键则一个程序段结束
CAN	取消键	按下此键删除最后一个进入输入缓存区的字符或符号。例如，输入缓存区的字符显示为：>N15X100Z_，当按下该键时，Z 被取消并且屏幕上显示：>N15X100_
地址键/数据键（右上角，共 24 个）	地址和数据键	输入数字、字母或字符
[　]	软键	软键功能是可变的，根据不同的界面，软键有不同的功能，软键功能的提示显示在屏幕的底端

功能键，切换不同功能的显示界面

程序编辑键

以下为键的分类说明。

① 功能键。把数控系统具有的操作功能分为 6 大类，它们是刀具位置显示操作，数控程序编辑、运行控制，各种偏置量的设置，系统参数设定，报警等信息和各种图形显示。使系统执行某一类功能，需要在相应的显示屏幕中操作，功能键是用来选择 6 类不同功能的屏幕界面。使用功能键可以打开所需要的某功能界面。

② 软键。分布在显示屏下方有 7 个键，称为软键。软键用于在一个功能键所能显示的诸多界面中切换界面或选择操作。根据软键用途，把中间 7 个键分为两类，用于切换界面的称为"章节选择软键"，用于选择操作的称为"操作选择软键"，如图 8-3 所示。

这 5 个软键用途是可变的，在按下不同的功能键后，它们各有不同的当前用途，依据 CRT 显示界面最下方显示的 5 个软键菜单提示，可以分别确定其当前用途。

处于 7 个软键两端的两个键是用于扩展软键菜单的，分别称为"菜单返回键"和"菜单继续键"，如图 8-4 所示。虽然屏幕上只有 5 个软键菜单位置，但按菜单返回键和菜单继续键，可以依次显示更多的软键菜单。

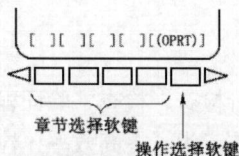

图 8-3　章节选择软键及操作选择软键　　　　图 8-4　菜单返回软键和菜单继续键

（2）功能键及软键的操作

数控系统的显示界面非常多。为方便检索界面，把显示界面按功能分类，用功能键切换不同功能的显示界面，在同一种功能界面下，可以用软键选择并切换到所需的屏幕界面。

屏幕上界面切换操作步骤如下。

① 按下 MDI 面板上的某功能键，属于该功能涵盖的软键提示在屏幕最下一行显示出来。

② 按下其中一个章节选择软键（见图 8-3），则该软键所规定的界面显示在屏幕上，如果有某个章节选择软键提示没有显示出来，按下菜单继续键（见图 8-4），可以扩展显示菜单，显示出下一个软键菜单。

③ 当所选界面在屏幕上显示后，按下操作选择软键（见图 8-3），以显示要进行操作的数据。

④ 为了重新显示屏幕上的软键提示行，按下菜单返回键（见图 8-4）。

3. 机床操作面板的组成及操作

机床操作面板上配置了操作机床所用的各种开关。开关的形式可分为按键、旋转开关等，包括机床操作方式选择按键、进给轴及运动方向按键、程序检查用按键、进给倍率选择旋转开关和主轴倍率选择旋转开关等。为方便使用，面板上的按键依据其用途涂有标识符号，可以采用标准符号标识、英文字符标识或中文标识。

生产厂家不同，机床的类型不同，其机床面板上开关的配置不相同，开关的功能及排列顺序有所差异。某数控铣床操作面板配置如图 8-5 所示。该面板上按键采用了标准符号标识和中文标识。表 8-3、表 8-4 和表 8-5 中列出面板上按键的标识符号及其英文标识字符，并说明了每个按键的用途。

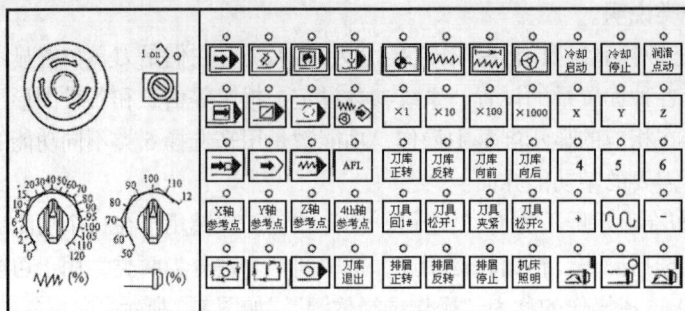

图 8-5　机床操作面板

（1）操作方式选择键（MODE SELECT）

操作者操作机床时，一般应该先选择操作机床的操作方式。FANUC 系统把机床的操作分为 9 种方式：编辑（EDIT）、自动（AUTO）、手动数据输入（MDI）、手轮（HANDLE）、手动连续进给（JOG）、增量进给方式、回参考点（ZERO）和手动示教（TEACH），此外还有直接数控工作方式（DNC）。表 8-3 中所列的键用于选择操作方式。

（2）用于程序检查的键

数控程序编辑完成后，进行加工之前应该进行程序运行检查，检查、验证程序中的刀具轨迹是否正确。程序检查是防止刀具碰撞、避免事故的有效措施。为了提高效率，检查程序可以通过在机床上快速运行刀具轨迹（即空运行、进给速度倍率等），或者在屏幕界面上图形模拟运行刀具轨迹（即图形模拟、机床锁住等），观察屏幕显示的刀具位置坐标的变化来实现。表 8-4 中所列的键适用于在实际加工之前检查程序运行加工的效果。

用于程序检查的功能有：机床锁住、辅助功能锁住、进给速度倍率、快速移动倍率、空运行和单段运行等。表 8-5 所示为机床操作面板上其他键的标识及用途说明。

表 8-3　　　　　　　　　　　　　　　操作方式选择键及其用途

键的标准符号	英文标识符	名　称	用　途
	EDIT	编辑方式	用于检索、检查、编辑加工程序
	AUTO	自动运行方式	程序存到 CNC 存储器后，机床可以按程序指令运行，该运行操作称为自动运行（或存储器运行）方式 程序选择：通常一处程序用于一个工件，如果存储器中有几个程序，则通过程序号选择所用的加工程序
	MDI	手动数据输入方式	从 MDI 键盘上输入一组程序指令，机床根据输入的程序指令运行，这种操作称为 MDI 运行方式。一般在手动输入原点偏置、刀具偏置等机床数据时也采用 MDI 方式
	HANDLE	手轮进给方式	手轮进给：摇动手轮，刀具按手轮转过的角度移动相应的距离
	JOG	手动连续进给方式	用机床操作面板上的按键使刀具沿任何一轴移动。刀具可以按以下方式移动：① 手动连续进给：当一个按钮被按下时，刀具连续运动；抬起按键，进给运动停止；② 手动增量进给：每按一次按键，刀具移动一个固定距离，其固定移动距离由进给当量选择键确定（见表 8-5）

键的标准符号	英文标识符	名　称	用　途
⊕	ZERO RETURN	手动返回参考点	CNC 机床上确定机床位置的基准点称为参考点。在这一点上进行换刀和设定机床坐标系。通常机床上电后要返回机床参考点，手动返回参考点就是用操作面板上的开关或按钮将刀具移动到参考点，也可以用程序指令将刀具移动到参考点（称为自动返回参考点）
⚙	TEACH	示教方式	结合手动操作编制程序。TEACH IN JOG（手动进给示教）和 TEACH IN HANDLE（手轮示教方式）是通过手动操作获得的刀具沿 X 轴、Y 轴、Z 轴的位置，并将其存储到内存中作为创建程序的位置坐标。除了 X、Y、Z 外，地址 O、N、G、R、F、C、M、S、T、P、Q 和 EOB 也可以用与 EDIT 方式同样的方法存储到内存
⊥	NDC	计算机直接运行方式	DNC 运行方式是加工程序不存到 CNC 的存储器中，而是从数控装置的外部输入，数控系统从外部设备直接读取程序并运行。当程序太大时，不需要存至 CNC 的存储器中

表 8-4　　　　　　　　　用于程序检查的键及其用途

按键符号	英文标识符	名　称	用　途
⤳	DRY RUN	空运行键	将工件卸下，只检查刀具的运行轨迹。在自动运行期间按下空运行开关，刀具按参数中指定的快速速度进给运行，也可以通过操作面板上快速速率调整开关选择刀具快速运行的速度
⇥	SINGLE BLOCK	单段运行键	按下单程序段开关进入单程序段工作方式，在单程序段方式中按下循环启动按钮，刀具在执行完一段程序后停止。通过单段运行方式一段一段地执行程序，以便仔细检查程序
⇨	MC LOCK	机床锁住键	在自动方式下，按下机床锁住开关，刀具不再移动，但是显示界面上可以显示刀具的运动位置，沿每一轴运动的位移在变化，就像刀具在运动一样
↻	OPT STOP	选择停止键	按下选择停止开关，程序中的 M01 指令使程序暂停，否则 M01 不起作用
⊘	BLOCK SKIP	可选程序段跳过键	按下跳过程序段开关，程序运行中跳过开头标有"/"、结束标有"；"的程序段
○	STOP	程序停止键	程序停止（只用于输出）。按此开关，在运行程序过程中，程序中的 M00 指令机床停止运行，该按键显示灯亮
➡		程序重启动键	由于刀具磨损等原因，程序自动运行停止后，按此键程序可以从指定的程序段重新开始运行

表 8-5 其他键的标识与用途

按键符号	英文标识符	名 称	用 途
	CYCLE START	循环启动键	按下循环启动键，程度开始自动运行。当一个加工过程完成后，自动运行停止
	FEED HOLD	进给暂停键	在程序运行过程中按下进给暂停键，自动运行暂停，可在程序中指定程序停止或者中止程序命令。程序暂停后，按下循环启动按钮，程序可以从停止处继续运行
×1　×10　×100　×1000		进给当量选择键	使用手轮方式时，选择手轮进给当量。当手轮每转一格，直线进给运行的距离可以选择 $1\mu m$、$10\mu m$、$100\mu m$、$1\,000\mu m$；使用手动增量方式时，选择手动增量进给当量，即每按一次键，进给运动的距离可以选择 $1\mu m$、$10\mu m$、$100\mu m$、$1\,000\mu m$
X　Y　Z　4　5　6		手动进给轴选择键	手动进给轴选择，在手动进给方式或手动增量进给方式下，该键用于选择进给运动轴，即 X 轴、Y 轴、Z 轴及第4、第5、第6轴
＋　－		进给运动方向键	使用手动进给方式或增量进给方式时，在选定了手动进给轴后，该键用于选择进给运动方向
	RAPID	快速进给键	在手动进给方式下按此开关，执行手动快速进给
	SPINDLE CW	手动主轴正转键	按下该键使主轴顺时针方向旋转
	SPINDLE CCW	手动主轴反转键	按下该键使主轴逆时针方向旋转
	SPINDLE STOP	手动主轴停止键	按下该键使主轴停止转动
1 on 0	ON OFF	数据保护键	数据保护键用于保护零件程序、刀具补偿、设置数据和用户宏程序等 "1"：ON 接通，保护数据 "0"：OFF 断开，可以写入数据
(%)		进给速度倍率调整旋钮	进给速度倍率调整旋钮用于在操作面板上调整程序中指定的进给速度，例如，程序中指定的进给速度是 100mm/min，当进给倍率选定为 20%时，刀具实际的进给速度为 20mm/min。此键用于改变程序中指定的进给速度，进行试切削，以便检查程序
(%)		主轴转速调整旋钮	用于在操作面板上调整程序中指定的主轴转速。例如，程序中指定的主轴转速是 1 000r/min，当倍率选定为 50%时，主轴实际转速为 500r/min。此键用于调整主轴转速，进行试切削，以便检查程序
	E-STOP	紧急停止键	进给停、断电。用于发生紧急意外情况时的处理

二、数控铣床/加工中心的手动操作

1. 手动返回参考点

参考点又称机械零点，是机床上的一个固定点，数控系统根据这个点的位置建立机床坐标系。装备了绝对编码器的机床能够记忆这个位置，而装备了相对编码器的机床，不具备记忆零点位置的能力，需要通过执行返回参考点操作建立机床坐标系，即机床通电后刀具的位置是随机的，LCD显示的坐标值也是随机的，必须进行手动返回参考点操作，系统才能捕捉到刀具的位置，建立机床坐标系。

通常数控铣床的参考点设在各坐标轴正向运动的极限位置，加工中心的参考点设在自动换刀点位置。手动返回参考点是利用操作面板上的开关和按键，将刀具移动到机床参考点的。操作步骤见表8-6。

表 8-6   手动返回参考点的操作步骤

顺 序	按 键 操 作	说 明
1	⊕	在机床操作面板上（见图 8-5）按下参考点返回键 ⊕，进入返回参考点方式，然后分别按下各轴进给方向键，可使各轴分别移动到参考点位置。为防止碰撞，应先操作 Z 轴回参考点，然后操作其他轴回参考点
2	RAPID TRAVERSE OVERRIDE(%) F0 25 50 100	为降低移动速度，按下快速移动倍率选择开关，选择快速移动速度，当刀具已经回到参考点，参考点返回完毕，指示灯亮
3	Z	按 Z 键
4	+	按 + 键，则 Z 轴正方向移动，同时 Z 轴回零指示灯闪烁
5	○ Z轴 参考点	Z 轴移动到参考点时，指示灯停止闪烁，同时 Z 轴回零指示灯 ○ Z轴 参考点 亮，表明 Z 轴回到参考点，这时 Z 轴机械坐标轴为 0
6	○ ○ ○ X轴 Y轴 4th轴 参考点 参考点 参考点	同上述 3～5 步，分别操作 X 轴、Y 轴、第 4 轴回到参考点，回零指示灯 ○ ○ ○ X轴 Y轴 4th轴 参考点 参考点 参考点 先后亮，这时 X 轴、Y 轴、第 4 轴机械坐标为 0

2. 手动连续进给操作

本操作是用手动按键的方法使 X、Y、Z 之中任一坐标轴按调整的速度进给或快速进给。在 JOG 方式中持续按下操作面板上的进给轴及其方向选择开关，会使刀具沿着所选轴的所选方向连续移动。JOG 进给速度可以通过倍率旋钮进行调整。

如果同时按下快速移动开关会使刀具以快速移动速度移动。此时 JOG 进给倍率旋钮无效，该功能称为手动快速移动。

手动操作一次只能移动一个轴，操作步骤见表 8-7。

表 8-7　　　　　　　　　　　　　　手动连续进给（JOG）的操作步骤

顺　　序	按键操作	说　　明
1	⎍⎍⎍	在机床操作面板上（见图 8-5）选择操作方式，按下手动连续 JOG ⎍⎍⎍ 键，选择手动连续方式
2	X Y Z / 4 5 6	通过进给轴选择开关选择使刀具移动的轴，可以是 X 轴、Y 轴、Z 轴、第 4 轴等。按下该开关时刀具以参数第 1234 号指定的速度移动。释放开关，移动停止
	+ －	通过进给方向选择按键 + 、 － ，选择使刀具移动的运动方向
3	⎍⎍⎍ (%)	可以通过手动操作进给速度的倍率旋钮，调整进给速度
4	⊓⎍	按下进给轴和方向选择开关的同时按下快速移动键 ⊓⎍ ，刀具以快速移动速度移动，在快速移动过程中快速移动倍率开关有效

3. 手动增量（INS）进给

增量进给运动是指每按一次按钮，刀具移动一段预定的距离（即一步）。增量进给操作步骤见表 8-8。

表 8-8　　　　　　　　　　　　　手动增量进给（INS）的操作步骤

顺　　序	按键操作	说　　明
1	⌐⟶⌐	在机床操作面板（见图 8-5）上选择操作方式，按下手动连续按下 ⎍⎍⎍ 键，选择手动增量进给方式
2	×1 ×10 ×100 ×1000	用设定倍率开关选择每步移动的距离，可以是 1 倍、10 倍、100 倍或 1 000 倍，也称手动增量进给当量。每按一次键，进给运动的距离可以选择 1μm、10μm、100μm、1 000μm
3	X Y Z / 4 5 6	按下进给轴和方向选择开关，机床沿选择的轴和运动方向移动，每按下一次开关就移动一步，其进给速度与手动连续进给速度一样
	+ －	通过进给速度选择按键 + 、 － ，选择使刀具移动的运动方向
4	⎍⎍⎍ (%)	可以通过手动操作进给速度的倍率旋钮，调整进给速度

4. 手摇脉冲发生器（HANDLE）进给操作

手摇脉冲发生器又称为手轮。摇动手轮，使 X、Y、Z 等任一坐标轴移动。操作步骤见表 8-9。

表 8-9 　　　　　　　　　　　　　　　手动进给的操作步骤

顺序	按键操作	说明
1	⊙	在机床操作面板（见图 8-5）上按手轮进给方式选择开关（HANDLE）⊙，选择手轮方式
2	软键（轴选择开关）	用软键（轴选择开关）选择移动轴。使用手摇轮时每次只能单轴运动，（轴选择开关）用来选择用手轮运动的轴，即 X 轴、Y 轴或 Z 轴
3	×1 ×10 ×100 ×1000	选择移动增量。通过倍率选择，手摇轮旋转一格，轴向移动位移可以为 0.001mm、0.01mm、0.1mm、1mm
4	手摇脉冲发生器	旋转手轮，以手轮转向对应的方向移动刀具。手轮旋转 360°，刀具移动的距离相当于 100 个刻度的对应值。手轮顺时针（CW）旋转，所移动轴向该轴的"+"坐标方向移动，手轮逆时针（CCW）旋转，则移动轴向"−"坐标方向移动

5. 主轴手动操作

（1）将方式选择置于手动操作模式（含 HANDLE、JOG、ZERO）。

（2）可由下列 3 个按键控制主轴运转。

主轴正转按键：主轴正转，同时按键内的灯会亮。

主轴反转按键：主轴反转，同时按键内的灯会亮。

主轴停止按键：手动模式时按此键，主轴停止转动，任何时候只要主轴没有转动，这个按键内的灯就会亮，表示主轴在停止状态。

6. 安全操作

安全操作包括急停、超程等各类报警处理。

（1）报警

数控系统对其软、硬件及故障具有自诊断能力，该功能用于监视整个加工过程是否正常，如果工作不正常，系统及时报警。常见的报警形式有机床自锁（驱动电源切断）、屏幕显示出错信息、报警灯亮和蜂鸣器鸣叫。

（2）急停处理

当加工过程出现异常情况时，按下机床操作面板上的"急停"按钮，机床的各运动部件在移动中紧急停止，数控系统复位。急停按钮按下后会被锁住，不能弹起，通常旋转该按钮，即可解锁。急停操作切断了电动机的电流，在急停按钮解锁之前必须排除故障的原因。

排除故障后要恢复机床工作，由于数控系统已经复位，所以必须首先进行手动返回参考点操作，重新建立坐标系。如果在换刀动作中按下了急停按钮，还必须用 MDI 方式把换刀机构调整好。急停处理过程见表 8-10。

表 8-10 　　　　　　　　　　　　　　　操作中的急停处理过程

顺序	按键操作	说明
1	⊙	出现异常情况时，按机床操作面板上的"急停"按钮，各运动部件在移动中紧急停止，数控系统复位
2		排除引起急停的故障
3	⊕	手动返回参考点操作，重新建立坐标系。如果在换刀操作中按下了急停按钮，还必须用 MDI 方式把换刀机构调整好

机床在运行时按下"进给保持"按钮，也可以使机床停止，此时数控系统自动保存各种现场信息，因此再按下"循环启动"键，系统将从断点处继续执行程序，无需进行返回参考点操作。

（3）超程处理

在手动、自动加工过程中，若机床移动部件（如刀具主轴、工作台）试图移动到由机床限位开关设定的行程终点以外时，会由于限位开关的动作而减速，并最后停止，界面显示出错信息"OVER TRAVEL"（超程）。超程时系统报警、机床锁住、超程报警灯亮，屏幕上方报警行出现超程报警内容（如"X 向超过行程极限"）。限位超程处理按表 8-11 所示步骤操作。

表 8-11　　　　　　　　　　　　　　　超程处理的操作步骤

顺　　　序	按　键　操　作	说　　　明
1	⊙	将操作模式置于手轮进给方式（HANDLE）
2		用手摇轮使超程轴向反向移动适当距离（大于 10mm）
3	RESET	按"RESET"键，使数控系统复位
4		超程轴原点复位，恢复坐标系统

三、用 MDI 键盘创建数控加工程序

在数控机床/加工中心上创建程序的方法有：用 MDI 键盘创建程序，在示教方式中编程，通过图形会话功能编程和用自动编程。

下面讲述使用 MDI 面板创建程序，以及自动插入程序段顺序号的操作。

1. 用 MDI 键盘创建程序的步骤

可以通过前面讲过的程序编辑功能，在 EDIT 方式中创建程序。通过键盘手动创建程序的步骤见表 8-12。

表 8-12　　　　　　　　　　　　　　用 MDI 键盘创建程序的步骤

顺　　　序	按　键　操　作	说　　　明
1	⊗	进入编辑（EDIT）方式
2	PROG	进入编辑状态
3	O	输入程序号（程序在缓冲区，显示在缓冲区一栏中）
4	INSERT	插入程序号
5	编辑程序（见下文）	使用数控系统的程序编辑功能，编辑、创建程序

2. 加入自动插入程序段顺序号

在 EDIT 方式中，通过 MDI 面板创建的程序，可以自动插入程序段顺序号，在参数 No.3216 中设置顺序号的增量，每当　段程序输入完成，按下"EOD"键，会自动地按增量值产生新的程序段号。加入自动插入顺序号功能的步骤如下。

① 在设置（SETTING）数据屏幕界面上（见图 8-6）设定在程序编辑中能自动插入顺序号的

功能,即设置插入顺序号功能 SEQUENCE NO.为 "1", SEQUENCE NO.表示在 EDIT 方式中编辑程序时是否自动插入顺序号,其中,"0"表示不自动插入顺序号,"1"则表示自动插入顺序号。

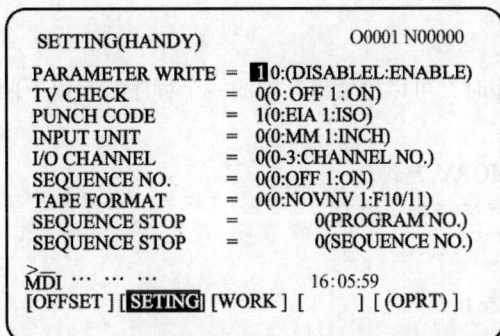

```
SETTING(HANDY)                          O0001 N00000

PARAMETER WRITE  =  1 0:(DISABLEL:ENABLE)
TV CHECK         =  0(0: OFF 1:ON)
PUNCH CODE       =  1(0:EIA 1:ISO)
INPUT UNIT       =  0(0:MM 1:INCH)
I/O CHANNEL      =  0(0-3:CHANNEL NO.)
SEQUENCE NO.     =  0(0:OFF 1:ON)
TAPE FORMAT      =  0(0:NOVNV 1:F10/11)
SEQUENCE STOP    =        0(PROGRAM NO.)
SEQUENCE STOP    =        0(SEQUENCE NO.)

>
MDI ··· ··· ···                      16:05:59
[OFFSET] [ SETTING ] [WORK ] [      ] [ (OPRT) ]
```

图 8-6 设置数据界面

② 进入 EDIT 方式。

③ 按下 "PROG" 键,显示程序屏幕。

④ 搜索将要编辑的程序号,并且将光标移动到要插入顺序号程序段的结束处(;),当程序号被注册,并通过键输入了 EOB(;),顺序号就会从 0 开始自动加入。如果要修改初始值,则根据下面的第⑩步操作,然后跳到第⑦步。

⑤ 按下地址键,并输入 N 的初始值。

⑥ 按下 "INSERT" 键。

⑦ 输入程序段的每一字。

⑧ 按下 "EOB" 键。

⑨ 按下 "INSERT" 键,段结束符号(;)被注册到内存中,并自动插入顺序号。例如,如果 N 的初始值为 10,并且顺序号增量为 2,则插入 N12,并且光标在字符输入处显示,如图 8-7 所示。

⑩ 在上面的例子中,如果在另一个程序段中不需要 N12,则在 N12 显示后,按下 "DELETE" 键可删除 N12。要在下一个程序段中插入 N100 而不是 N12,则在显示 N12 后输入 N100,再按下 "ALTER" 键,N100 被注册,并将初始值改为 100。

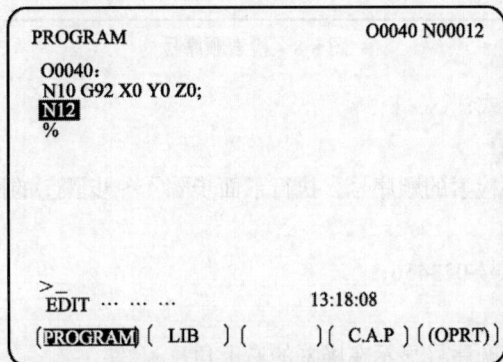

```
PROGRAM                          O0040 N00012

O0040:
N10 G92 X0 Y0 Z0;
N12
%

>_
EDIT ··· ··· ···                  13:18:08
[ PROGRAM ] [ LIB ] [      ] [ C.A.P ] [ (OPRT) ]
```

图 8-7 自动插入顺序号功能

四、编辑程序

1. 程序与检查

当内存中存有多个程序时，可以检索出其中的一个程序，有以下两种方式。

方式 1：

① 选择 EDIT 或 MEMORY 方式；

② 按下"PROG"键，显示程序屏幕；

③ 输入地址"O"；

④ 输入要检索的程序号；

⑤ 按下软键[O SRH]；

⑥ 检索结束后检索到的程序号显示在屏幕的右上角，如果没有找到该程序，就会出现 P/S 报警 No.71。

方式 2：

① 选择 EDIT 或 MEMORY 方式；

② 按下"PROG"键，显示程序屏幕；

③ 按下软键[O SRH]，此时检索程序目录中的下个程序。

2. 顺序号检索

顺序号检索通常用于在一个程序中检索某个程序段，以便从该段开始执行程序。

例如，检索程序 O0002 中的顺序号 O2346，如图 8-8 所示。顺序号检索的步骤如下：

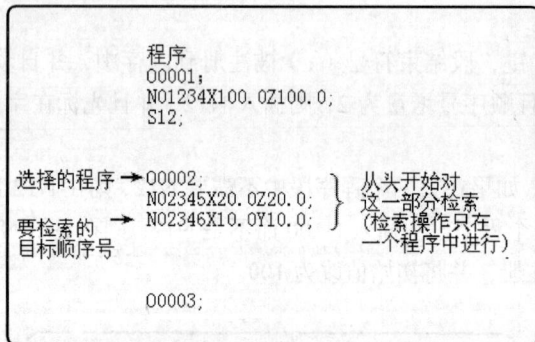

```
程序
O0001;
N01234X100.0Z100.0;
S12;

选择的程序→ O0002;           从头开始对
               N02345X20.0Z20.0;    这二部分检索
要检索的  →    N02346X10.0Y10.0;    (检索操作只在
目标顺序号                           一个程序中进行)

               O0003;
```

图 8-8　检索顺序号

① 选择 MEMORY 方式；

② 按下"PROG"键；

③ 如果程序包含有要检索的顺序号，执行下面步骤④～步骤⑦的操作；

④ 输入地址"N"；

⑤ 输入要检索的顺序号 023456；

⑥ 按下软键[N SRH]；

⑦ 检索完成后找到的顺序号显示在屏幕的右上角。

如果在当前程序中没有找到指定的顺序号，则出现 P/S No.060 报警。

3. 程序的删除

存储到内存中的程序可以被删除，或者一次删除所有的程序，同时也可以通过指定一个范围删除多个程序。

（1）删除一个程序

可以删除储存在内存中的一个程序，步骤如下：

① 选择 EDIT 方式；

② 按下"PROG"键，显示程序屏幕；

③ 键入地址"O"，程序号显示在缓冲区一栏中；

④ 键入要删除的程序号。程序号显示在缓冲区一栏中；

⑤ 按下"DELETE"键，输入程序号的程序被删除。

（2）删除所有程序

可以删除储存到内存中的所有程序，步骤如下：

① 选择 EDIT 方式；

② 按下"PROG"键，显示程序屏幕；

③ 键入地址"O"；

④ 键入"−9999"；

⑤ 按下"DELETE"键，所有的程序都被删除。

五、对刀操作

将工件装夹到数控铣床/加工中心工作台上之后，首先必须对刀才能开始加工。对刀操作就是设定刀具上某一点在工件坐标系中坐标值的过程。对于圆形柱铣刀，一般是指切削刃底平面的中心；对于球头铣刀，也可以指球头的球心。实际上，对刀的过程就是在机床坐标系中建立工件坐标系的过程。

对刀之前，应先将工件毛坯准确定位装夹在工作台上。对于较小的零件，一般安装在平口钳或专用夹具上；对于较大的零件，一般直接安装在工作台上。安装时要使零件的基准方向和 X 轴、Y 轴、Z 轴的方向相一致，并且切削时刀具不会碰到夹具或工作台，然后将零件夹紧。

常用的对刀方法是手工对刀法，一般使用刀具、标准心棒或百分表（千分表）等工具，更方便的方法是使用光电对刀仪。

1. 用 G92 指令建立工件坐标系的对刀方法

G92 指令的功能是设定工作坐标系，执行 G92 指令时，系统将指令后的 X、Y、Z 的值设定为刀具当前位置在工作坐标系中的坐标，即通过设定刀具相对于工件坐标系原点的值来确定工件坐标系的原点。

（1）方形工件的对刀步骤

如图 8-9 所示，通过对刀将图中所示方形工件的 X、Y、Z 的零点设定成工件坐标系的原点。操作步骤如下。

① 安装工件，将工件毛坯装夹在工作台上，用手动方式分别回 X 轴、Y 轴和 Z 轴到机床参考点。

采用点动进给方式、手轮进给方式或快速进给方式，分别移动 X 轴、Y 轴和 Z 轴，将主轴刀具先移到靠近工件的 X 方向的对刀基准面——工件毛坯的右侧面。

② 启动主轴，在手轮进给方式下转动手摇脉冲发生器慢慢移动机床 X 轴，使刀具侧面接触工件 X 方向的基准面，使工件上出现一极微小的切痕，即刀具正好碰到工件侧面，如图 8-10 所示。

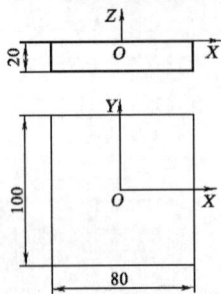

图 8-9　方形工件图

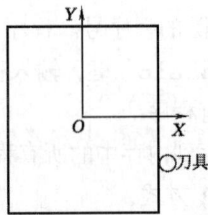

图 8-10　X 方向对刀时的刀具位置

设工件长宽的实际尺寸为 80mm × 100mm，使用的刀具直径为 8mm，这时刀具中心坐标相对于工件 X 轴零点的位置可以计算得到：80mm/2 + 8mm/2=44mm。

③ 停止主轴，将机床工作方式转换成手动数据输入方式，按下"程序"键，进入手动数据输入方式下的程序输入状态，输入 G92，按下"INPUT"键；再输入此时刀具中心的 X 坐标系值 X44，按下"INPUT"键。此时已将刀具中心相对于工件坐标系原点的 X 坐标值输入。

按下"循环启动"按扭，执行 G92 X44 这一程序，这时 X 坐标已设定好，如果按下"位置"键，屏幕上显示的 X 坐标值为输入的坐标值，即当前刀具中心在工件坐标系内的坐标值。

④ 按照上述步骤同样再对 Y 轴进行操作，使刀具侧面和工件的前侧面（即靠近操作者的工件侧面）正好接触，这时刀具中心相对于工件 Y 轴零点的坐标：−100mm/2 + (−8mm/2)=−54mm。在手动数据输入方式下输入 G92 和 Y-54，并按下"输入"键，这时刀具的 Y 坐标系已设定好。

⑤ 然后对 Z 轴进行同样操作，此时刀具中心相对于工件坐标系原点的 Z 坐标值为 Z=0mm，输入 G92 和 Z0，按下"输入"键，这时 Z 坐标系也已设定好。实际上工件坐标系的零点已设定到图 8-9 所示的位置上。

（2）圆形工件的对刀操作

如果工件为圆形，则以圆周作为对刀基准。用上述对刀的方法找基准面比较困难，一般使用百分表来进行对刀。如图 8-11 所示，通过对刀设定图中所示的工件坐标系原点。

操作步骤如下：

① 安装工件，将工件毛坯装夹在工作台夹具上。用手动方式分别回 X 轴、Y 轴和 Z 轴到机床参考点。

② 对 X 轴和 Y 轴的原点。将百分表的安装杆装在刀柄上，或卸下刀柄，将百分表的磁性座吸在主轴套筒上，移动工作台使主轴中心轴线（即刀具中心）大约移到工件的中心，调节磁性座上伸缩杆的长度和角度，使百分表的触头接触工件的外圆周，用手动慢慢转动主轴，使百分表的触头沿着工件的外圆周面移动，观察百

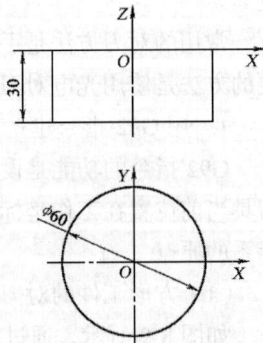

图 8-11　圆形工件

分表指针的偏移情况,慢慢移动工作台的 X 轴和 Y 轴,反复多次后,待转动主轴时百分表的指针基本指在同一个位置,这时主轴的中心就是 X 轴和 Y 轴的原点。

③ 将机床工作方式转换成手动数据输入方式,输入并执行程序 G92 X0 Y0,这时刀具中心(主轴中心)X 轴坐标和 Y 轴坐标已设定好,此时为零。

④ 卸下百分表座,装上铣刀,用上述方法设定 Z 轴的坐标值。

应当注意:由于刀具的实际直径可能要比其标称直径小,对刀时要按刀具的实际直径来计算。工件上的对刀基准面要选择工件上的重要基准面。如果欲选择的基准面不允许产生切痕、可在刀具和基准面之间加上一块厚度准确的薄垫片。

2. 自动设置工件坐标系操作

执行手动参考点返回时,系统会自动设定坐标系。操作方法:事先在参数 1250 号中储存参考点在工件坐标系中的坐标值 α、β 和 γ,当执行参考点返回时,刀具到达参考点后,刀具位置(刀具夹头的基准点或者刀具上的刀尖)的坐标为 X=α, Y=β, Z=γ。所以在手动返回参考点时就确定了工件的坐标系,这相当于参考点返回后,同时执行了下面的指令:

G92　Xα Yβ Zγ;

3. 用 G54~G59 指令设置工件坐标系操作

在工件坐标系设定界面下将工件零点相对于机床零点的偏移量存入 G54~G59 的数据区。当数控程序运行时,可以用编程的指令(G54~G59)选择工件零点偏移量,从而用指令 G54~G59 设置了工件坐标系。使用 LCD/MDI 面板可以打开工件坐标系设定界面,按下 "OFFSET" 功能键后,切换屏幕界面可以显示每一个工件坐标系的工件零点偏移值(6 个标准工件坐标系 G54~G59 和 48 个附加工件坐标系 G54.1P1~G54.1P48),并且可以在这个界面上设定、更改工件原点偏移值。

(1)显示和设定工件原点偏移值

步骤如下。

① 按下 "OFFSET" 功能键。

② 按下章节选择软键 "WORK",显示工件坐标系设定屏幕界面,如图 8-12 所示。

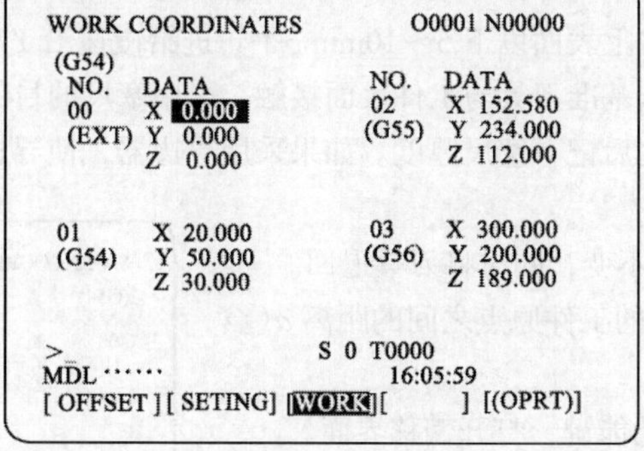

```
WORK COORDINATES              O0001 N00000
(G54)
NO.   DATA              NO.    DATA
00    X 0.000           02     X 152.580
(EXT) Y 0.000           (G55)  Y 234.000
      Z 0.000                  Z 112.000


01    X 20.000          03     X 300.000
(G54) Y 50.000          (G56)  Y 200.000
      Z 30.000                 Z 189.000


>                       S 0 T0000
MDL ······              16:05:59
[ OFFSET ] [ SETING ] [WORK] [      ] [(OPRT)]
```

图 8-12　工件坐标系设定屏幕界面

③ 显示工件原点偏移值的屏幕,包括两页或者更多页,通过以下两种方式之一,显示想要的屏幕界面。

方式 1:按下 "PAGE" 换页键,切换界面,找出所要的界面。

方式 2:输入工件坐标系号(0:外部工件原点偏移;1~6:工件坐标系 G54~G59;P1~P48:

工件坐标系 G54.1P1~G54.1P48），或按下操作选择软键"NO.SRH"，可以找到所要的界面。

④ 关掉数据保护键，使得数据可以写入。

⑤ 将光标移动到想要改变的工作原点偏移指令上。

⑥ 通过数字键输入工件原点偏移数值，然后按下"INPUT"软键，输入的数据就被指定为工件原点偏移值。或者通过输入一个数值并按下"＋INPUT"软键，输入的数值可以累加到以前的数值上。

⑦ 重复第⑤步和第⑥步，改变其他的偏移值。

⑧ 打开数据保护键禁止写入。

（2）直接输入工件原点偏移测量值

如果实际加工时的工件坐标系与编程的工件坐标系有差值，则应该测量出这个差值，并进行补偿，这就是工件原点偏移测量值的直接输入。首先测量出工件坐标系原点的偏移值；然后在屏幕上输入这个偏移值，以使指令值与实际尺寸相符；最后选择新的坐标系使编程的坐标系与实际坐标系一致。例如，工件形状如图 8-13 所示，原编程原点位于 O 点，实际加工时工件原点位于 O'，将工件原点偏移测量值直接输入的操作步骤如下。

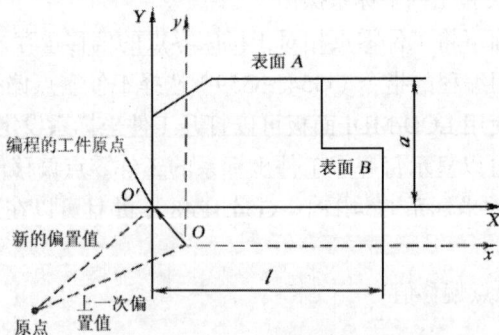

图 8-13　工件原点偏移测量值的直接输入

① 手动移动基准刀具，使其与工件表面 A 接触。

操作方法：将装夹在主轴（Z 轴）上的基准刀具移动到工件的一侧并相距一定距离，此时基准刀具端面高度保持在工件上表面以下 5~10mm。手轮进给慢速沿 Y 轴移动，使基准刀具靠近工件，同时凭手感用塞尺确认基准刀具与工件表面接触。采用塞尺的目的是避免基准刀具与工件碰撞，影响测量的准确性。之后记下塞尺厚度。如果采用寻边器，使寻边器与工件表面接触，操作简单，容易保证精度。

② 使 Y 轴坐标值保持不变，同时将刀具退回。

③ 测量表面 A 与编程的工件原点之间的距离 a（含塞尺厚度）。

④ 按下"OFFSET"功能键，打开偏移界面。

⑤ 按下"WORK"软键，切换界面，以显示工件原点偏移量的设定界面，如图 8-14 所示。

⑥ 将光标移动设置的工作原点偏移量上。

⑦ 按下欲设定偏移到轴的地址键（例如：按下"Y"键）。

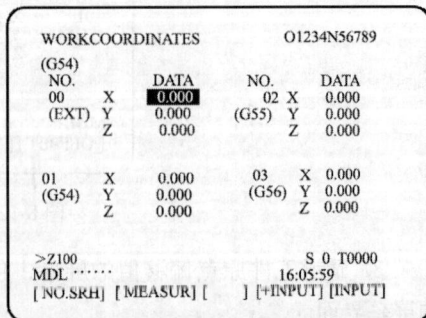

图 8-14　工件原点偏移量的设定界面

⑧ 键入值 a，然后按下"MEASUR"键，则工件 Y 轴原点偏移值被直接输入。

⑨ 手动移动工具，使其与工件的 B 面接触。

⑩ 使 X 坐标值不变，将刀具退回。

同理，可以测量 X 轴零点偏移值，即用上述第①步～第③步的方法测量 X 轴方向的 b 值，然后在屏幕上输入 X 轴的距离 b，方法同第⑦和第⑧步，则工件 X 轴原点偏移值被直接输入。

注意：上述操作不能同时输入两个或更多轴的偏移量，并且在程序执行时，此功能不能使用。

（3）注意事项

① 这种设定偏移值的方法设定工件坐标系后，其坐标系偏移值不会因机床断电而消失。

② 如果要使用这个坐标系进行加工，只要使用 G54 指令选择这个坐标系即可。使用 G55、G56、G57、G58 和 G59 指令可以分别选择第 2、第 3、第 4、第 5 和第 6 工件坐标系。

③ 可以在 NO.00 处设定 6 个坐标系的外部总偏移值。

④ 当第 1 工件坐标系有偏移值时，如果回机床参考点，屏幕显示机床参考点在第 1 工件坐标系内的坐标值。如果有外部总编移值，外部总编移值也包含在显示的坐标值内。

⑤ 偏移值设定后，如果再用 G92 指令，偏移值将被忽略。

六、设定和显示刀具偏置补偿值

刀具偏置量包括刀具长度偏置值和刀具半径补偿值，在程序中由 D 代码或 H 代码指定，D 代码或 H 代码的值可以显示在刀具补偿界面上，并在该界面上设定刀补值。设定和显示刀具偏置值的步骤如下：

① 按下"OFFSET"功能键。

② 按下章节选择软键"OFFSET"，或者多次按下"OFFSET"功能键，直到显示刀具补偿屏幕，如图 8-15 所示。

③ 通过页面键和光标键将光标移到要设定和改变补偿值的位置，或者输入补偿号码，在这个号码中设定或者改变补偿值，并按下软键"NO.SRH"。

④ 如果是设定补偿值，输入一个值并按下软键"INPUT"；如果是修补补偿值，输入一个将要加到当前补偿值的值（负值将减小当前的值），并按下软键"+INPUT"，或者输入一个新值并按下软键"INPUT"。

```
OFFSET                    O0001 N00000
   NO.   GEOM(H)   WEAR(H)   GEOM(D)   WEAR(D)
   001               0.000     0.000     0.000
   002    -1.000     0.000     0.000     0.000
   003     0.000     0.000     0.000     0.000
   004    20.000     0.000     0.000     0.000
   005     0.000     0.000     0.000     0.000
   006     0.000     0.000     0.000     0.000
   007     0.000     0.000     0.000     0.000
   008     0.000     0.000     0.000     0.000
ACTUAL POSITION(RELATIVE)
   X     0.000         Y     0.000
   Z     0.000
>
MDI**** *** ***          16:05:59
[OFFSET] [SETING] [WORK] [       ] (OPRT)]
```

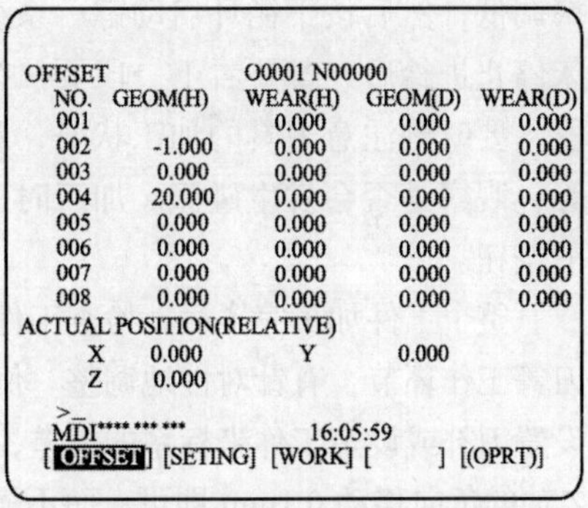

图 8-15 设定和显示刀具补偿界面

七、检查数控程序

在实际加工之前需要检查加工程序，以确认加工程序中进给路线是否合理；加工中是否有干涉、过切；切削用量选择是否恰当；程序编写是否正确；刀具的选用是否合适；对刀及刀补、坐标原点的设置是否正确等。可以用机床的下述功能检查加工程序，即机床锁住和辅助功能锁住、进给速度倍率、快速移动倍率、空运行、单程序段运行。

1. 机床锁住和辅助功能锁住

机床的锁住功能是刀具不动，而在界面上显示程序中刀具位置的运行状态，其操作方法是按下机床操作面板上的机床锁住开关，此时按下循环启动开关，刀具不再移动，但是界面上仍像刀具在运动一样，显示程序运行状态。

有两种类型的机床锁住：所有轴的锁住（停止沿所有轴的运动）和指定轴的锁住（这种锁住仅停止沿指定轴的运动）。此外辅助功能的锁住是禁止执行 M、S 和 T 指令，它和机床锁住功能一起使用，用于检查程序是否编制正确。

2. 空运行

空运行是刀具按参数指定的速度移动，而与程序中指令的进给速度无关。该功能用来在机床不装工件时检查程序中的刀具运动轨迹。操作步骤：在自动运行期间按下机床操作面板上的空运行开关，刀具按参数中指定的速度移动，快速移动开关也可以用来更改机床的移动速度。

3. 单程序段运行

单程序段运行的工作方式是按下循环启动按钮后，刀具在执行完程序中的一段即停止。通过单段方式一段一段地执行程序，可用于检查程序。执行单段方式的操作步骤如下：

① 按下机床操作面板上的"单段程序执行"开关，程序在执行完当前段后停止；

② 按下"循环启动"按钮，执行下一段程序，刀具在该程序执行完毕后停止。

八、试切削

检查完程序后，在正式加工前应进行首件试切，只有试切合格，才能说明程序正确，对刀无误。首件试切时，如程序用 G92 指令设置坐标系，需将刀具位置移动到相应的起刀点位置；如用 G54～G59 指令设定坐标系，需要将刀具移到不会发生碰撞的位置。

一般用单程序段运行工作方式进行试切。将工作方式选择为"单段"方式，同时将进给倍率调低，然后按下循环启动键，系统执行单程序段运行方式。加工时，每加工一个程序段。机床停止进给后，都要看下一段要执行的程序，确认无误后再按下循环启动键，执行下一个程序段。要时刻注意刀具的加工状况，观察刀具、工件有无松动，是否有异常的噪声、振动、发热等，观察是否会发生碰撞。加工时，一只手要放在急停按钮附近，一旦出现紧急情况，随时按下按钮。

整个工件加工完毕后，检查工件尺寸，如有错误或超差，应分析检查编程、补偿值设定、对刀等工作环节，有针对性地调整。例如，加工完某零件槽后，发现槽深均浅 0.1mm，应是对刀、设置刀补或设定工件坐标系的偏差，此时可将刀补 Z 轴值减少 0.1mm 或将工件坐标系原点位置向 Z 轴的负向移动 0.1mm 即可，而不需重新对刀。通常在重新调整后，再加工一遍即可合格。首件加工完毕后，即可进行正式加工。

九、运行数控程序

对工件的加工需要采用自动运行。用程序使数控机床运行称为自动运行。自动运行方式有以下三种。

① MDI 运行：执行由 MDI 面板输入的程序，并运行。

② 存储器运行：执行存储在 CNC 存储器中的程序，并运行。

③ DNC 运行：从输入/输出设备读入程序，使系统运行。

1. MDI（手动数据输入）运行

在屏幕上，用 MDI 键盘输入一组程序指令，机床可以根据输入的程序运行，这种操作称为 MDI 运行方式。MDI（Manual Data Input）即手动数据输入，其功能是在 MDI 屏幕界面上（此界面为程序暂存区）手动输入一个指令或几个程序段，然后按下循环启动键，则立刻运行所输入的程序。

2. 存储器运行（也称自动运行）

程序存到 CNC 存储器中，机床可以按程序指令运行，该操作称为存储器运行方式，打开程序界面选择其中的一个程序，按下机床操作面板上的循环启动键，运行程序，并且循环启动 LED 点亮。在自动运行中按下机床操作面板上的进给暂停键，自动运行被暂停中止，当再次按下循环启动键后自动运行又重新进行。当按下 "RESET" 键后，自动运行被终止，并且进入复位状态，存储器运行操作步骤见表 8-13。

表 8-13 　　　　　　　　　　　　存储器运行（自动运行）操作步骤

顺序	按键	说明
1	➡	在机床操作面板（见图 8-5）上选择操作方式，按自动运行按键 ➡
2		从存储的程序中选择一个程序，其步骤如下
	POS	① 按此键以显示屏幕界面
	O	② 按下地址键，键入程序号地址
	数字键	③ 使用数字键输入程序号
	软键"O SRH"	④ 按下 "O SRH" 软键，检索出所需程序
3	⬦I⬦	按下操作面板上的循环启动键 ⬦I⬦，启动自动运行，同时循环启动 LED 灯闪亮，当自动运行结束时指示灯熄灭
4	⬦O⬦	① 中途停止存储器运行 按下机床操作面板上的进给暂停按钮 ⬦O⬦，进给暂停指示 LED 灯亮，并且循环启动指示灯灭，机床响应如下：当机床移动时进给减速直到停止；当程序在换刀状态时，停刀；当执行 M、S 或 T 时，执行完毕后运行停止。当进给暂停指示灯亮时，按下机床操作面板上的循环启动按钮 ⬦I⬦，重新启动机床的自动运行
	RESET	② 终止取消存储器运行 按下 MDI 面板上的 "RESET" 键，自动运行被中止并进入复位状态，当在机床移动过程中执行复位操作时，机床会减速直到停止

3. 联机自动加工（DNC 运行）

数控系统经阅读机接口或 RS-232 接口读入外设上的数控程序，同时进行数控加工，称为 DNC 运行程序。根据数控系统硬件配置，可以选择不同的外部输入/输出设备存储文件程序，如便携式磁盘机、磁带机或 FA 卡等，还可以经计算机通信传输程序，进行数控加工。在加工中可以指定自动运行程序的顺序及重复运行程序的次数。

DNC 运行方式中，程序并不存到 CNC 的存储器中，而是从外部的输入/输出设备读取程序，并运行机床，这种操作被称为 DNC 运行方式。当程序太大，不需存到 CNC 的存储器中时，这种方式很有用。操作步骤见表 8-14。

在 DNC 运行时，当前正在执行的程序显示在程序检查屏幕界面和程序屏幕界面上，被显示的程序段的数量取决于正在执行的程序，程序段中的注释也一起显示。

表 8-14 联机自动加工（DNC 运行）操作步骤

顺　序	按　键	说　明
1		选用一台计算机，安装专用程序输入软件，根据数控系统对数控程序传输的具体要求，设置传输参数
2		通过 RS-232 串行端口将计算机和数控系统连接起来
3	（图标）	将操作方式置于 DNC 操作方式。即按键（图标），选择 DNC 运行方式
4		在计算机上选择要传输的加工程序
	（图标）	按下操作面板上的循环启动键（图标），程序自动运行，同时循环启动 LED 灯闪烁，当自动运行结束时指示灯熄灭

任务三 操作 SINUMERIK 802D sl 数控铣床/加工中心

一、认识机床操作面板及数控系统操作面板

SINUMERIK 802D sl 数控铣床/加工中心的机床操作面板如图 8-16 所示。SINUMERIK 802D sl 数控系统操作面板如图 8-17 所示。

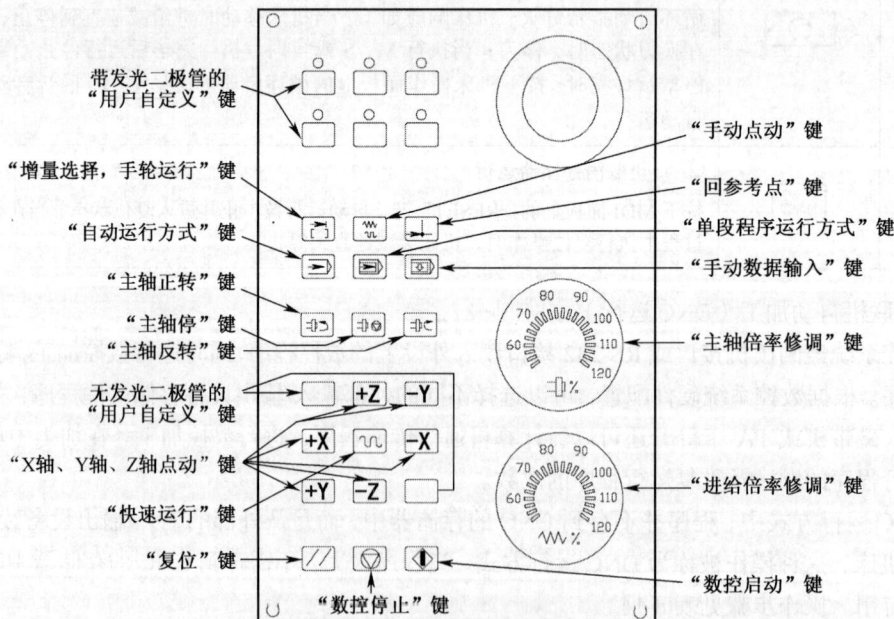

图 8-16　SINUMERIK 802D sl 数控铣床/加工中心的机床操作面板

"字母"键
（上挡键转换对应字符）

"数字"键
（上挡键转换对应字符）

"光标移动"键

"选择/转换"键

"翻页"键

"结束"键

ALARM CANCEL
"报警应答"键

1...n CANCEL
"通道转换"键

HELP
"信息"键

NEXT WINDOW

SELECT

PAGE UP

PAGE DOWN

"加工操作区"键

"程序操作区"键

PISITION

PROGRAM

OFFSET PARAM

PROGRAM MANAGER

SYSTEM ALARM

CUCTOM

"程序管理操作区"键

"报警/系统操作区"键

SHIFT

CTRL

ALT

BACKSPACE

INSERT

"上挡"键　"控制"键"改变"键"空格"键"删除"键

TAB

INPUT

"制表"键　"回车、输入"键"插入"键

"参数操作区"键

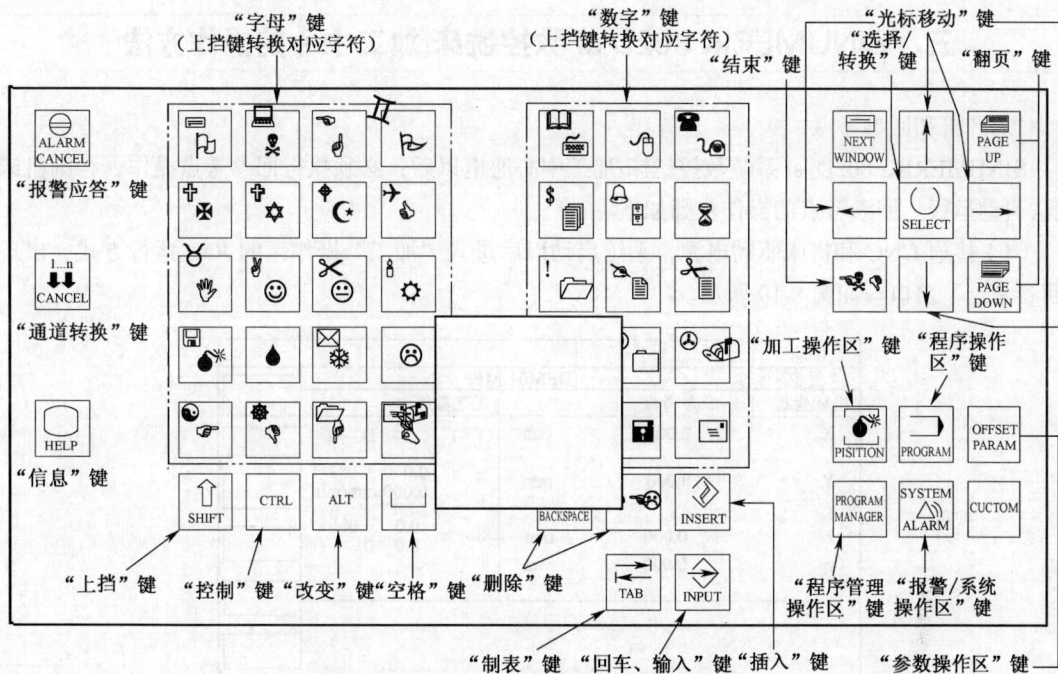

图 8-17　SINUMERIK 802D sl 数控系统操作面板

二、认识 SINUMERIK 802D sl 系统显示屏幕的划分及其功能

显示屏幕可划分为以下几个区域：状态区、应用区、说明区及软键区，如图 8-18 所示。

状态区	手动100001NC				G功能
	复位		DEM01.MPF		辅助功能
应用区	MCS	位置	由定位偏置	工艺数据 T　1　　Γ　1	
	+X	0.000	0.000mm	F　　0.000　　0% 　　　0.000　mm/min	
	+Y	0.000	0.000mm	S　　0.0　0%	
	+Z	0.000	0.000mm	0.0　0 　　0　60　120	轴进给
	+SP	0.000	0.000mm	Power[%]	
					MCS/WCS 相对坐标
					手轮方式
说明区及软键区	基本设定	测量工件	测量刀具		设置

图 8-18　屏幕划分

标准软键含义如下：

《返回》——关闭该屏幕格式；

×中止——中断输入，退出该窗口；

√接收——中断输入，进行计算；

√确认——中断输入，接收输入的值。

三、SINUMERIK 802D sl 数控铣床/加工中心的操作方法

1. 开机和回参考点

SINUMERIK 802D sl 系统数控铣床/加工中心通电以后，必须执行回参考点操作，否则机床无法自动运行。回参考点的操作步骤如下。

（1）接通 CNC 和机床驱动电源，系统启动以后进入"加工"操作区的 JOG 运行方式，出现"回参考点"窗口。如图 8-19 所示。

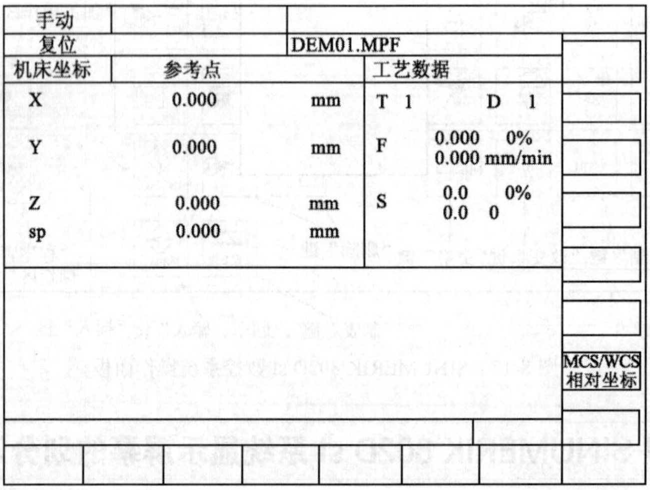

手动					
复位		DEM01.MPF			
机床坐标	参考点		工艺数据		
X	0.000	mm	T 1	D 1	
Y	0.000	mm	F	0.000 0% 0.000 mm/min	
Z	0.000	mm	S	0.0 0% 0.0 0	
sp	0.000	mm			
					MCS/WCS 相对坐标

图 8-19　JOG 方式"回参考点"窗口

（2）用机床控制面板上的回参考点键启动"回参考点"操作。在"回参考点"窗口中（见图 8-19），显示该坐标轴是否已经回参考点。

（3）分别按"+X"、"+Y"、"+Z"键使机床回零，如果选择了错误的回参考点方向，则不会产生运动。

必须让每个坐标轴逐一回参考点。

选择另一种运行方式（如 MDA，AUTO 或 JOG）可以结束"回参考点"功能。

注意："回参考点"操作只能在 JOG 方式下才可以进行。

2. "加工"操作区—JOG 运行方式

操作步骤如下。

（1）通过按机床控制面板上的手动运方式键（即"JOG"键），选择 JOG 手动运行方式。

（2）按下相应的方向键"X"、"Y"或"Z"，可以使坐标轴运行。

只要相应的键一直按着，坐标轴就一直连续不断地以设定的进给速度运行。如果设定数据中此值为"零"，则按照机床参数数据中存储的数值运行。松开按键，坐标轴就停止运行。

需要时可以通过倍率开关调节速度。如果同时按下相应的坐标轴键和"快进"键，则坐标轴以快进速度运行。

选择"增量选择"键，以步进增量方式运行时，坐标轴以选择的步进增量运行，步进量的大小在屏幕上显示。再按一次点动键就可以结束步进增量方式。

在"JOG"状态图上显示位置、进给值、主轴值和刀具值，如图 8-20 所示。

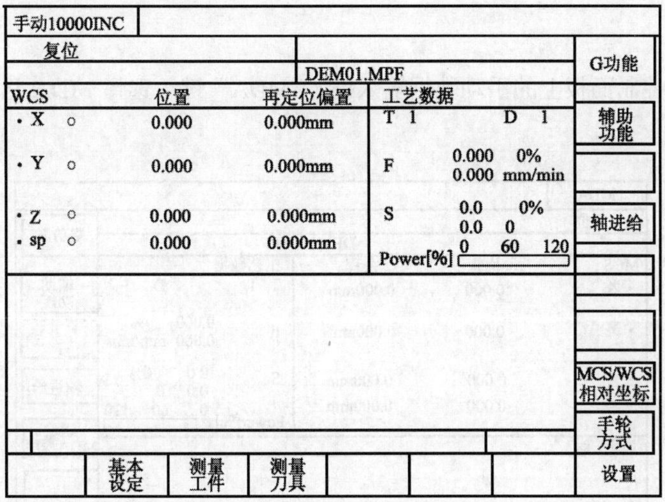

图 8-20　　"JOG"窗口

窗口中各键含义如下：

测量工件——确定零点偏置；

测量刀具——测量刀具偏置；

设置——在该屏幕格式下，可以设置带有安全距离的退回平面，以及在 MDA 方式下自动执行零件程序时主轴的旋转方向。此外还可以在此屏幕下设定 JOG 进给率和增量值，如图 8-21所示。

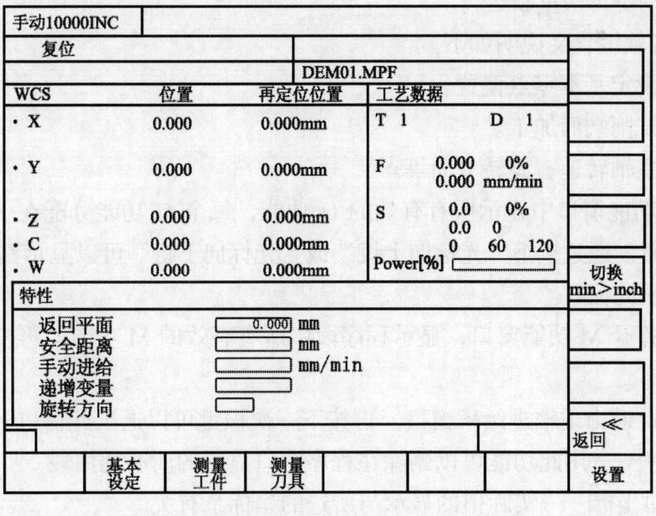

图 8-21　　设置状态

窗口中按键含义如下：

切换 mm > inch ——用此功能可以在米制和英制尺寸之间进行转换。

3．MDA 手动输入方式

在 MDA 运行方式下可以编制一个零件程序段来执行。

注意：此运行方式中所有的安全锁定功能与自动运行方式一样，其他相应的前提条件也与自动运行方式一样。

操作步骤如下。

（1）通过机床控制面板上的手动数据输入键（"MDA"键）选择 MDA 运行方式，如图 8-22 所示。

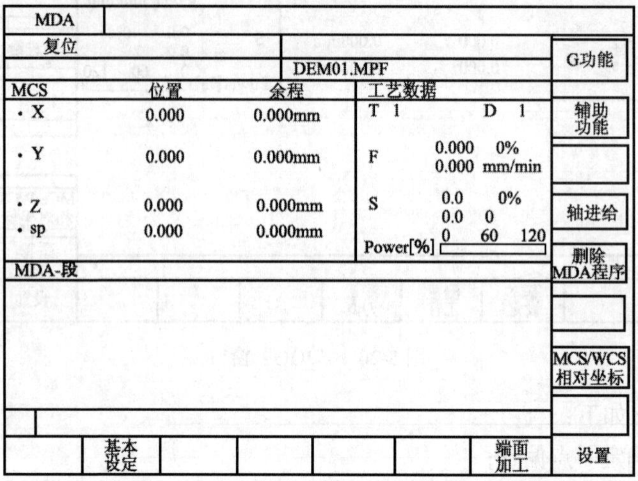

图 8-22　MDA 窗口

（2）通过操作面板输入程序段。

（3）按数控启动键执行输入的程序段。

在程序执行时不可以再对程序进行编辑。执行完毕后，输入区的内容仍保留，这样该程序段可以通过按数控启动键再次重新运行。

MDA 窗口中各软键含义说明如下。

基本设定——设定基本零点偏置。

端面加工——铣削端面加工。

设置——设置主轴转速、旋转方向等。

G 功能——G 功能窗口中显示所有有效的 G 功能，每个 G 功能分配在一功能组下，并在窗口中占有一固定位置。通过按下"光标向上键"或"光标向下键"可以显示其他的 G 功能。再按下一次该键可以退出此窗口。

辅助功能——打开 M 功能窗口，显示程序段中所有有效的 M 功能。再按下一次该键可以退出窗口。

轴进给——按此键出现轴进给率窗口。再按下一次该键可以退出此窗口。

删除 MDA 程序——用此功能可以删除在程序窗口显示的所有程序段。

MCS/WCS 相对坐标——实际值的显示与所选的坐标系有关。

4．程序输入

（1）操作步骤

① 选择"程序"操作区。

② 按下数控控制面板上的 PROGRAM MANAGER 键，打开"程序管理器"，以列表形式显示零件程序及目录。程序管理器窗口如图 8-23 所示。

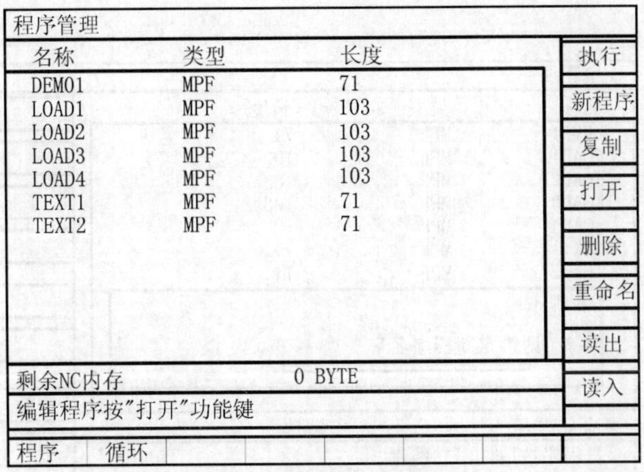

程序管理			
名称	类型	长度	执行
DEMO1	MPF	71	新程序
LOAD1	MPF	103	
LOAD2	MPF	103	复制
LOAD3	MPF	103	
LOAD4	MPF	103	打开
TEXT1	MPF	71	
TEXT2	MPF	71	删除
			重命名
			读出
剩余NC内存		0 BYTE	读入
编辑程序按"打开"功能键			
程序	循环		

图 8-23　程序管理窗口

③ 在程序目录中用光标移动键选择零件程序。为了更快地找到程序，输入程序名的第一个字母。控制系统自动把光标定位到含有该字母的程序前。

（2）程序管理窗口中各软键的含义

各软键含义如下。

程序——按下程序键显示零件程序目录。

执行——按下此键选择执行的零件程序，按下数控启动键时启动执行该程序。

新程序——按下此键可以输入新的程序。

复制——按下此键可以把所选择的程序拷贝到另一个程序中。

打开——按下此键打开待执行的程序。

删除——用此键可删除光标定位的程序，并提示对该选择进行确认。按下确认键执行消除功能，按下返回键取消并返回。

重命名——操作此键出现一窗口，在此窗口可以更改光标所定位的程序名称。输入新的程序名后按下确认键；完成名称更改，用返回键取消此功能。

读出——按下此键，通过 RS232 接口把零件程序送到计算机中保存。

读入——按下此键，通过 RS232 接口装载零件程序。接口的设定请参照"系统"操作区域。零件程序必须以文本的形式进行传送。

循环——按下此键显示标准循环目录。只有当用户具有确定的权限时才可以使用此键。

（3）输入新程序——"程序"操作区

操作步骤如下。

① 按下 PROGRAM MANAGER 键，选择"程序"操作区，显示 NC 中已经存在的程序目录。

② 按下 新程序 软键，出现一对话窗口，在其中输入新的主程序和子程序名称，如图 8-24 所示。

③ 输入新文件名。

√确认——按下"确认"键接收输入，生成新程序文件可以对新程序进行编辑。

×中断——用中断键中断程序的编制，并关闭此窗口。

（4）零件程序的编辑

在编辑功能下，零件程序不在执行状态时，也可以进行编辑。对零件程序的任何修改，可立即被存储，如图 8-25 所示。

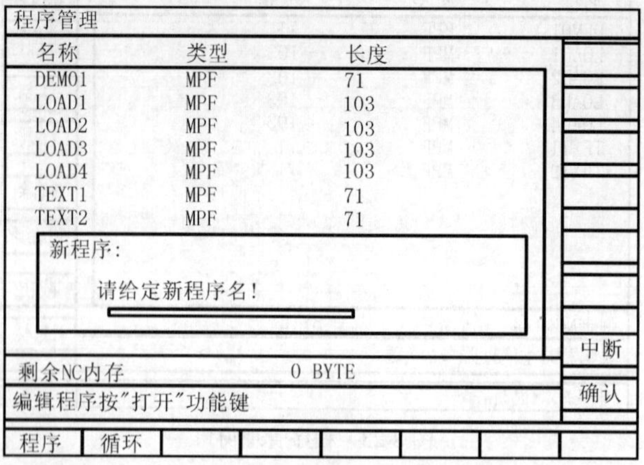

图 8-24　新程序输入窗口

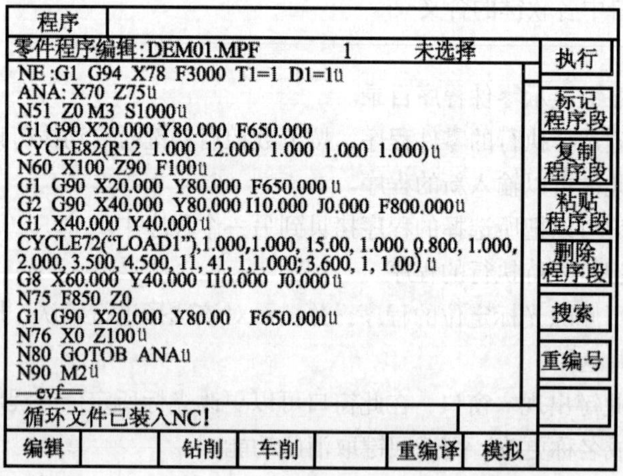

图 8-25　程序编辑窗口

软键功能如下。

编辑——程序编辑器。

执行——使用此键，执行所选择的文件。

标记程序段——按此键，选择一个文本程序段，直至当前光标位置。

复制程序段——用此键拷贝一程序段到剪贴板。

粘贴程序段——用此键把剪贴板上的文本粘贴到当前的光标位置。

删除程序段——按此键，删除所选择的文本程序段。

搜索——用"搜索"键和"搜索下一个"键在所显示的程序中查找一字符串。在输入窗口键入所搜索的字符，按下"确认"键启动搜索过程。按下"返回"键则不进行搜索，退出窗口。再按下此键继续搜索所要查询的目标文件。

重编号——使用该功能，替换当前光标位置到程序结束之间的程序段号。

重编译——在重新编译循环时，把光标移到程序中，调用循环的程序段。在其屏幕格式中输入相应的参数，如果所设定的参数不在有效范围之内，则该功能会自动进行判别，并且恢复使用原来的缺省值。

屏幕格式关闭之后，原来的参数就被所修改的参数取代。

注意：仅仅是自动生成的程序块或程序段才可以重新进行编译。

5. 输入/修改零点偏置值

在回参考点之后，机床的所有坐标均以机床零点为基准，而工件的加工程序则以工件零点为基准。这之间的差值就可作为设定的零点偏移值输入。

（1）计算零点偏移值

选择零点偏置（如 G54～G59）窗口，确定待求零点偏置的坐标轴，如图 8-26 所示。

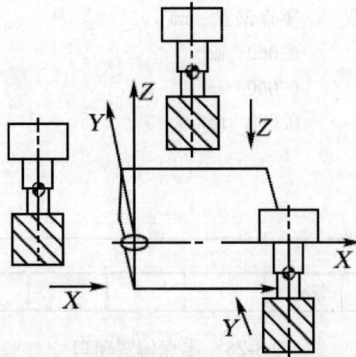

图 8-26　计算零点偏置

计算零点偏置值的操作步骤：

① 按下 测量工件 软键。控制系统转换到"加工"操作区，出现对话框用于测量零点偏置。所对应的坐标轴以背景为黑色的软键显示。

② 移动刀具，使其与工件相接触。在工件坐标系"设定 Z 位置"区域，输入所接触的工件边沿的位置值。

在确定 X 和 Z 方向的偏置时，必须考虑刀具正、负移动的方向，如图 8-27 所示。

图 8-27　确定零点偏置

③ 按下 计算 软键进行零点偏置的计算，结果显示在零点偏置栏。

（2）输入或修改零点偏置值的操作步骤

① 按下"参数操作区域"键 OFFSET PARAM 。

② 按下 零点偏移 软键，屏幕上显示出可设定零点偏置的情况，包括已编程的零点偏置值、有效的比例系数状态显示、"镜像有效"，以及所有的零点偏置，如图 8-28 所示。

图 8-28　零点偏置窗口

③ 按下 ←、↑、↓、→ 方向键，把光标移动到待修改的地方。

④ 输入零点偏置的数值。

6. 编程设定数据

利用设定数据键可以设定运行状态，并在需要时进行修改。

操作步骤如下。

① 按下"参数操作区域"键 OFFSET PARAM 和 零点偏移 软键选择设定数据。

② 按下 设定数据 键，进入下一级菜单，在此菜单中可以对系统的各个参数进行设定，如图 8-29 所示。

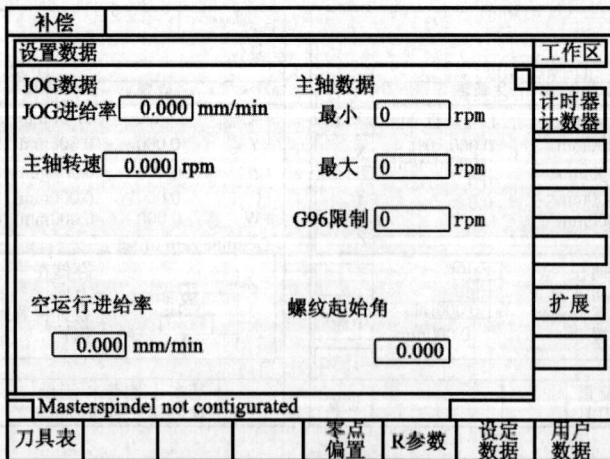

图 8-29　设定数据窗口

各种数据设定情况如下。

① JOG——进给率。在 JOG 状态下的进给率设定，如果该进给率为零，则系统使用机床参数中存储的数值。

② 主轴转速。设定主轴转速最小值和最大值。对主轴转速的限制（G26 最大/G25 最小）只可以在机床数据所规定的极限范围内进行。

③ 可编程主轴极限值。在恒定切削速度（G96）时，可编程的最大速度（LIMS）。

④ 在空运行进给率。在自动方式中若选择空运行进给功能，则程序不按编程的进给率执行，而是执行参数设定值的进给率，即在此输入的进给率。

7. 输入刀具参数及刀具补偿

在 CNC 进行工作之前，必须在 NC 上进行参数设置，修改某些机床、刀具的调整数据，例如，

① 输入刀具数据及刀具补偿参数；

② 输入、修改零点偏置；

③ 输入设定数据。

刀具参数包括刀具几何参数、磨损量参数和刀具型号参数。

不同类型的刀具均有一个确定的参数数值，每把刀具有一个刀具号（T×× 号），如图 8-30 和图 8-31 所示。

图 8-30　刀具补偿窗口

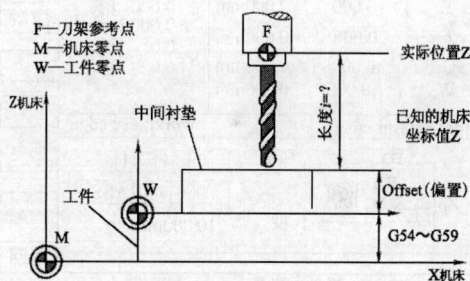

图 8-31　计算钻头的长度补偿

（1）输入刀具补偿参数的操作步骤

① 按下 OFFSET PARAM 键，打开刀具补偿参数窗口，显示所使用的刀具清单。可通过光标键和翻页键选出所要求的刀具。

② 通过以下步骤输入补偿参数：

a. 把光标移到输入区定位；

b. 输入数值；

c. 按下输入键确认或者移动光标，对于一些特殊刀具可以使用扩展键，填入全套参数。

刀具补偿窗口中各软键含义说明如下。

测量刀具——手动确定刀具补偿参数。

删除刀具——清除所有刀具补偿参数。

扩展——按下此键显示刀具的所有参数。

切削沿——刀具切削时所处的位置。

搜索——输入待查找的刀具号，按下确认键，如果所查找的刀具存在，则光标会自动移到相应的行。

新刀具——使用此键建立一把新刀具的刀具补偿。

注意：最多可以建立 32 把刀具。

（2）确定刀具补偿值

利用此功能可以计算刀具未知的几何长度。前提条件是换入该刀具。在 JOG 方式下移动该刀具，使刀尖到达一个已知坐标值的机床位置，这可能是一个已知位置的工件。输入参考点坐标 X_0、Y_0 或 Z_0。

应当注意的是，铣刀要计算长度和半径。

如图 8-31 所示，利用 F 点的实际位置（机床坐标）和参考点，系统可以在所预选的坐标轴方向计算出刀具补偿值长度或刀具半径。可以使用一个已经计算出的零点偏移（G54～G59）作为已知的机床坐标，使刀具运行到工件零点。如果刀具已经位于工件零点，则偏移值为零。

确定刀具补偿值的操作步骤如下。

① 按下 测量工具 软键，打开刀具补偿值窗口，自动进入位置操作区，如图 8-32 所示。

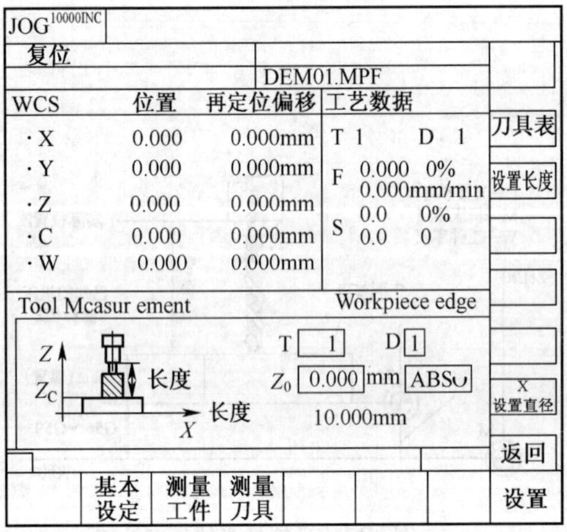

（a）"对刀"窗口，长度测量 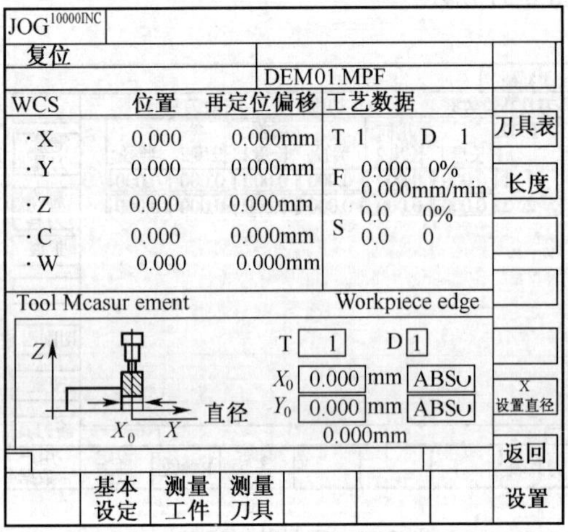　　　　　　（b）刀具直径测量

图 8-32　测量刀具

② 在 X_0、Y_0 或 Z_0 处登记一个刀具当前所在位置的数值，该值可以是当前的机床坐标值，也可以是一个零点偏移值。如果使用了其他数值，则补偿值以此位置为准。

③ 按下软键 设置长度 或者 设置直径，系统根据所选择的坐标轴计算出他们相应的几何长度或直径。所计算出的补偿值被存储。

8. 模拟图形

如当前为自动运行方式，并且已经选择了待加工的程序，可通过模拟功能，使编程的刀具轨迹通过图形来显示。

操作步骤如下。

① 按下 模拟 键，屏幕显示初始状态，如图 8-33 所示。

② 按下数控启动键，模拟所选择的零件程序的刀具轨迹。

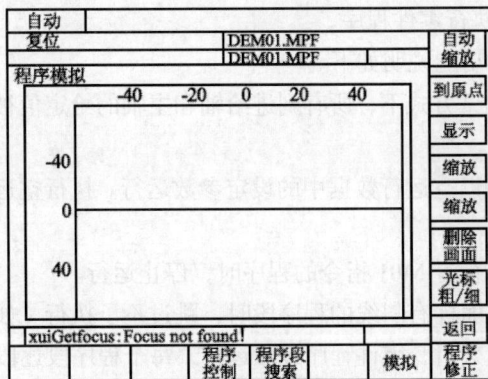

图 8-33　模拟初始状态窗口

模拟初始状态窗口中各软键的含义说明如下。

自动缩放——操作此键可以自动缩放所记录的刀具轨迹。

到原点——按此键，可以恢复到图形的基本设定。

显示——按此键，可以显示整个工件。

缩放+——按此键，可以放大显示图形。

缩放−——按此键，可以缩小显示图形。

删除画面——按此键，可以擦除显示的图形。

光标粗/细——按此键，可以调整光标的步距大小。

9. CNC 自动加工

在启动程序之前必须调整好系统数据和机床，安装、校正、夹紧零件毛坯，同时还必须注意机床生产厂家的安全说明。

操作步骤如下。

① 按下自动方式键，选择自动工作方式。

② 按下 PROGRAM MANAGER 键，显示出系统中所有的程序。

③ 按下←、↑、↓、→键，把光标移动到要执行的程序上。

④ 按下执行键，选择待加工的程序，被选择的程序名显示在屏幕区"程序名"下。

⑤ 如果有必要，还可以确定程序的运行状态，此时按下程序控制键，将出现如图 8-34 所示窗口。

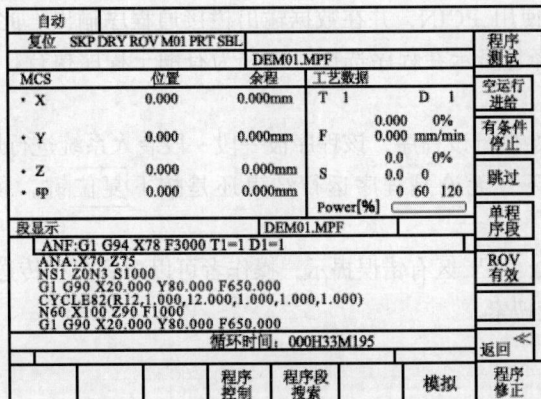

图 8-34　程序控制窗口

⑥ 按下 数控启动 键，执行零件程序。

程序控制窗口中各软键功能说明如下。

程序测试 ——在程序测试方式下，所有到进给轴和主轴的给定值被禁止输出，此时给定值区域显示当前运行数值。

空运行进给 ——进给轴以空运行数据中的设定参数运行。执行空运行时，进给速度编程指令无效。

有条件停止 ——程序执行有 M01 指令的程序时，停止运行。

跳过 ——程序运行到前面标有斜线的程序段时，跳过不予执行（如 "/N100"）。

单程序段 ——此功能生效时，零件程序逐段运行，每个程序段逐段解码，在程序段结束时有一暂停。但是，没有空运行进给的螺纹程序段例外，螺纹程序段运行结束后才会产生一暂停。单段功能只有处于程序复位状态时才可以选择。

ROV 有效 ——按 快速修复 键时，修调开关对于快速进给生效。

＜＜返回 ——退出当前正在执行的窗口。

10. 执行外部程序，DNC 自动加工

当铣削三维立体零件时，程序是通过 CAD/CAM 自动生成的，故非常长，系统的内存有限，无法装载程序用 CNC 来加工。这样的一个外部程序可由 RS232 接口输入控制系统，当按下 "NC 启动" 键后，立即执行该程序，且一边传送一边执行加工程序，这种方法称为 DNC 直接数控加工。

当缓冲存储器中的内容被处理后，程序被自动再装入。程序可以由外部计算机，如一台装有 PCIN 数据传送软件的计算机执行该任务。

（1）执行外部程序的前提条件

① 控制系统处于复位状态。

② 有关 RS232 接口的参数设定正确，而且此时该接口不可用于其他工作（如数据输入、数据输出）。

③ 外部程序开头必须改成系统能接受的如下格式（输入以下两行内容不允许有空格）：

%_N_程序名 MPF

；＄PATH=/_N_MPF_DIR

（2）DNC 自动加工的操作步骤

① 按下 外部程序 键。

② 在外部计算机上使用 PCIN，并在数据输出栏接通程序输出。此时程序被传送到缓冲存储器，并被自动程序选择且显示在程序选择栏中。为有助于程序执行，最好等到缓冲存储器装满为止。

③ 用 NC 启动 键开始执行该程序，该程序被一段一段装入系统进行加工，直至全部结束。

在 DNC 运行方式下，无论是程序运行结束还是按下 复位 键，程序都自动从控制系统退出。

注意：在 "系统/数据 I/O" 区有错误提示，操作者可以看到多种传送错误。对于外部读入的程序，不可以进行程序段搜索。

任务四 | HNC-21M 数控铣床的操作

一、数控铣床操作面板

HNC-21M 是武汉华中数控股份有限公司所生产的一种数控系统——华中世纪星，其数控系统的操作面板如图 8-35 所示。

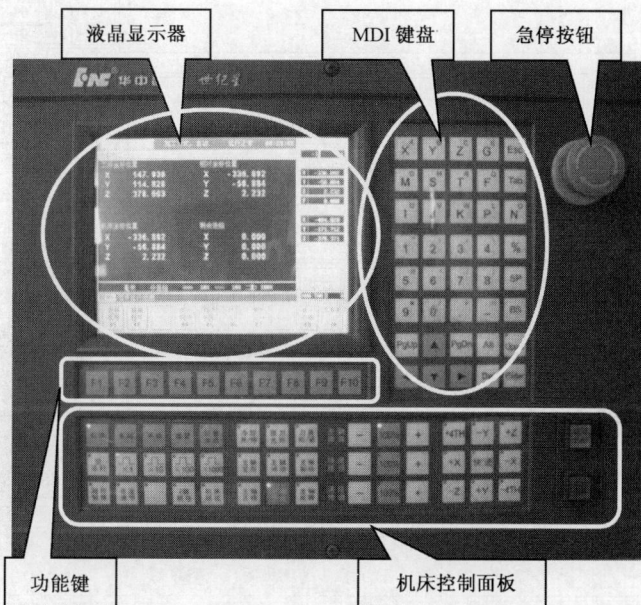

图 8-35　HNC-21M 铣床数控系统操作面板

软件操作界面如图 8-36 所示，由以下几个部分组成：

① 图形显示窗口；

② 菜单命令条；

③ 运行程序索引；

④ 选定坐标系下的坐标值；

⑤ 工件坐标零点显示；

⑥ 倍率修调；

⑦ 辅助机能；

⑧ 当前加工程序行；

⑨ 当前加工方式、系统运行状态及当前时间。

图 8-37 所示为软件主菜单及"自动加工"子菜单（"自动加工"的下一级菜单）。

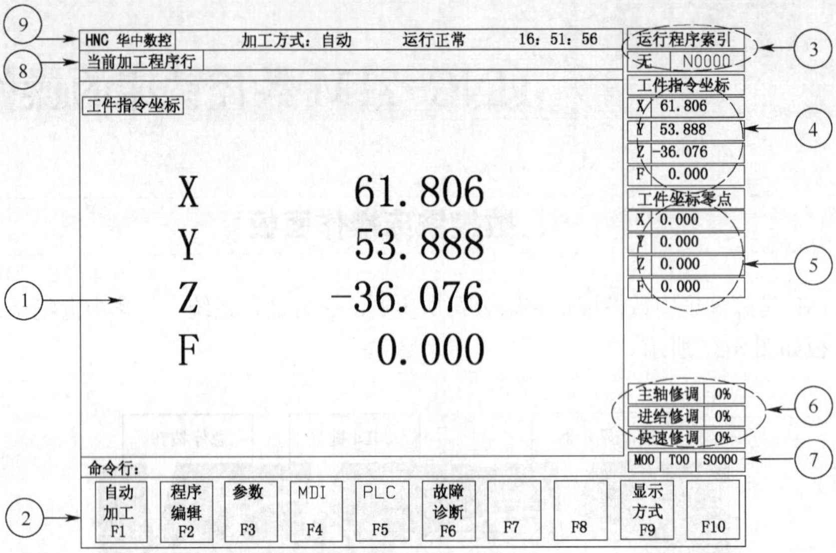

图 8-36 软件操作界面

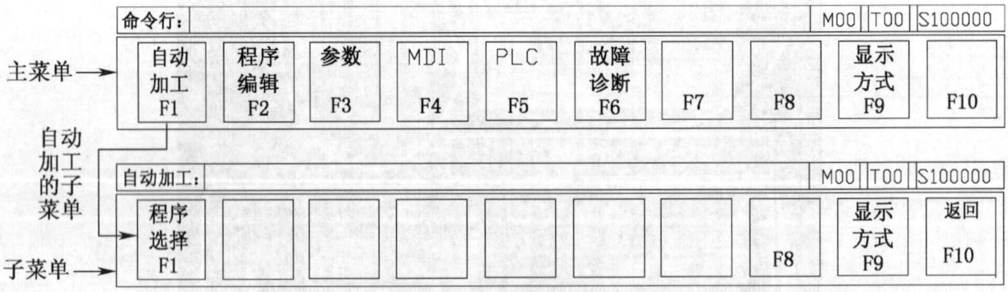

图 8-37 菜单层次

二、手动操作

手动操作主要包括手动移动机床坐标轴，手动控制主轴，机床锁住、Z 轴锁住，刀具松紧、冷却液启停。机床手动操作主要由手持单元和机床控制面板共同完成，机床控制面板如图 8-38 中白线框中所示。

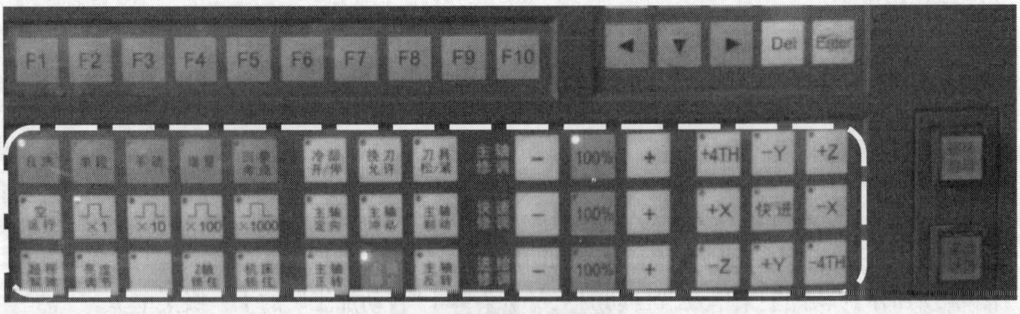

图 8-38 机床控制面板

三、MDI 操作

在图 8-36 所示的主操作界面下，按"F4"键进入 MDI 功能子菜单。命令行与菜单条的显示如图 8-39 所示。

MDI:								M00 T00 S100000
刀库 表 F1	刀具 表 F2	坐标 系 F3	返回 断点 F4	重新 对刀 F5	MDI 运行 F6		F8	显示 方式 F9	返回 F10

图 8-39　MDI 功能子菜单

在该界面下可以进行如下操作：

· 输入 MDI 指令段。

· 运行 MDI 指令段。

· 修改某一字段的值。

· 清除当前输入的所有尺寸字数据。

· 停止当前正在运行的 MDI 指令。

四、坐标系数据设置

① 在 MDI 功能子菜单下按"F3"键，进入坐标系手动数据输入方式，图形显示窗口首先显示 G54 坐标系数据，如图 8-40 所示。

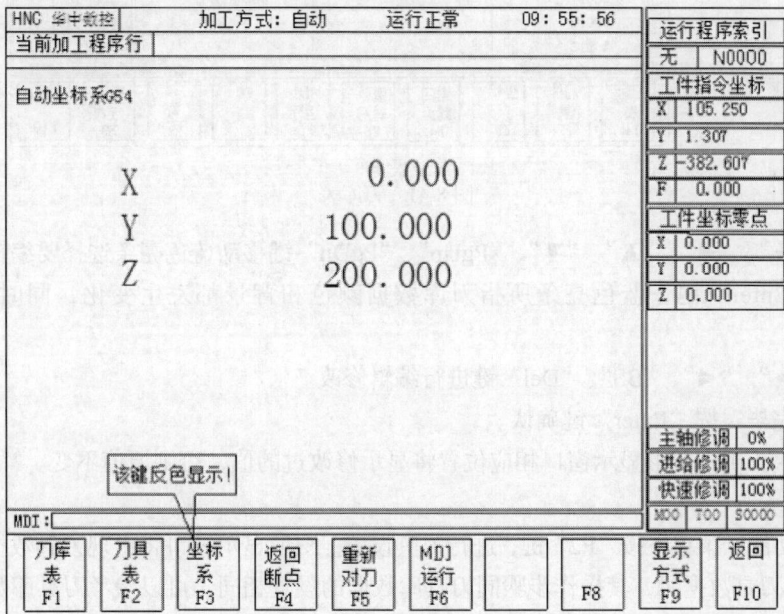

图 8-40　MDI 方式下的坐标系设置

② 按"PgDn"或"PgUp"键，选择要输入的数据类型：G55、G56、G57、G58、G59 坐标系、当前工件坐标系的偏置（坐标系零点相对于机床零点的值）或当前相对值零点。

③ 在命令行输入所需数据,如在图 8-40 所示情况下输入"X200 Y300",并按"Enter"键,将设置 G54 坐标系的 X 及 Y 偏置分别为 200、300。

④ 若输入正确,图形显示窗口相应位置将显示修改过的值,否则原值不变。

注意:编辑过程中,在按"Enter"键之前,按"Ese"键可退出编辑,但输入的数据将丢失,系统将保持原值不变。

五、刀具库及刀具参数的输入

(1)刀库表。在 MDI 功能子菜单下输入刀库数据,操作步骤如下。

① 在 MDI 功能子菜单下按"F1"键,进行刀库设置,图形显示窗口将出现刀库数据,如图 8-41 所示。

图 8-41 刀库表

② 用"▶"、"◀"、"▲"、"▼"、"PgUp"、"PgDn"键移动蓝色亮条选择要编辑的选项。

③ 按"Enter"键,蓝色亮条所指刀库数据颜色和背景都发生变化,同时有一光标在闪烁。

④ 用"▶"、"◀"、"BS"、"Del"键进行编辑修改。

⑤ 修改完毕,按"Enter"键确认。

⑥ 若输入正确,图形显示窗口相应位置将显示修改过的值,否则原值不变。

(2)刀具表

在 MDI 功能子菜单下按"F2"键,进行刀具设置,图形显示窗口将出现刀具数据,如图 8-42 所示。在输入刀具数据时,其操作步骤同刀具库数据的设置相同,可以参考刀具库数据的设置方式进行。

图 8-42　刀具数据的输入与修改

任务五

使用对刀工具对刀

前面介绍了试切法对刀，下面将介绍使用对刀工具对刀。

数控铣床的对刀内容包括基准刀具的对刀和各个刀具相对偏差的测定两部分。对刀时，先从某零件加工所用到的众多刀具中选取一把作为基准刀具，进行对刀操作。再分别测出其他各个刀具与基准刀具刀位点的位置偏差值，如长度、直径等。这样就不必对每把刀具都进行对刀操作。如果某零件的加工仅需一把刀具就可以的话，则只对该刀具进行对刀操作即可。如果所要换的刀具是加工暂停时临时手工换上的，则该刀具的对刀也只需要测定出它与基准刀具刀位点的相对偏差，再将偏差值存入刀具数据库即可。有关多把刀具的偏差设定及意义，将在刀具补偿内容中说明，下面仅对基准刀具的对刀操作进行说明。

当工件以及基准刀具（或对刀工具）都安装好后，可按下述步骤进行对刀操作：先将方式开关置于"回参考点"位置，分别按下"+X"、"+Y"、"+Z"方向键，使机床进行回参考点操作，此时屏幕将显示对刀参照点在机床坐标系中的坐标，若机床原点与参考点重合，则坐标显示为（0，0，0）。

一、以毛坯孔或外形的对称中心为对刀位置点

（1）以定心锥轴找小孔中心

如图 8-43 所示，根据孔径大小选用相应的定心锥轴，手动操作使锥轴逐渐靠近基准孔中心，

手压移动 Z 轴，使其能在孔中上下轻松移动，记下此时机床坐标系中的 X、Y 坐标值，即为所找孔中心的位置。

（2）用百分表找孔中心

如图 8-44 所示，用磁性表座将百分表固定在机床主轴端面上，手动或低速旋转主轴。然后手动操作使旋转的表头依 X 轴、Y 轴、Z 轴的顺序逐渐靠近被测表面，用步进移动方式，逐步降低步进增量倍率，调整移动 X、Y 的位置，使得表头旋转一周时，其指针的跳动量在允许的对刀误差内（如 0.02mm），记下此时机床坐标系中的 X、Y 坐标值，即为所找孔中心的位置。

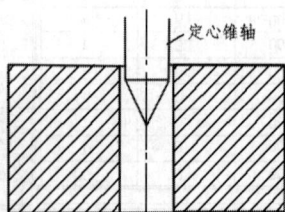

图 8-43 用定心锥轴找孔中心   图 8-44 用百分表找孔中心

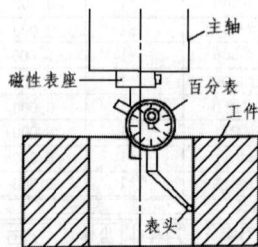

（3）用寻边器找毛坯对称中心

将寻边器和普通刀具一样装夹在主轴上，其柄部和触头之间有一个固定的电位差。当触头与金属工件接触时，即通过床身形成回路电流，寻边器上的指示灯就被点亮。逐步降低步进增量，使触头与工件表面处于极限接触（进一步即点亮，退一步则熄灭）状态，即认为定位到工件表面的位置处。寻边器型号规格很多，图 8-45（a）所示为一种寻边器实物图，图 8-45（b）为寻边器的内部结构示意图，图 8-45（c）为寻边器的的用途示意图。

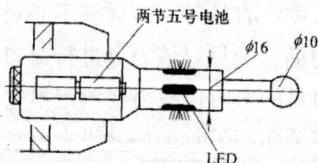

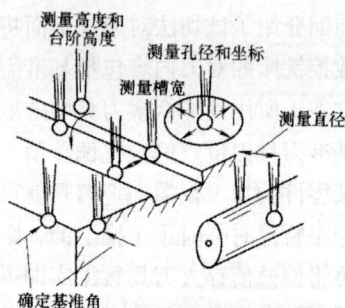

（a）一种寻边器实物图   （b）寻边器内部结构示意图   （c）寻边器用途示意图

图 8-45 寻边器图

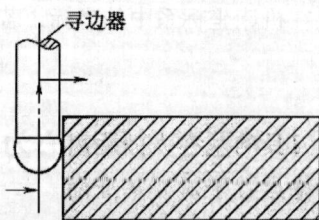

图 8-46 寻边器找对称中心示意图

如图 8-46 所示，将寻边器先后定位到工件正对的两侧表面，记下对应边的 X_1、X_2、Y_1、Y_2 坐标值，则对称中心在机床坐标系中的坐标应是 $((X_1 + X_2)/2, (Y_1 + Y_2)/2)$。

二、以毛坯相互垂直的基准边线的交点为对刀位置点

如图 8-47 所示，使用寻边器或直接用刀具对刀。

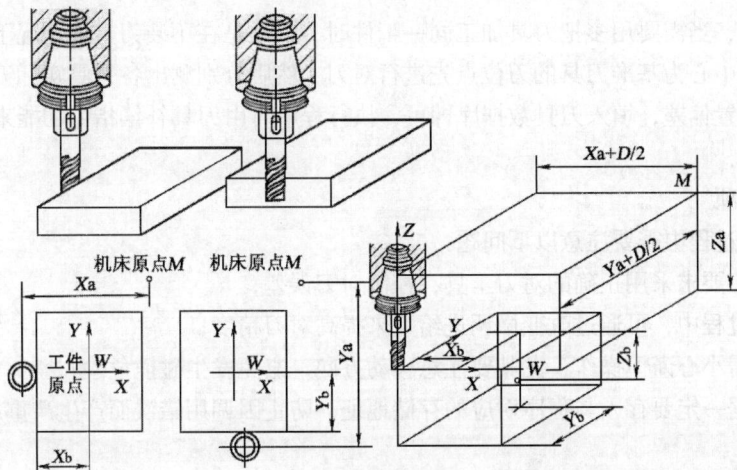

图 8-47 对刀操作时的坐标位置关系

① 按下 X、Y 轴移动方向键，令刀具或寻边器移到工件左（或右）侧空位的上方。再让刀具下行，最后调整移动 X 轴，使刀具圆周切削刃接触工件的左（或右）侧面，记下此时刀具在机床坐标系中的 X 坐标 X_a。然后按 X 轴移动方向键使刀具离开工件左（或右）侧面。

② 用同样的方法调整移动到刀具圆周切削刃接触工件的前（或后）侧面，记下此时的 Y 坐标 Y_a。最后让刀具离开工件的前（或后）侧面，并将刀具回升到远离工件的位置。

③ 如果已知刀具或寻边器的直径为 D，则基准边线交点处的坐标计算如下：如以工件左侧和前方分别在 X、Y 方向对刀，应为 $(X_a + D/2, Y_a + D/2)$；如以工件右侧和后方分别在 X、Y 方向对刀，应为 $(X_a + D/2, Y_a + D/2)$。注意，图中的 X_a、Y_a 均为负值。

（1）刀具 Z 向对刀

当对刀工具中心（即主轴中心）在 X、Y 方向上的对刀完成后，可取下对刀工具，换上基准刀具，进行 Z 向对刀操作。Z 向对刀点通常都是以工件的上、下表面为基准的，这可利用 Z 轴设定器进行精确对刀，其原理与寻边器相同。如图 8-48 所示，若以工件上表面（$Z=0$）为工件零点，则当刀具下表面与 Z 轴设定器接触致指示灯亮时，刀具在工件坐标系中的坐标应为 $Z=100$，即可使用 "G92 Z100" 来建立以工件上表面为 $Z=0$ 的工件坐标系。

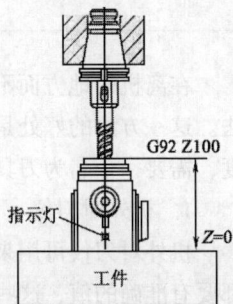

图 8-48 Z 向对刀设定

如图 8-47 所示，假定编程原点（或工件原点）预设定在距对刀具的基准表面距离分别为 X_b、Y_b、Z_b 的位置处，若将刀具刀位点置于对刀基准面的交汇处，则此时刀具刀位点在工件坐标系中的坐标为 $(-X_b, -Y_b,$

Z_b)。如前所述，其在机床坐标系中坐标应为($X_a + D/2, Y_a + D/2, Z_a$)，此时若用 MDI 执行 G92 X-x_b Y-y_b Zz_b，即可建立所需的工件坐标系。注意：由于机床原点一般设在各轴正向极限位置，故对刀时的 X_a、Y_a、Z_a 均显示为负值。

另外，也可先将刀具移到某一位置，记下此时屏幕上显示的该位置在机床坐标系中的坐标值，然后换算出此位置刀具刀位点在工件坐标系中的坐标，再将所算出的 X、Y、Z 坐标值填入程序中 G92 指令内，在保持当前刀具位置不移动的情况下去运行程序，同样可达到对刀的目的。

实际操作中，当需要用多把刀具加工同一工件时，常常是在不装刀具的情况下进行对刀。这时常以刀座底面中心为基准刀具的刀位点先进行对刀，然后分别测出各刀具实际刀位点相对于刀座底面中心的位置偏差，填入刀具数据库即可，执行程序时由刀具补偿指令功能来实现各刀具位置的自动调整。

（2）注意事项

在对刀操作过程中需要注意以下问题：

① 根据加工要求采用正确的对刀工具，控制对刀误差；

② 在对刀过程中，可通过改变微调进给量来提高对刀精度；

③ 对刀时需小心谨慎操作，尤其要注意移动方向，避免发生碰撞危险；

④ 对刀数据一定要存入与程序对应的存储地址，防止因调用错误而产生严重后果。

任务六 学习设定加工中心刀具长度补偿的方法

设定加工中心刀具长度补偿的常用方法有如下 3 种。

① 预先设定刀具长度法——基于外部加工刀具的测量装置（对刀仪）。

② 接触式测量法——基于机上的测量。

③ 基准刀法——基于基准刀具的长度。

每种方法都有优点，这些方法的应用和操作并不直接与编程相关，CNC 程序员要仔细斟酌选择哪种方法。

一、预先设定刀具长度的方法

在离机的地方而不是在机床调试中预先设置切削刀具长度，这是设置刀具长度的最原始的方法。这一方法的好处是减少了设置中的非生产时间。同样它也有缺点：离开机床预先设置刀具长度，需要一个名为刀具预调装置的对刀仪。

1. 机外对刀仪

机外对刀仪可用来测量刀具的长度、直径和刀具形状、角度。刀库中存放的刀具其主要参数都要有准确的值，这些参数值在编制加工程序时都要加以考虑。使用中因刀具损坏需要更换新刀具时，用机外对刀仪可以测出新刀具的主要参数值，以便掌握它与原刀具的偏差，然后通过修改补偿量确保其正常加工。此外，用机外对刀仪还可以测量刀具切削刃的角度和形状等参数，有利于提高加工质量。

如图 8-49 所示为一种光学对刀仪的外观。

（1）对刀仪的组成

① 刀柄定位机构。对刀仪的刀柄定位机构与标准刀柄相对应，它是测量的基准，所以要有很高的精度，并与加工中心的定位基准要求接近，以保证测量与使用的一致性。

② 测头与测量机构。测头有接触式和非接触式两种。接触式测头直接接触切削刃的主要测量点（最高点和最大外径点）。非接触式（见图 8-50）测头主要用光学的方法，把刀尖投影到光屏上进行测量。测量机构提供切削刃的切削点处的 Z 轴和 X 轴（半径）尺寸值，即刀具的轴向尺寸和径向尺寸。测量的读数方式有机械式、数显等。

③ 数据处理装置。对测量得到的数据进行处理。

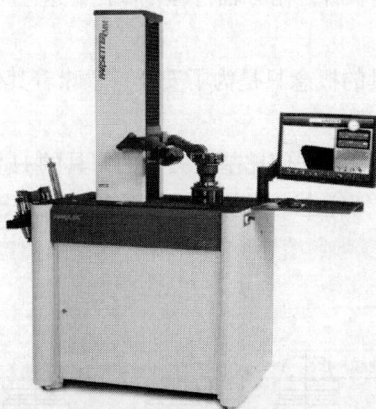

图 8-49　光学对刀仪

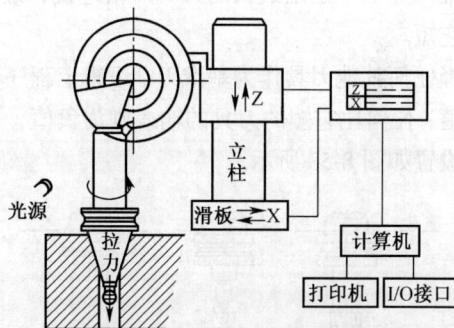

图 8-50　机外对刀仪示意图

（2）使用对刀仪应注意的问题

① 使用前要用标准对刀心轴进行校准。每台对刀仪都随机带有一件标准的对刀心轴。要妥善保护，使其不锈蚀或受外力变形。每次使用前要对 Z 轴和 X 轴尺寸进行校准和标定。

② 静态测量的刀具尺寸与实际加工出的尺寸之间有一差值。影响这一差值的因素很多，因此对刀时要考虑一个修正量，这要由操作者的经验来预选，一般要偏大 0.01～0.05mm。

2. 预先设定刀具长度的方法

使用刀具预调装置，操作人员将测量值输入偏置寄存器中，当加工工件时，不需要在机床上进行刀具长度检测。

在刀具长度测量中，刀具切削刃距测量基准线的距离可以精确确定。如图 8-51 所示，每一尺寸都以 H 偏置的形式输入到刀具长度偏置显示屏幕上。例如，设置刀具长度的偏置值为 20，该刀具的偏置号为 H02，操作人员在偏置显示屏上的 02 号里应输入测量长度 20。

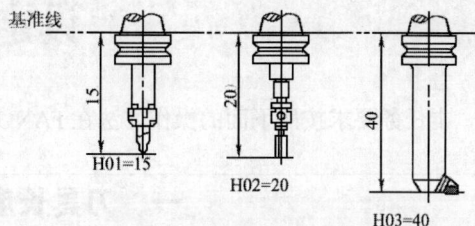

图 8-51　预先设置刀具长度

二、用接触测量法测量刀具长度的方法

使用接触测量法测量刀具长度是一种常用方法。如图 8-52 所示，为方便起见，每一刀具指定的刀具长度偏置号通常对应于刀具编号。

设置过程是使测量刀具从机床原点位置（原点）运动到程序原点位置（ZO）的距离。这一距离通常为负，并输入到控制系统的刀具长度偏置菜单下相应的 H 偏置号里。

三、基准刀方法

使用特殊的基准刀方法（通常是最长的刀）可以显著加快使用接触测量法时的刀具测量速度。基准刀可以是长期安装在刀库中的实际工具，也可以是长杆。在 Z 轴行程范围内，这一"基准刀"的伸长量通常比任何可能使用的期望刀具都长。

基准刀并不一定是最长的刀。严格地说，最长刀具的概念只是为了安全，意味着其他所有刀具都比它短。

选择任何其他刀具作为基准刀，逻辑上程序仍然一样。任何比基准刀长的刀具的 H 偏置输入将为正值，任何比它短的刀具的输入则为负值，与基准刀完全一样长短的刀具的偏置值输入为 0。基准刀设置如图 8-53 所示。

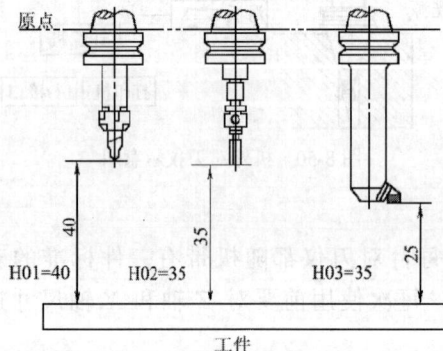

图 8-52　接触测量法　　　　　图 8-53　基准刀设置

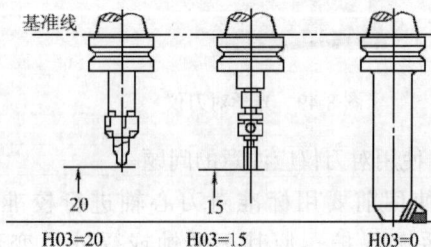

任务七

设定加工中心刀具长度补偿训练

本任务要求按照下面的操作方法在 FANUC 系统加工中心上设定刀具长度补偿。

一、刀具长度补偿的测量方法

① "方法选择"旋至"手摇"或"JOG"方式。

② 安装基准刀具。

③ Z 向对刀。用手动操作移动基准刀具，使其与工件上的一个指定点接触。

④ 按下 "POS" 键若干次，直到显示具有相对坐标的位置画图，如图 8-54 所示。

⑤ 按下地址键 "Z"，按下软键 "起源"，将相对坐标系中闪亮的 Z 轴的相对位置坐标值复位为 "0"。

⑥ 按下 "OFFSEF SETTING" 键若干次，出现如图 8-55（a）所示的刀具补偿画面。

⑦ 按下屏幕下方右侧扩展软键 "▶"，出现如图 8-55（b）所示的画面。

```
现在位置（相对坐标）            O0020    N0020
  X          278.312

  Y         +220.610

  Z         -290.911

JOG    F    600              加工部件数16
运转时间  80H21M            切削时间0H15M35S
  ACT:F   0MM/分                    S 0L 0%
MDI STOP *** ***                  10:25:29
[预定]  [起源]  [坐标系]  [元件:0]  [运转:0]
```

图 8-54　位置画面

```
刀具补正                       O0020    N0020
号号    形状(H)   磨损(H)   形状(D)   磨损(D)
001     0.000    0.000    0.000    0.000
002     0.000    0.000    0.000    0.000
003     0.000    0.000    0.000    0.000
004     0.000    0.000    0.000    0.000
005     0.000    0.000    0.000    0.000
006     0.000    0.000    0.000    0.000
007     0.000    0.000    0.000    0.000
008     0.000    0.000    0.000    0.000
现在位置  （相对坐标）
  X        -402.944      Y      -5.909
  Z         61.113
)_                                S  0L  0%
MDI STOP *** ***           10:22:29
[捕正]  [SETING]  [坐标系]  [  ]  [操作]
```

（a）刀具补偿画面 1

```
刀具补正                       O0020    N0020
号号    形状(H)   磨损(H)   形状(D)   磨损(D)
001     0.000    0.000    0.000    0.000
002     0.000    0.000    0.000    0.000
003     0.000    0.000    0.000    0.000
004     0.000    0.000    0.000    0.000
005     0.000    0.000    0.000    0.000
006     0.000    0.000    0.000    0.000
007     0.000    0.000    0.000    0.000
008     0.000    0.000    0.000    0.000
现在位置  （相对坐标）
  X        -402.944      Y      -5.909
  Z         61.113
)_                                S  0L  0%
MDI STOP *** ***           10:22:29
[NO检索]  [SETING]  [C输入]  [+输入]  [-输入]
```

（b）刀具补偿画面 2

图 8-55　刀具补偿画面

⑧ 安装要测量的刀具，手动操作移动对刀，使其与基准刀同一对刀点位置接触。两刀的长度差显示在屏幕画面的相对坐标系中。

⑨ 按下 "光标移动" 键。将光标移至需要设定刀补的相应位置。

⑩ 按下地址键 "Z"。

⑪ 按下软键 "C·输入"，Z 轴的相对坐标被输入，并被显示为刀具长度偏置补偿。

二、设定加工中心刀具长度补偿

如图 8-56 所示，工作原点在工件中心上表面，加工用的 3 把刀具直径分别为：$\phi 10 mm$、$\phi 16 mm$、$\phi 20 mm$ 立铣刀，长度分别为 L_1、L_2、L_3，现选择 $\phi 10 mm$ 刀具为基准刀，则 $\Delta L_1 = L_2 - L_1$、$\Delta L_2 = L_3 - L_1$，分别为 $\phi 16 mm$ 和 $\phi 20 mm$ 立铣刀的长度补偿值，对刀并设定刀补。

具体操作步骤如下。

① 安装 $\phi 10 mm$ 立铣刀（基准刀）。

② 刀具接触工件一侧。

③ 按下 "POS" 键若干次，直至画面显示 "现在位置（相对坐标）"。

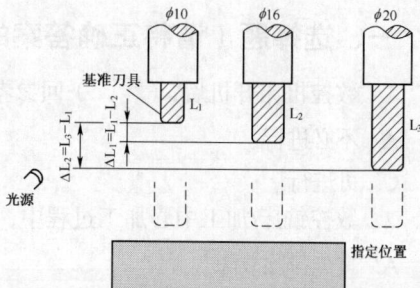

图 8-56　设定刀具长度补偿示意图

④ 输入"X"，按下"起源"键，X坐标显示为"0"。

⑤ Z向移动刀具至安全高度。

⑥ 刀具接触工件另一侧。

⑦ Z向移动刀具至安全高度，记下X坐标值，移动工作台至X/2坐标值处。

⑧ 输入该点机械坐标值为G54原点X值。

⑨ 同样方式在Y轴方向对刀，输入Y轴G54原点值。

⑩ Z向移动刀具至安全高度。

⑪ 使刀具接触工件上表面。

⑫ 按下"POS"键，直至画面显示"现在位置（相应坐标）"。

⑬ 输入"Z"，按下"起源"键，Z坐标显示为"0"。

⑭ 输入该点机械坐标值为G54原点Z值。

⑮ Z向移动刀具至安全高度。

⑯ 安装ϕ16mm立铣刀。

⑰ 使刀具接触工件上表面。

⑱ 按下"POS"键，直至画面显示"现在位置（相对坐标）"。

⑲ 按下屏幕下方右侧扩展键"▶"，出现"刀具补正"画面。

⑳ 按下"光标移动"键，将光标移至需要设定刀补的相应位置。

㉑ 按下地址键"Z"。

㉒ 按下"C·输入"对应的软键，Z轴的相对坐标输入，并被显示为ϕ16mm立铣刀长度偏置补偿。

㉓ Z向移动刀具至安全高度。

㉔ 安装ϕ20mm立铣刀。

㉕ 重复第⑯～第㉒步骤。

㉖ 在MDI方式下，采用刀具长度补偿G43指令编程，验证对刀准确性。

注意：Z向对刀时，3把刀在工作上表面的接触点应一致。

习 题 八

一、选择题（请将正确答案的序号填写在题中的括号中）

1. 数控机床开机后，（　　）回参考点操作。

A. 不必进行　　　　　　　　　　　　B. 必须进行

C. 可进行　　　　　　　　　　　　　D. 其他操作后进行

2. 数控铣床/加工中心加工过程中，按下紧急停止按钮后，应（　　）。

A. 首先排除故障　　　　　　　　　　B. 手动返回参考点

C. 重新对刀　　　　　　　　　　　　D. 重新装夹工件

3. MDI 表示（　　）。

A. 自动循环加工　　　　　　　　　　B. 手动数据输入

C. 手动进给方式 　　　　　　　　　　　　　D. 手动回参考点

4. 手动连续进给时，手动操作一次（　　）。

A. 只能移动一个轴 　　　　　　　　　　　　B. 可移动一到二个轴

C. 可同时移动二到三个轴 　　　　　　　　　D. 不能移动轴

5. MDI 方式中建立的程序（　　）储存。

A. 能 　　　　　B. 不能 　　　　　C. 有时能 　　　　　D. 有时不能

6. FUNAC 数控系统中，当系统出现报警，可通过（　　）键来消除报警。

A. HELP 　　　　　B. INPUT 　　　　　C. SHIFT 　　　　　D. RESET

7. FUNAC 数控系统中，进入图形显示画面的功能键是（　　）。

A. PROG 　　　　　B. CUSTOM GRAPH 　　　C. SISTEM 　　　　　D. MESSAGE

8. FUNAC 数控系统中，显示刀偏/设定画面的功能键是（　　）。

A. PROG 　　　　　B. OFFSET SETTING 　　　C. SISTEM 　　　　　D. MESSAGE

9. FUNAC 数控系统中，显示程序画面的功能键是（　　）。

A. PROG 　　　　　B. POS 　　　　　C. SISTEM 　　　　　D. MESSAGE

10. FUNAC 数控系统中，显示位置画面的功能键是（　　）。

A. PROG 　　　　　B. POS 　　　　　C. SISTEM 　　　　　D. MESSAGE

11. 数控铣床/加工中心中，使用手轮要在（　　）模式下进行。

A. EDIT 　　　　　B. AUTO 　　　　　C. JOG 　　　　　D. HANDLE

二、判断题（正确的在括号中打√，错误的在括号中打×）

1. FANUC 0i 系统操作中，如要在存储器中删除一个程序，只要在程序画面中键入要删除的程序号 O××××，然后按下"DELETE"键，即可完成。（　　）

2. "JOG"工作方式运行时，其速度不可以通过修调开关调节。（　　）

3. 机床在开机后应空转一段时间，在达到或接近热平衡后再进行加工。（　　）

4. 使用 G54 对刀后，如果刀具和毛坯都没有变化，关机后重新开机加工时，不需要再对刀。（　　）

5. 寻边器既能用于确定工件原点在机床坐标系中的 X、Y 值，也可用于工件尺寸的测量。（　　）

6. 空运行时，刀具不移动。（　　）

7. 按下"单段程序运行"开关后，再按下"循环启动"按钮，连续进行余下程序段的运行。（　　）

8. 机床锁住时，刀具不移动，而在界面中显示刀具位置的运行状态。（　　）

9. 对刀操作就是设定刀具上某一点在工件坐标系中坐标值的过程，同时也是使刀位点与对刀点重合的过程。（　　）

10. 数控机床急停后，数控系统复位。排除故障重新开机后，必须进行手动返回参考点操作。（　　）

三、简答题

1. 在开启数控机床前后，必须要进行哪些检查？

2. 数控机床产生超程的原因有哪些？如何解除超程？

3. 数控铣床/加工中心加工零件时为什么需要对刀？常用什么方法对刀？

4. 数控铣床/加工中心的"机床锁住"和"进给保持"按钮的作用是什么？两者有什么区别？

附录 1 FANUC 0i MC 系统常用 G 代码

代 码	组 号	功 能	模 态	格 式
*G00		点定位	模态	G00X（U）_Y（V）_Z（W）_;
G01		直线插补	模态	G01 X（U）_Y（V）_Z（W）_F_;
G02	01	顺时针圆弧插补（CW）	模态	G17G02X（U）_Y（V）_$\left\{\begin{array}{l}I\_J\_\\R\_\end{array}\right\}$F_; G18G02X（U）_Z（W）_$\left\{\begin{array}{l}I\_K\_\\R\_\end{array}\right\}$F_; G19G02Y（V）_Z（W）_$\left\{\begin{array}{l}I\_K\_\\R\_\end{array}\right\}$F_;
G03		逆时针圆弧插补（CCW）	模态	将上面的 G02 换成 G03
G04	00	暂停（ms，s）	非模态	G04P_（X_）
G15	17	取消极坐标指令	模态	
G16		极坐标指令	模态	
*G17	02	选择 XY 平面	模态	G17
G18		选择 XZ 平面	模态	G18
G19		选择 YZ 平面	模态	G19
G20	06	英制输入	模态	G20
*G21		米制输入	模态	G21
G27	00	机床返回参考点检查	非模态	G27X_Y_Z_;
G28		机床返回参考点	非模态	G28X_Y_Z_;
G29		从参考点返回	非模态	G29X_Y_Z_;
G30		返回 2、3、4 参考点	非模态	G30X_Y_Z_;
G31		跳转功能	非模态	G31X_Y_Z_;
*G40	07	取消刀具半径补偿	模态	G40 G00/G01 X_Y_; 以 G17 平面为例
G41		刀具半径左补偿	模态	G41G00/G01 X_Y_D_; 以 G17 平面为例
G42		刀具半径右补偿	模态	G42G00/G01 X_Y_D_; 以 G17 平面为例
G43	08	刀具长度正补偿	模态	G43 G00/G01 Z_H_; 以 G17 平面为例
G44		刀具长度负补偿	模态	G44 G00/G01 Z_H_; 以 G17 平面为例
*G49		取消刀具长度补偿	模态	G49 G00/G01 Z_; 以 G17 平面为例
*G50	11	比例缩放取消	模态	G50
G51		比例缩放有效	模态	G51X_Y_Z_P_;
G54	14	选择工件坐标系 1	模态	G54
G55		选择工件坐标系 2	模态	G55
G56		选择工件坐标系 3	模态	G56

续表

代码	组号	功　能	模态	格　式
G57		选择工件坐标系 4	模态	G57
G58	14	选择工件坐标系 5	模态	G58
G59		选择工件坐标系 6	模态	G59
G60	00	单一方向定位	模态	G60
G61	15	准确定位方式	模态	G61
*G64		切削方式	模态	G64
G65	00	宏程序调用	非模态	G65 P_<自变量赋值>;
G66	12	宏程序模态调用	模态	G66_<自变量赋值>;
*G67		宏程序模态调用取消	模态	*G67
G68	16	坐标旋转有效	模态	G68X_Y_R_;
*G69		坐标旋转取消	模态	G69
G73		深孔钻固定循环	非模态	G73X_Y_Z_R_Q_F_;
G74		攻左螺纹固定循环	非模态	G74X_Y_Z_R_F_;
G76		精镗孔固定循环	非模态	G76X_Y_Z_R_Q_P_F_;
*G80		固定循环取消	模态	G80
G81		中心孔钻削循环	模态	G81X_Y_Z_R_F_;
G82		锪孔钻削固定循环	模态	G82X_Y_Z_R_P_F_;
G83	09	深孔钻削固定循环	模态	G83X_Y_Z_R_Q_F_;
G84		攻右螺纹固定循环	模态	G84X_Y_Z_R_F_;
G85		镗削固定循环	模态	G85X_Y_Z_R_F_;
G86		镗削固定循环快返	模态	G86X_Y_Z_R_F_;
G87		反镗削固定循环	模态	G87X_Y_Z_R_Q_P_F_;
G88		镗削固定循环	模态	G88X_Y_Z_R_P_F_;
G89		精镗阶梯孔固定循环	模态	G89X_Y_Z_R_P_F_;
*G90	03	绝对方式指定	模态	G90
G91		增量方式指定	模态	G91
G92	00	设置工件坐标系	非模态	G92X_Y_Z_;
*G94	05	每分进给	模态	G94
G95		每转进给	模态	G95
G98	10	返回固定循环始点	模态	G98
*G99		返回固定循环 R 平面	模态	G99

注：① 打开机床电源时，标记有*的 G 代码被激活，即为默认状态。

　　② G00、G01、G02、G03、G04 可简写为 G1、G2、G3、G4。SINUMERIK 也是如此。

附录 2 SINUMERIK 802D sl 系统常用 G 代码

代　码	组　号	功　能	格　式
G0	01	点定位	G0 X_Y_Z_
G1		直线插补	G1 X_Y_Z_F_
G2		顺时针圆弧插补（CW）	G2X_Y_I_J_F_ 或 G2X_Y_CR=_ 说明：以 G17 平面为例
G3		逆时针圆弧插补（CCW）	将上面的 G2 换成 G3
G4	02	暂停（s 或转）	G4F_ 或 G4S_
G5	01	中间点圆弧插补	G5 X_Y_Z_IX=_KZ=_F_
*G17	06	选择 XY 平面	G17
G18		选择 XZ 平面	G18
G19		选择 YZ 平面	G19
G25	03	主轴转速下限	G25 S_
G26		主轴转速上限	G26 S_
*G40	07	取消刀具半径补偿	G40 G00/G01 X_Y_；以 G17 平面为例
G41		刀具半径左补偿	G41 G00/G01 X_Y_D_；以 G17 平面为例
G42		刀具半径右补偿	G42 G00/G01 X_Y_D_；以 G17 平面为例
G500	08	取消可设定零点偏置	G500
G54		第一可设定零点偏置	G54
G55		第二可设定零点偏置	G55
G56		第三可设定零点偏置	G56
G57		第四可设定零点偏置	G57
*G60	10	准确定位	G60
G64		连续路径方式	G64
G70	13	英制尺寸	G70
*G71		公制尺寸	G71
G74		返回参考点	G74 X_Z_
G75		返回固定点	G75 X_Z_
*G90	14	绝对尺寸	G90
G91		增量尺寸	G91
*G94	15	每分进给（mm/min）	G94
G95		每转进给（mm/r）	G95
G96		主轴转速限制	G96 S_LIMS=_
G97		恒定切削速度取消	G97
GOTOB		向后跳转	例：GOTOB MARKE1
GOTOF		向前跳转	例：GOTOF MARKE2
G110		根据编程设置位置进行极坐标编程	G110X_Y_ G110RP=_AP=_

续表

代码	组号	功能	格式
G111		根据工件坐标系原点进行极坐标编程	G111X_Y_ G111RP=_AP=_
G112		根据最后到达位置进行极坐标编程	G112X_Y_ G112RP=_AP=_
G331		螺纹插补（进给加工螺纹）	G331Z_K_S_
G332		螺纹插补（退刀）	G332Z_K_S_
TRANS ATRANS		可编程零点偏置	TRANS X_Y_ ATRANS X_Y_
ROT AROT		可编程的旋转	ROT X_Y_ AROT X_Y_
SCALE ASCALE		可编程的比例	SCALE X_Y_ ASCALE X_Y_
MIRROR AMIRROR		可编程的镜像	MIRROR X_Y_ AMIRROR X_Y_

附录 3 HNC-21M 数控系统准备功能一览表

G 指令	组	功能	参数
G00	01	快速定位	X、Y、Z、4th[注 1]
*G01		直线插补	同上
G02		顺圆插补	X、Y、Z、I、J、K、R
G03		逆圆插补	同上
G04	00	暂停	P
G07	16	虚轴指定	X、Y、Z、4th
G09	00	准停校验	—
*G17	02	XY 平面选择	X、Y
G18		ZX 平面选择	X、Z
G19		YZ 平面选择	Y、Z
G20	08	英寸输入	—
*G21		毫米输入	
G22		脉冲当量输入	
G24	03	镜像开	X、Y、Z、4th
*G25		镜像关	
G28	00	返回到参考点	X、Y、Z、4th
G29		由参考点返回	
G34	00	攻丝	K、F、P
G38		极坐标编程	X、Y、Z

G 指 令	组	功　能	参　数
*G40		刀具半径补偿取消	
G41	09	刀具半径左补偿	D
G42		刀具半径右补偿	D
G43		刀具长度正向补偿	H
G44	10	刀具长度负向补偿	H
*G49		刀具长度补偿取消	
G50	04	缩放开	
G51		缩放关	X、Y、Z、P
G52	00	局部坐标系设定	
G53		直接机床坐标系编程	
*G54		工件坐标系 1 选择	
G55		工件坐标系 2 选择	
G56		工件坐标系 3 选择	
G57	11	工件坐标系 4 选择	--
G58		工件坐标系 5 选择	
G59		工件坐标系 6 选择	
G60	00	单方向定位	X、Y、Z、4th
G61		精确停止检验方式	
*G64	12	连续方式	--
G65	00	子程序调用	P、A~Z
G68		旋转变换	
*G69	05	旋转取消	X、Y、Z、P
G73		深孔钻削循环	
G74		逆攻丝循环	
G76		精镗循环	
*G80		固定循环取消	
G81		定心钻循环	
G82		钻孔循环	
G83	06	深孔钻循环	X、Y、Z、P、Q、R、I、J、K
G84		攻丝循环	
G85		镗孔循环	
G86		镗孔循环	
G87		反镗循环	
G88		镗孔循环	
G89		镗孔循环	
G90	13	绝对值编程	--
G91		增量值编程	

续表

G 指 令	组	功 能	参 数
G92	00	工件坐标系设定	X、Y、Z、4th
*G94	14	每分钟进给	--
G95		每转进给	--
*G98	15	固定循环返回起始点	--
G99		固定循环返回到 R 点	--

注：

① 4th 指的是 X、Y、Z 轴之外的第 4 轴，可以是 A、B、C 等。

② 00 组中的 G 指令是非模态的，其他组的 G 指令是模态的。

③ 标记*者为模态指令的缺省值（或称默认值）。

附录 4　数控铣工国家职业标准

1. 职业概况

1.1　职业名称

数控铣工。

1.2　职业定义

从事编制数控加工程序并操作数控铣床进行零件铣削加工的人员。

1.3　职业等级

本职业共设四个等级，分别为：中级（国家职业资格四级）、高级（国家职业资格三级）、技师（国家职业资格二级）、高级技师（国家职业资格一级）。

1.4　职业环境

室内、常温。

1.5　职业能力特征

具有较强的计算能力和空间感，形体知觉及色觉正常，手指、手臂灵活，动作协调。

1.6　基本文化程度

高中毕业（或同等学历）。

1.7　培训要求

1.7.1　培训期限

全日制职业学校教育，根据其培养目标和教学计划确定。晋级培训期限：中级不少于 400 标准学时；高级不少于 300 标准学时；技师不少于 300 标准学时；高级技师不少于 300 标准学时。

1.7.2　培训教师

培训中、高级人员的教师应取得本职业技师及以上职业资格证书或相关专业中级及以上专业技术职称任职资格；培训技师的教师应取得本职业高级技师职业资格证书或相关专业高级专业技术职称任职资格；培训高级技师的教师应取得本职业高级技师职业资格证书 2 年以上或取得相关专业高级专业技术职称任职资格 2 年以上。

1.7.3 培训场地设备

满足教学要求的标准教室、计算机机房及配套的软件、数控铣床及必要的刀具、夹具、量具和辅助设备等。

1.8 鉴定要求

1.8.1 适用对象

从事或准备从事本职业的人员。

1.8.2 申报条件

——中级：（具备以下条件之一者）

（1）经本职业中级正规培训达规定标准学时数，并取得结业证书。

（2）连续从事本职业工作5年以上。

（3）取得经劳动保障行政部门审核认定的，以中级技能为培养目标的中等以上职业学校本职业（或相关专业）毕业证书。

（4）取得相关职业中级《职业资格证书》后，连续从事本职业2年以上。

——高级：（具备以下条件之一者）

（1）取得本职业中级职业资格证书后，连续从事本职业工作2年以上，经本职业高级正规培训，达到规定标准学时数，并取得结业证书。

（2）取得本职业中级职业资格证书后，连续从事本职业工作4年以上。

（3）取得劳动保障行政部门审核认定的，以高级技能为培养目标的职业学校本职业（或相关专业）毕业证书。

（4）大专以上本专业或相关专业毕业生，经本职业高级正规培训，达到规定标准学时数，并取得结业证书。

——技师：（具备以下条件之一者）

（1）取得本职业高级职业资格证书后，连续从事本职业工作4年以上，经本职业技师正规培训达规定标准学时数，并取得结业证书。

（2）取得本职业高级职业资格证书的职业学校本职业（专业）毕业生，连续从事本职业工作2年以上，经本职业技师正规培训达规定标准学时数，并取得结业证书。

（3）取得本职业高级职业资格证书的本科（含本科）以上本专业或相关专业的毕业生，连续从事本职业工作2年以上，经本职业技师正规培训达规定标准学时数，并取得结业证书。

——高级技师：

（1）取得本职业技师职业资格证书后，连续从事本职业工作4年以上，经本职业高级技师正规培训达规定标准学时数，并取得结业证书。

1.8.3 鉴定方式

分为理论知识考试和技能操作考核。理论知识考试采用闭卷方式，技能操作（含软件应用）考核采用现场实际操作和计算机软件操作方式。理论知识考试和技能操作（含软件应用）考核均实行百分制，成绩皆达60分及以上者为合格。技师和高级技师还需进行综合评审。

1.8.4 考评人员与考生配比

理论知识考试考评人员与考生配比为1:15，每个标准教室不少于2名相应级别的考评员；技能操作（含软件应用）考核考评员与考生配比为1:2，且不少于3名相应级别的考评员；综合评审委员不少于5人。

1.8.5　鉴定时间

理论知识考试为 120 分钟，技能操作考核中实操时间为：中级、高级不少于 240 分钟，技师和高级技师不少于 300 分钟，技能操作考核中软件应用考试时间为不超过 120 分钟，技师和高级技师的综合评审时间不少于 45 分钟。

1.8.6　鉴定场所设备

理论知识考试在标准教室里进行，软件应用考试在计算机机房进行，技能操作考核在配备必要的数控铣床及必要的刀具、夹具、量具和辅助设备的场所进行。

2.　基本要求

2.1　职业道德

2.1.1　职业道德基本知识

2.1.2　职业守则

（1）遵守国家法律、法规和有关规定；

（2）具有高度的责任心、爱岗敬业、团结合作；

（3）严格执行相关标准、工作程序与规范、工艺文件和安全操作规程；

（4）学习新知识新技能、勇于开拓和创新；

（5）爱护设备、系统及工具、夹具、量具；

（6）着装整洁，符合规定；保持工作环境清洁有序，文明生产。

2.2　基础知识

2.2.1　基础理论知识

（1）机械制图

（2）工程材料及金属热处理知识

（3）机电控制知识

（4）计算机基础知识

（5）专业英语基础

2.2.2　机械加工基础知识

（1）机械原理

（2）常用设备知识（分类、用途、基本结构及维护保养方法）

（3）常用金属切削刀具知识

（4）典型零件加工工艺

（5）设备润滑和冷却液的使用方法

（6）工具、夹具、量具的使用与维护知识

（7）铣工、镗工基本操作知识

2.2.3　安全文明生产与环境保护知识

（1）安全操作与劳动保护知识

（2）文明生产知识

（3）环境保护知识

2.2.4　质量管理知识

（1）企业的质量方针

（2）岗位质量要求

（3）岗位质量保证措施与责任

2.2.5 相关法律、法规知识

（1）劳动法的相关知识

（2）环境保护法的相关知识

（3）知识产权保护法的相关知识

3. 工作要求

本标准对中级、高级、技师和高级技师的技能要求依次递进，高级别涵盖低级别的要求。

3.1 中级

职业功能	工作内容	技能要求	相关知识
一、加工准备	（一）读图与绘图	1. 能读懂中等复杂程度（如：凸轮、壳体、板状、支架）的零件图 2. 能绘制有沟槽、台阶、斜面、曲面的简单零件图 3. 能读懂分度头尾架、弹簧夹头套筒、可转位铣刀结构等简单机构装配图	1. 复杂零件的表达方法 2. 简单零件图的画法 3. 零件三视图、局部视图和剖视图的画法
	（二）制订加工工艺	1. 能读懂复杂零件的铣削加工工艺文件 2. 能编制由直线、圆弧等构成的二维轮廓零件的铣削加工工艺文件	1. 数控加工工艺知识 2. 数控加工工艺文件的制订方法
	（三）零件定位与装夹	1. 能使用铣削加工常用夹具(如压板、虎钳、平口钳等)夹紧零件 2. 能够选择定位基准，并找正零件	1. 常用夹具的使用方法 2. 定位与夹紧的原理和方法 3. 零件找正的方法
	（四）刀具准备	1. 能够根据数控加工工艺文件选择、安装和调整数控铣床常用刀具 2. 能根据数控铣床特性、零件材料、加工精度、工作效率等选择刀具和刀具几何参数，并确定数控加工需要的切削参数和切削用量 3. 能够利用数控铣床的功能，借助通用量具或对刀仪测量刀具的半径及长度 4. 能选择、安装和使用刀柄 5. 能够刃磨常用刀具	1. 金属切削与刀具磨损知识 2. 数控铣床常用刀具的种类、结构、材料和特点 3. 数控铣床、零件材料、加工精度和工作效率对刀具的要求 4. 刀具长度补偿、半径补偿等刀具参数的设置知识 5. 刀柄的分类和使用方法 6. 刀具刃磨的方法
二、数控编程	（一）手工编程	1. 能编制由直线、圆弧组成的二维轮廓数控加工程序 2. 能够运用固定循环、子程序进行零件的加工程序编制	1. 数控编程知识 2. 直线插补和圆弧插补的原理 3. 节点的计算方法
	（二）计算机辅助编程	1. 能够使用 CAD/CAM 软件绘制简单零件图 2. 能够利用 CAD/CAM 软件完成简单平面轮廓的铣削程序	1. CAD/CAM 软件的使用方法 2. 平面轮廓的绘图与加工代码生成方法
三、数控铣床操作	（一）操作面板	1. 能够按照操作规程启动及停止机床 2. 能使用操作面板上的常用功能键（如回零、手动、MDI、修调等）	1. 数控铣床操作说明书 2. 数控铣床操作面板的使用方法

续表

职业功能	工作内容	技 能 要 求	相 关 知 识
三、数控铣床操作	（二）程序输入与编辑	1. 能够通过各种途径（如 DNC、网络）输入加工程序 2. 能够通过操作面板输入和编辑加工程序	1. 数控加工程序的输入方法 2. 数控加工程序的编辑方法
	（三）对刀	1. 能进行对刀并确定相关坐标系 2. 能设置刀具参数	1. 对刀的方法 2. 坐标系的知识 3. 建立刀具参数表或文件的方法
	（四）程序调试与运行	能够进行程序检验、单步执行、空运行并完成零件试切	程序调试的方法
	（五）参数设置	能够通过操作面板输入有关参数	数控系统中相关参数的输入方法
四、零件加工	（一）平面加工	能够运用数控加工程序进行平面、垂直面、斜面、阶梯面等的铣削加工，并达到如下要求： （1）尺寸公差等级达 IT7 级 （2）形位公差等级达 IT8 级 （3）表面粗糙度达 $Ra3.2\mu m$	1. 平面铣削的基本知识 2. 刀具端刃的切削特点
	（二）轮廓加工	能够运用数控加工程序进行由直线、圆弧组成的平面轮廓铣削加工，并达到如下要求： （1）尺寸公差等级达 IT8 级 （2）形位公差等级达 IT8 级 （3）表面粗糙度达 $Ra3.2\mu m$	1. 平面轮廓铣削的基本知识 2. 刀具侧刃的切削特点
	（三）曲面加工	能够运用数控加工程序进行圆锥面、圆柱面等简单曲面的铣削加工，并达到如下要求： （1）尺寸公差等级达 IT8 级 （2）形位公差等级达 IT8 级 （3）表面粗糙度达 $Ra3.2\mu m$	1. 曲面铣削的基本知识 2. 球头刀具的切削特点
	（四）孔类加工	能够运用数控加工程序进行孔加工，并达到如下要求： （1）尺寸公差等级达 IT7 级 （2）形位公差等级达 IT8 级 （3）表面粗糙度达 $Ra3.2\mu m$	麻花钻、扩孔钻、丝锥、镗刀及铰刀的加工方法
	（五）槽类加工	能够运用数控加工程序进行槽、键槽的加工，并达到如下要求： （1）尺寸公差等级达 IT8 级 （2）形位公差等级达 IT8 级 （3）表面粗糙度达 $Ra3.2\mu m$	槽、键槽的加工方法
	（六）精度检验	能够使用常用量具进行零件的精度检验	1. 常用量具的使用方法 2. 零件精度检验及测量方法

续表

职业功能	工作内容	技 能 要 求	相 关 知 识
五、维护与故障诊断	（一）机床日常维护	能够根据说明书完成数控铣床的定期及不定期维护保养，包括：机械、电、气、液压、数控系统检查和日常保养等	1. 数控铣床说明书 2. 数控铣床日常保养方法 3. 数控铣床操作规程 4. 数控系统（进口、国产数控系统）说明书
	（二）机床故障诊断	1. 能读懂数控系统的报警信息 2. 能发现数控铣床的一般故障	1. 数控系统的报警信息 2. 机床的故障诊断方法
	（三）机床精度检查	能进行机床水平的检查	1. 水平仪的使用方法 2. 机床垫铁的调整方法

3.2 高级

职业功能	工作内容	技 能 要 求	相 关 知 识
一、加工准备	（一）读图与绘图	1. 能读懂装配图并拆画零件图 2. 能够测绘零件 3. 能够读懂数控铣床主轴系统、进给系统的机构装配图	1. 根据装配图拆画零件图的方法 2. 零件的测绘方法 3. 数控铣床主轴与进给系统基本构造知识
	（二）制订加工工艺	能编制二维、简单三维曲面零件的铣削加工工艺文件	复杂零件数控加工工艺的制订
	（三）零件定位与装夹	1. 能选择和使用组合夹具和专用夹具 2. 能选择和使用专用夹具装夹异型零件 3. 能分析并计算夹具的定位误差 4. 能够设计与自制装夹辅具（如轴套、定位件等）	1. 数控铣床组合夹具和专用夹具的使用、调整方法 2. 专用夹具的使用方法 3. 夹具定位误差的分析与计算方法 4. 装夹辅具的设计与制造方法
	（四）刀具准备	1. 能够选用专用工具（刀具和其他） 2. 能够根据难加工材料的特点，选择刀具的材料、结构和几何参数	1. 专用刀具的种类、用途、特点和刃磨方法 2. 切削难加工材料时的刀具材料和几何参数的确定方法
二、数控编程	（一）手工编程	1. 能够编制较复杂的二维轮廓铣削程序 2. 能够根据加工要求编制二次曲面的铣削程序 3. 能够运用固定循环、子程序进行零件的加工程序编制 4. 能够进行变量编程	1. 较复杂二维节点的计算方法 2. 二次曲面几何体外轮廓节点计算 3. 固定循环和子程序的编程方法 4. 变量编程的规则和方法
	（二）计算机辅助编程	1. 能够利用 CAD/CAM 软件进行中等复杂程度的实体造型（含曲面造型） 2. 能够生成平面轮廓、平面区域、三维曲面、曲面轮廓、曲面区域、曲线的刀具轨迹 3. 能进行刀具参数的设定 4. 能进行加工参数的设置 5. 能确定刀具的切入切出位置与轨迹 6. 能够编辑刀具轨迹 7. 能够根据不同的数控系统生成 G 代码	1. 实体造型的方法 2. 曲面造型的方法 3. 刀具参数的设置方法 4. 刀具轨迹生成的方法 5. 各种材料切削用量的数据 6. 有关刀具切入切出的方法对加工质量影响的知识 7. 轨迹编辑的方法 8. 后置处理程序的设置和使用方法
	（三）数控加工仿真	能利用数控加工仿真软件实施加工过程仿真、加工代码检查与干涉检查	数控加工仿真软件的使用方法

续表

职业功能	工作内容	技能要求	相关知识
三、数控铣床操作	（一）程序调试与运行	能够在机床中断加工后正确恢复加工	程序的中断与恢复加工的方法
	（二）参数设置	能够依据零件特点设置相关参数进行加工	数控系统参数设置方法
四、零件加工	（一）平面铣削	能够编制数控加工程序铣削平面、垂直面、斜面、阶梯面等，并达到如下要求： （1）尺寸公差等级达 IT7 级 （2）形位公差等级达 IT8 级 （3）表面粗糙度达 $Ra3.2\mu m$	1. 平面铣削精度控制方法 2. 刀具端刃几何形状的选择方法
	（二）轮廓加工	能够编制数控加工程序铣削较复杂的（如凸轮等）平面轮廓，并达到如下要求： （1）尺寸公差等级达 IT8 级 （2）形位公差等级达 IT8 级 （3）表面粗糙度达 $Ra3.2\mu m$	1. 平面轮廓铣削的精度控制方法 2. 刀具侧刃几何形状的选择方法
	（三）曲面加工	能够编制数控加工程序铣削二次曲面，并达到如下要求： （1）尺寸公差等级达 IT8 级 （2）形位公差等级达 IT8 级 （3）表面粗糙度达 $Ra3.2\mu m$	1. 二次曲面的计算方法 2. 刀具影响曲面加工精度的因素以及控制方法
	（四）孔系加工	能够编制数控加工程序对孔系进行切削加工，并达到如下要求： （1）尺寸公差等级达 IT7 级 （2）形位公差等级达 IT8 级 （3）表面粗糙度达 $Ra3.2\mu m$	麻花钻、扩孔钻、丝锥、镗刀及铰刀的加工方法
	（五）深槽加工	能够编制数控加工程序进行深槽、三维槽的加工，并达到如下要求： （1）尺寸公差等级达 IT8j 级 （2）形位公差等级达 IT8 级 （3）表面粗糙度达 $Ra3.2\mu m$	深槽、三维槽的加工方法
	（六）配合件加工	能够编制数控加工程序进行配合件加工，尺寸配合公差等级达 IT8 级	1. 配合件的加工方法 2. 尺寸链换算的方法
	（七）精度检验	1. 能够利用数控系统的功能使用百（千）分表测量零件的精度 2. 能对复杂、异形零件进行精度检验 3. 能够根据测量结果分析产生误差的原因 4. 能够通过修正刀具补偿值和修正程序来减少加工误差	1. 复杂、异形零件的精度检验方法 2. 产生加工误差的主要原因及其消除方法
五、维护与故障诊断	（一）日常维护	能完成数控铣床的定期维护	数控铣床定期维护手册
	（二）故障诊断	能排除数控铣床的常见机械故障	机床的常见机械故障诊断方法
	（三）机床精度检验	能协助检验机床的各种出厂精度	机床精度的基本知识

3.3 技师

职业功能	工作内容	技能要求	相关知识
一、加工准备	（一）读图与绘图	1. 能绘制工装装配图 2. 能读懂常用数控铣床的机械原理图及装配图	1. 工装装配图的画法 2. 常用数控铣床的机械原理图及装配图的画法
	（二）制定加工工艺	1. 能编制高难度、精密、薄壁零件的数控加工工艺规程 2. 能对零件的多工种数控加工工艺进行合理性分析，并提出改进建议 3. 能够确定高速加工的工艺文件	1. 精密零件的工艺分析方法 2. 数控加工多工种工艺方案合理性的分析方法及改进措施 3. 高速加工的原理
	（三）零件定位与装夹	1. 能设计与制作高精度箱体类，叶片、螺旋桨等复杂零件的专用夹具 2. 能对现有的数控铣床夹具进行误差分析并提出改进建议	1. 专用夹具的设计与制造方法 2. 数控铣床夹具的误差分析及消减方法
	（四）刀具准备	1. 能够依据切削条件和刀具条件估算刀具的使用寿命，并设置相关参数 2. 能根据难加工材料合理选择刀具材料和切削参数 3. 能推广使用新知识、新技术、新工艺、新材料、新型刀具 4. 能进行刀具刀柄的优化使用，提高生产效率，降低成本 5. 能选择和使用适合高速切削的工具系统	1. 切削刀具的选用原则 2. 延长刀具寿命的方法 3. 刀具新材料、新技术知识 4. 刀具使用寿命的参数设定方法 5. 难切削材料的加工方法 6. 高速加工的工具系统知识
二、数控编程	（一）手工编程	能够根据零件与加工要求编制具有指导性的变量编程程序	变量编程的概念及其编制方法
	（二）计算机辅助编程	1. 能够利用计算机高级语言编制特殊曲线轮廓的铣削程序 2. 能够利用计算机 CAD/CAM 软件对复杂零件进行实体或曲线曲面造型 3. 能够编制复杂零件的三轴联动铣削程序	1. 计算机高级语言知识 2. CAD/CAM 软件的使用方法 3. 三轴联动的加工方法
	（三）数控加工仿真	能够利用数控加工仿真软件分析和优化数控加工工艺	数控加工工艺的优化方法
三、数控铣床操作	（一）程序调试与运行	能够操作立式、卧式以及高速铣床	立式、卧式以及高速铣床的操作方法
	（二）参数设置	能够针对机床现状调整数控系统相关参数	数控系统参数的调整方法
四、零件加工	（一）特殊材料加工	能够进行特殊材料零件的铣削加工，并达到如下要求： （1）尺寸公差等级达 IT8 级 （2）形位公差等级达 IT8 级 （3）表面粗糙度达 Ra3.2μm	特殊材料的材料学知识 特殊材料零件的铣削加工方法

续表

职 业 功 能	工 作 内 容	技 能 要 求	相 关 知 识
四、零件加工	（二）薄壁加工	能够进行带有薄壁的零件加工，并达到如下要求： （1）尺寸公差等级达 IT8 级 （2）形位公差等级达 IT8 级 （3）表面粗糙度达 Ra3.2μm	薄壁零件的铣削方法
	（三）曲面加工	1. 能进行三轴联动曲面的加工，并达到如下要求： （1）尺寸公差等级达 IT8 级 （2）形位公差等级达 IT8 级 （3）表面粗糙度达 Ra3.2μm 2. 能够使用四轴以上铣床与加工中心进行对叶片、螺旋桨等复杂零件进行多轴铣削加工，并达到如下要求： （1）尺寸公差等级达 IT8 级 （2）形位公差等级达 IT8 级 （3）表面粗糙度达 Ra3.2μm	三轴联动曲面的加工方法 四轴以上铣床/加工中心的使用方法
	（四）易变形件加工	能进行易变形零件的加工，并达到如下要求： （1）尺寸公差等级达 IT8 级 （2）形位公差等级达 IT8 级 （3）表面粗糙度达 Ra3.2μm	易变形零件的加工方法
	（五）精度检验	能够进行大型、精密零件的精度检验	精密量具的使用方法 精密零件的精度检验方法
五、维护与故障诊断	（一）机床日常维护	能借助字典阅读数控设备的主要外文信息	数控铣床专业外文知识
	（二）机床故障诊断	能够分析和排除液压和机械故障	数控铣床常见故障诊断及排除方法
	（三）机床精度检验	能够进行机床定位精度、重复定位精度的检验	机床定位精度检验、重复定位精度检验的内容及方法
六、培训与管理	（一）操作指导	能指导本职业中级、高级进行实际操作	操作指导书的编制方法
	（二）理论培训	能对本职业中级、高级进行理论培训	培训教材的编写方法
	（三）质量管理	能在本职工作中认真贯彻各项质量标准	相关质量标准
	（四）生产管理	能协助部门领导进行生产计划、调度及人员的管理	生产管理基本知识
	（五）技术改造与创新	能够进行加工工艺、夹具、刀具的改进	数控加工工艺综合知识

3.4 高级技师

职业功能	工作内容	技能要求	相关知识
一、工艺分析与设计	（一）读图与绘图	1. 能绘制复杂工装装配图 2. 能读懂常用数控铣床的电气、液压原理图 3. 能够组织中级、高级、技师进行工装协同设计	1. 复杂工装设计方法 2. 常用数控铣床电气、液压原理图的画法 3. 协同设计知识
	（二）制定加工工艺	1. 能对高难度、高精密零件的数控加工工艺方案进行合理性分析，提出改进意见并参与实施 2. 能够确定高速加工的工艺方案 3. 能够确定细微加工的工艺方案	1. 复杂、精密零件机械加工工艺的系统知识 2. 高速加工机床的知识 3. 高速加工的工艺知识 4. 细微加工的工艺知识
	（三）工艺装备	1. 能独立设计复杂夹具 2. 能在四轴和五轴数控加工中对由夹具精度引起的零件加工误差进行分析，提出改进方案，并组织实施	1. 复杂夹具的设计及使用知识 2. 复杂夹具的误差分析及消减方法 3. 多轴数控加工的方法
	（四）刀具准备	1. 能根据零件要求设计专用刀具，并提出制造方法 2. 能系统地讲授各种切削刀具的特点和使用方法	1. 专用刀具的设计与制造知识 2. 切削刀具的特点和使用方法
二、零件加工	（一）异形零件加工	能解决高难度、异形零件加工的技术问题，并制订工艺措施	高难度零件的加工方法
	（二）精度检验	能够设计专用检具，检验高难度、异形零件	检具设计知识
三、机床维护与精度检验	（一）数控铣床维护	1. 能借助字典看懂数控设备的主要外文技术资料 2. 能够针对机床运行现状合理调整数控系统相关参数	数控铣床专业外文知识
	（二）机床精度检验	能够进行机床定位精度、重复定位精度的检验	机床定位精度、重复定位精度的检验和补偿方法
	（三）数控设备网络化	能够借助网络设备和软件系统实现数控设备的网络化管理	数控设备网络接口及相关技术
四、培训与管理	（一）操作指导	能指导本职业中级、高级和技师进行实际操作	操作理论教学指导书的编写方法
	（二）理论培训	1. 能对本职业中级、高级和技师进行理论培训 2. 能系统地讲授各种切削刀具的特点和使用方法	1. 教学计划与大纲的编制方法 2. 切削刀具的特点和使用方法
	（三）质量管理	能应用全面质量管理知识，实现操作过程的质量分析与控制	质量分析与控制方法
	（四）技术改造与创新	能够组织实施技术改造和创新，并撰写相应的论文	科技论文的撰写方法

4. 比重表

4.1 理论知识

	项　　目	中级（%）	高级（%）	技师（%）	高级技师（%）
基本 要求	职业道德	5	5	5	5
	基础知识	20	20	15	15
相关 知识	加工准备	15	15	25	—
	数控编程	20	20	10	—
	数控铣床操作	5	5	5	—
	零件加工	30	30	20	15
	数控铣床维护与精度检验	5	5	10	10
	培训与管理	—	—	10	15
	工艺分析与设计	—	—	—	40
合　　计		100	100	100	100

4.2 技能操作

	项　　目	中级（%）	高级（%）	技师（%）	高级技师（%）
技能 要求	加工准备	10	10	10	—
	数控编程	30	30	30	—
	数控铣床操作	5	5	5	—
	零件加工	50	50	45	45
	数控铣床维护与精度检验	5	5	5	10
	培训与管理	—	—	5	10
	工艺分析与设计	—	—	—	35
合　　计		100	100	100	100

附录5　加工中心操作工国家职业标准

加工中心操作工国家职业标准

1. 职业概况

1.1 职业名称

加工中心操作工。

1.2 职业定义

从事编制数控加工程序并操作加工中心机床进行零件多工序组合切削加工的人员。

1.3 职业等级

本职业共设四个等级，分别为：中级（国家职业资格四级）、高级（国家职业资格三级）、技师（国家职业资格二级）、高级技师（国家职业资格一级）。

1.4 职业环境

室内、常温。

1.5 职业能力特征

具有较强的计算能力和空间感，形体知觉及色觉正常，手指、手臂灵活，动作协调。

1.6 基本文化程度

高中毕业（或同等学历）。

1.7 培训要求

1.7.1 培训期限

全日制职业学校教育，根据其培养目标和教学计划确定。晋级培训期限：中级不少于 400 标准学时；高级不少于 300 标准学时；技师不少于 300 标准学时；高级技师不少于 300 标准学时。

1.7.2 培训教师

培训中、高级人员的教师应取得本职业技师及以上职业资格证书或相关专业中级及以上专业技术职称任职资格；培训技师的教师应取得本职业高级技师职业资格证书或相关专业高级专业技术职称任职资格；培训高级技师的教师应取得本职业高级技师职业资格证书 2 年以上或取得相关专业高级专业技术职称任职资格 2 年以上。

1.7.3 培训场地设备

满足教学要求的标准教室、计算机机房及配套的软件、加工中心及必要的刀具、夹具、量具和辅助设备等。

1.8 鉴定要求

1.8.1 适用对象

从事或准备从事本职业的人员。

1.8.2 申报条件

——中级：（具备以下条件之一者）

（1）经本职业中级正规培训达规定标准学时数，并取得结业证书。

（2）连续从事本职业工作 5 年以上。

（3）取得经劳动保障行政部门审核认定的，以中级技能为培养目标的中等以上职业学校本职业（或相关专业）毕业证书。

（4）取得相关职业中级《职业资格证书》后，连续从事本职业 2 年以上。

——高级：（具备以下条件之一者）

（1）取得本职业中级职业资格证书后，连续从事本职业工作 2 年以上，经本职业高级正规培训，达到规定标准学时数，并取得结业证书。

（2）取得本职业中级职业资格证书后，连续从事本职业工作 4 年以上。

（3）取得劳动保障行政部门审核认定的，以高级技能为培养目标的职业学校本职业（或相关专业）毕业证书。

（4）大专以上本专业或相关专业毕业生，经本职业高级正规培训，达到规定标准学时数，并取得结业证书。

——技师：（具备以下条件之一者）

（1）取得本职业高级职业资格证书后，连续从事本职业工作 4 年以上，经本职业技师正规培训达规定标准学时数，并取得结业证书。

（2）取得本职业高级职业资格证书的职业学校本职业（专业）毕业生，连续从事本职业工作 2 年以上，经本职业技师正规培训达规定标准学时数，并取得结业证书。

（3）取得本职业高级职业资格证书的本科（含本科）以上本专业或相关专业的毕业生，连续从事本职业工作 2 年以上，经本职业技师正规培训达规定标准学时数，并取得结业证书。

——高级技师：

（1）取得本职业技师职业资格证书后，连续从事本职业工作 4 年以上，经本职业高级技师正规培训达规定标准学时数，并取得结业证书。

1.8.3　鉴定方式

分为理论知识考试和技能操作考核。理论知识考试采用闭卷方式，技能操作（含软件应用）考核采用现场实际操作和计算机软件操作方式。理论知识考试和技能操作（含软件应用）考核均实行百分制，成绩皆达 60 分及以上者为合格。技师和高级技师还需进行综合评审。

1.8.4　考评人员与考生配比

理论知识考试考评人员与考生配比为 1:15，每个标准教室不少于 2 名相应级别的考评员；技能操作（含软件应用）考核考评员与考生配比为 1:2，且不少于 3 名相应级别的考评员；综合评审委员不少于 5 人。

1.8.5　鉴定时间

理论知识考试为 120 分钟，技能操作考核中实操时间为：中级、高级不少于 240 分钟，技师和高级技师不少于 300 分钟，技能操作考核中软件应用考试时间为不超过 120 分钟，技师和高级技师的综合评审时间不少于 45 分钟。

1.8.6　鉴定场所设备

理论知识考试在标准教室里进行，软件应用考试在计算机机房进行，技能操作考合在配备必要的加工中心及必要的刀具、夹具、量具和辅助设备的场所进行。

2.　基本要求

2.1　职业道德

2.1.1　职业道德基本知识

2.1.2　职业守则

（1）遵守国家法律、法规和有关规定；

（2）具有高度的责任心、爱岗敬业、团结合作；

（3）严格执行相关标准、工作程序与规范、工艺文件和安全操作规程；

（4）学习新知识新技能、勇于开拓和创新；

（5）爱护设备、系统及工具、夹具、量具；

（6）着装整洁，符合规定；保持工作环境清洁有序，文明生产。

2.2　基础知识

2.2.1　基础理论知识

（1）机械制图

（2）工程材料及金属热处理知识

（3）机电控制知识

（4）计算机基础知识

（5）专业英语基础

2.2.2　机械加工基础知识

（1）机械原理

（2）常用设备知识（分类、用途、基本结构及维护保养方法）

（3）常用金属切削刀具知识

（4）典型零件加工工艺

（5）设备润滑和冷却液的使用方法

（6）工具、夹具、量具的使用与维护知识

（7）铣工、镗工基本操作知识

2.2.3 安全文明生产与环境保护知识

（1）安全操作与劳动保护知识

（2）文明生产知识

（3）环境保护知识

2.2.4 质量管理知识

（1）企业的质量方针

（2）岗位质量要求

（3）岗位质量保证措施与责任

2.2.5 相关法律、法规知识

（1）劳动法的相关知识

（2）环境保护法的相关知识

（3）知识产权保护法的相关知识

3. 工作要求

本标准对中级、高级、技师和高级技师的技能要求依次递进，高级别涵盖低级别的要求。

3.1 中级

职业功能	工作内容	技能要求	相关知识
一、加工准备	（一）读图与绘图	1. 能读懂中等复杂程度（如：凸轮、箱体、多面体）的零件图 2. 能绘制有沟槽、台阶、斜面的简单零件图 3. 能读懂分度头尾架、弹簧夹头套筒、可转位铣刀结构等简单机构装配图	1. 复杂零件的表达方法 2. 简单零件图的画法 3. 零件三视图、局部视图和剖视图的画法
	（二）制订加工工艺	1. 能读懂复杂零件的数控加工工艺文件 2. 能编制直线、圆弧面、孔系等简单零件的数控加工工艺文件	1. 数控加工工艺文件的制订方法 2. 数控加工工艺知识
	（三）零件定位与装夹	1. 能使用加工中心常用夹具（如压板、虎钳、平口钳）装夹零件 2. 能够选择定位基准，并找正零件	1. 加工中心常用夹具的使用方法 2. 定位、装夹的原理和方法 3. 零件找正的方法
	（四）刀具准备	1. 能够根据数控加工工艺卡选择、安装和调整加工中心常用刀具 2. 能根据加工中心特性、零件材料、加工精度和工作效率等选择刀具和刀具几何参数，并确定数控加工需要的切削参数和切削用量 3. 能够使用刀具预调仪或者在机内测量刀具的半径及长度 4. 能够选择、安装、使用刀柄 5. 能够刃磨常用刀具	1. 金属切削与刀具磨损知识 2. 加工中心常用刀具的种类、结构和特点 3. 加工中心、零件材料、加工精度和工作效率对刀具的要求 4. 刀具预调仪的使用方法 5. 刀具长度补偿、半径补偿与刀具参数的设置知识 6. 刀柄的分类和使用方法 7. 刀具刃磨的方法

续表

职业功能	工作内容	技能要求	相关知识
二、数控编程	（一）手工编程	1. 能够编制钻、扩、铰、镗等孔类加工程序 2. 能够编制平面铣削程序 3. 能够编制含直线插补、圆弧插补二维轮廓的加工程序	1. 数控编程知识 2. 直线插补和圆弧插补的原理 3. 坐标点的计算方法 4. 刀具补偿的作用和计算方法
	（二）计算机辅助编程	能够利用 CAD/CAM 软件完成简单平面轮廓的铣削程序	1. CAD/CAM 软件的使用方法 2. 平面轮廓的绘图与加工代码生成方法
三、加工中心操作	（一）操作面板	1. 能够按照操作规程启动及停止机床 2. 能使用操作面板上的常用功能键（如回零、手动、MDI、修调等）	1. 加工中心操作说明书 2. 加工中心操作面板的使用方法
	（二）程序输入与编辑	1. 能够通过各种途径（如 DNC、网络）输入加工程序 2. 能够通过操作面板输入和编辑加工程序	1. 数控加工程序的输入方法 2. 数控加工程序的编辑方法
	（三）对刀	1. 能进行对刀并确定相关坐标系 2. 能设置刀具参数	1. 对刀的方法 2. 坐标系的知识 3. 建立刀具参数表或文件的方法
	（四）程序调试与运行	1. 能够进行程序检验、单步执行、空运行并完成零件试切 2. 能够使用交换工作台	1. 程序调试的方法 2. 工作台交换的方法
	（五）刀具管理	1. 能够使用自动换刀装置 2. 能够在刀库中设置和选择刀具 3. 能够通过操作面板输入有关参数	1. 刀库的知识 2. 刀库的使用方法 3. 刀具信息的设置方法与刀具选择 4. 数控系统中加工参数的输入方法
四、零件加工	（一）平面加工	能够运用数控加工程序进行平面、垂直面、斜面、阶梯面等铣削加工，并达到如下要求： （1）尺寸公差等级达 IT7 级 （2）形位公差等级达 IT8 级 （3）表面粗糙度达 $Ra3.2\mu m$	1. 平面铣削的基本知识 2. 刀具端刃的切削特点
	（二）型腔加工	1. 能够运用数控加工程序进行直线、圆弧组成的平面轮廓零件铣削加工，并达到如下要求： （1）尺寸公差等级达 IT8 级 （2）形位公差等级达 IT8 级 （3）表面粗糙度达 $Ra3.2\mu m$ 2. 能够运用数控加工程序进行复杂零件的型腔加工，并达到如下要求： （1）尺寸公差等级达 IT8 级 （2）形位公差等级达 IT8 级 （3）表面粗糙度达 $Ra3.2\mu m$	1. 平面轮廓铣削的基本知识 2. 刀具侧刃的切削特点

职业功能	工作内容	技能要求	相关知识
四、零件加工	(三)曲面加工	能够运用数控加工程序铣削圆锥面、圆柱面等简单曲面,并达到如下要求: (1)尺寸公差等级达 IT8 级 (2)形位公差等级达 IT8 级 (3)表面粗糙度达 Ra3.2μm	1. 曲面铣削的基本知识 2. 球头刀具的切削特点
	(四)孔系加工	能够运用数控加工程序进行孔系加工,并达到如下要求: (1)尺寸公差等级达 IT7 级 (2)形位公差等级达 IT8 级 (3)表面粗糙度达 Ra3.2μm	麻花钻、扩孔钻、丝锥、镗刀及铰刀的加工方法
	(五)槽类加工	能够运用数控加工程序进行槽、键槽的加工,并达到如下要求: (1)尺寸公差等级达 IT8 级 (2)形位公差等级达 IT8 级 (3)表面粗糙度达 Ra3.2μm	槽、键槽的加工方法
	(六)精度检验	能够使用常用量具进行零件的精度检验	1. 常用量具的使用方法 2. 零件精度检验及测量方法
五、维护与故障诊断	(一)加工中心日常维护	能够根据说明书完成加工中心的定期及不定期维护保养,包括:机械、电、气、液压、数控系统检查和日常保养等	1. 加工中心说明书 2. 加工中心日常保养方法 3. 加工中心操作规程 4. 数控系统(进口、国产数控系统)说明书
	(二)加工中心故障诊断	1. 能读懂数控系统的报警信息 2. 能发现加工中心的一般故障	1. 数控系统的报警信息 2. 机床的故障诊断方法
	(三)机床精度检查	能进行机床水平的检查	1. 水平仪的使用方法 2. 机床垫铁的调整方法

3.2 高级

职业功能	工作内容	技能要求	相关知识
一、加工准备	(一)读图与绘图	1. 能够读懂装配图并拆画零件图 2. 能够测绘零件 3. 能够读懂加工中心主轴系统、进给系统的机构装配图	1. 根据装配图拆画零件图的方法 2. 零件的测绘方法 3. 加工中心主轴与进给系统基本构造知识
	(二)制定加工工艺	能编制箱体类零件的加工中心加工工艺文件	箱体类零件数控加工工艺文件的制订
	(三)零件定位与装夹	1. 能根据零件的装夹要求正确选择和使用组合夹具和专用夹具 2. 能选择和使用专用夹具装夹异型零件 3. 能分析并计算加工中心夹具的定位误差 4. 能够设计与自制装夹辅具(如轴套、定位件等)	1. 加工中心组合夹具和专用夹具的使用、调整方法 2. 专用夹具的使用方法 3. 夹具定位误差的分析与计算方法 4. 装夹辅具的设计与制造方法

续表

职业功能	工作内容	技能要求	相关知识
一、加工准备	（四）刀具准备	1. 能够选用专用工具 2. 能够根据难加工材料的特点，选择刀具的材料、结构和几何参数	1. 专用刀具的种类、用途、特点和刃磨方法 2. 切削难加工材料时的刀具材料和几何参数的确定方法
二、数控编程	（一）手工编程	1. 能够编制较复杂的二维轮廓铣削程序 2. 能够运用固定循环、子程序进行零件的加工程序编制 3. 能够运用变量编程	1. 较复杂二维节点的计算方法 2. 球、锥、台等几何体外轮廓节点计算 3. 固定循环和子程序的编程方法 4. 变量编程的规则和方法
	（二）计算机辅助编程	1. 能够利用 CAD/CAM 软件进行中等复杂程度的实体造型（含曲面造型） 2. 能够生成平面轮廓、平面区域、三维曲面、曲面轮廓、曲面区域、曲线的刀具轨迹 3. 能进行刀具参数的设定 4. 能进行加工参数的设置 5. 能确定刀具的切入切出位置与轨迹 6. 能够编辑刀具轨迹 7. 能够根据不同的数控系统生成 G 代码	1. 实体造型的方法 2. 曲面造型的方法 3. 刀具参数的设置方法 4. 刀具轨迹生成的方法 5. 各种材料切削用量的数据 6. 有关刀具切入切出的方法对加工质量影响的知识 7. 轨迹编辑的方法 8. 后置处理程序的设置和使用方法
	（三）数控加工仿真	能利用数控加工仿真软件实施加工过程仿真、加工代码检查与干涉检查	数控加工仿真软件的使用方法
三、加工中心操作	（一）程序调试与运行	能够在机床中断加工后正确恢复加工	加工中心的中断与恢复加工的方法
	（二）在线加工	能够使用在线加工功能，运行大型加工程序	加工中心的在线加工方法
四、零件加工	（一）平面加工	能够编制数控加工程序进行平面、垂直面、斜面、阶梯面等铣削加工，并达到如下要求： （1）尺寸公差等级达 IT7 级 （2）形位公差等级达 IT8 级 （3）表面粗糙度达 Ra3.2μm	平面铣削的加工方法
	（二）型腔加工	能够编制数控加工程序进行模具型腔加工，并达到如下要求： （1）尺寸公差等级达 IT8 级 （2）形位公差等级达 IT8 级 （3）表面粗糙度达 Ra3.2μm	模具型腔的加工方法
	（三）曲面加工	能够使用加工中心进行多轴铣削加工叶轮、叶片，并达到如下要求： （1）尺寸公差等级达 IT8 级 （2）形位公差等级达 IT8 级 （3）表面粗糙度达 Ra3.2μm	叶轮、叶片的加工方法
四、零件加工	（四）孔类加工	1. 能够编制数控加工程序相贯孔加工，并达到如下要求： （1）尺寸公差等级达 IT8 级 （2）形位公差等级达 IT8 级 （3）表面粗糙度达 Ra3.2μm 2. 能进行调头镗孔，并达到如下要求： （1）尺寸公差等级达 IT7 级	相贯孔加工、调头镗孔、刚性攻丝的方法

职业功能	工作内容	技能要求	相关知识
四、零件加工	(四)孔类加工	(2) 形位公差等级达 IT8 级 (3) 表面粗糙度达 $Ra3.2\mu m$ 3. 能够编制数控加工程序进行刚性攻丝,并达到如下要求: (1) 尺寸公差等级达 IT8 级 (2) 形位公差等级达 IT8 级 (3) 表面粗糙度达 $Ra3.2\mu m$	相贯孔加工、调头镗孔、刚性攻丝的方法
	(五)沟槽加工	1. 能够编制数控加工程序进行深槽、特形沟槽的加工,并达到如下要求: (1) 尺寸公差等级达 IT8 级 (2) 形位公差等级达 IT8 级 (3) 表面粗糙度达 $Ra3.2\mu m$ 2. 能够编制数控加工程序进行螺旋槽、柱面凸轮的铣削加工,并达到如下要求: (1) 尺寸公差等级达 IT8 级 (2) 形位公差等级达 IT8 级 (3) 表面粗糙度达 $Ra3.2\mu m$	深槽、特形沟槽、螺旋槽、柱面凸轮的加工方法
	(六)配合件加工	能够编制数控加工程序进行配合件加工,尺寸配合公差等级达 IT8	1. 配合件的加工方法 2. 尺寸链换算的方法
	(七)精度检验	1. 能对复杂、异形零件进行精度检验 2. 能够根据测量结果分析产生误差的原因 3. 能够通过修正刀具补偿值和修正程序来减少加工误差	1. 复杂、异形零件的精度检验方法 2. 产生加工误差的主要原因及其消除方法
五、维护与故障诊断	(一)日常维护	能完成加工中心的定期维护保养	加工中心的定期维护手册
	(二)故障诊断	能发现加工中心的一般机械故障	加工中心机械故障和排除方法 加工中心液压原理和常用液压元件
	(三)机床精度检验	能够进行机床几何精度和切削精度检验	机床几何精度和切削精度检验内容及方法

3.3 技师

职业功能	工作内容	技能要求	相关知识
一、加工准备	(一)读图与绘图	1. 能绘制普通工装装配图 2. 能读懂常用加工中心的机械原理图及装配图 3. 能够读懂加工中心自动换刀系统、旋转工作台分度机构的装配图 4. 能够读懂高速铣床/加工中心电主轴系统的装配图	1. 工装装配图的画法 2. 常用加工中心的机械原理图及装配图的画法 3. 加工中心换刀系统、旋转工作台分度机构的基本构造知识 4. 高速铣床/加工中心电主轴结构与功能的基本知识
	(二)制订加工工艺	1. 能编制高难度、高精度箱体类、支架类等复杂零件、易变形零件的数控加工工艺文件 2. 能对零件的数控加工工艺进行合理性分析,并提出改进建议 3. 能够确定高速加工的工艺文件	1. 精密与复杂零件的工艺分析方法 2. 数控加工工艺方案合理性的分析方法及改进措施 3. 高速加工的原理
	(三)零件定位与装夹	1. 能设计与制作高精度箱体类,叶片、螺旋桨等复杂零件的专用夹具 2. 能对加工中心夹具进行误差分析并提出改进建议	1. 专用夹具的设计与制造方法 2. 加工中心夹具的误差分析及消减方法

续表

职 业 功 能	工 作 内 容	技 能 要 求	相 关 知 识
一、加工准备	（四）刀具准备	1. 能够依据切削条件和刀具条件估算刀具的使用寿命，并设置相关参数 2. 能根据难加工材料合理选择刀具材料和切削参数 3. 能推广使用新知识、新技术、新工艺、新材料、新型刀具 4. 能进行刀具刀柄的优化使用，提高生产效率，降低成本 5. 能选择和使用适合高速切削的工具系统	1. 切削刀具的选用原则 2. 延长刀具寿命的方法 3. 刀具新材料、新技术知识 4. 刀具使用寿命的参数设定方法 5. 难切削材料的加工方法 6. 高速加工的工具系统知识
二、数控编程	（一）手工编程	能够根据零件与加工要求编制具有指导性的变量编程程序	变量编程的概念及其编制方法
	（二）计算机辅助编程	1. 能够利用计算机高级语言编制特殊曲线轮廓的铣削程序 2. 能够利用计算机 CAD/CAM 软件对复杂零件进行实体或曲线曲面造型 3. 能够编制复杂零件的三轴联动铣削程序 4. 能够编制四轴或五轴联动铣削程序	计算机高级语言知识 CAD/CAM 软件的使用方法 加工中心四轴、五轴联动的加工方法
	（三）数控加工仿真	能够利用数控加工仿真软件分析和优化数控加工程序	数控加工仿真软件的使用方法
三、加工中心操作	（一）程序调试与运行	能够操作立式、卧式加工中心以及高速铣床/加工中心	立式、卧式加工中心以及高速铣床/加工中心的操作方法
	（二）刀具信息与参数设置	能够针对机床现状调整数控系统相关参数	数控系统参数的调整方法
四、零件加工	（一）特殊材料加工	能够进行特殊材料零件的铣削加工，并达到如下要求： （1）尺寸公差等级达 IT8 级 （2）形位公差等级达 IT8 级 （3）表面粗糙度达 $Ra3.2\mu m$	特殊材料的材料学知识 特殊材料零件的铣削加工方法
	（二）箱体加工	能够进行复杂箱体类零件加工，并达到如下要求： （1）尺寸公差等级达 IT8 级 （2）形位公差等级达 IT8 级 （3）表面粗糙度达 $Ra3.2\mu m$	复杂箱体零件的加工方法
	（三）曲面加工	能够使用四轴以上铣床与加工中心进行对叶片、螺旋桨等复杂零件进行多轴铣削加工，并达到如下要求： （1）尺寸公差等级达 IT8 级 （2）形位公差等级达 IT8 级 （3）表面粗糙度达 $Ra3.2\mu m$	四轴以上铣床/加工中心的使用方法
	（四）孔系加工	能够进行多角度孔加工，并达到如下要求： （1）尺寸公差等级达 IT7 级 （2）形位公差等级达 IT8 级 （3）表面粗糙度达 $Ra3.2\mu m$	多角度孔的加工方法
	（五）精度检验	能够进行大型、精密零件的精度检验	精密量具的使用方法 精密零件的精度检验方法

职 业 功 能	工 作 内 容	技 能 要 求	相 关 知 识
五、维护与故障诊断	（一）加工中心日常维护	能借助字典阅读数控设备的主要外文信息	加工中心专业外文知识
	（二）加工中心故障诊断	能够分析和排除机械故障	加工中心常见故障诊断及排除方法
	（三）机床精度检验	能够进行机床定位精度、重复定位精度的检验	机床定位精度检验、重复定位精度检验的内容及方法
六、培训与管理	（一）操作指导	能指导本职业中级、高级进行实际操作	操作指导书的编制方法
	（二）理论培训	能对本职业中级、高级进行理论培训	培训教材的编写方法
	（三）质量管理	能在本职工作中认真贯彻各项质量标准	相关质量标准
	（四）生产管理	能协助部门领导进行生产计划、调度及人员的管理	生产管理基本知识
	（五）技术改造与创新	能够进行加工工艺、夹具、刀具的改进	数控加工工艺综合知识

4. 高级技师

职 业 功 能	工 作 内 容	技 能 要 求	相 关 知 识
一、工艺分析于设计	（一）读图与绘图	1. 能绘制复杂工装装配图 2. 能读懂常用加工中心高速铣床/加工中心的电气、液压原理图 3. 能够组织中级、高级、技师进行工装协同设计	1. 复杂工装设计方法 2. 常用加工中心电气、液压原理图的画法 3. 协同设计知识
	（二）制定加工工艺	1. 能对高难度、高精密零件的数控加工工艺方案进行合理性分析，提出改进意见并参与实施 2. 能够确定高速加工的工艺方案。 3. 能够确定细微加工的工艺方案	1. 复杂、精密零件机械加工工艺的系统知识 2. 高速加工机床的知识 3. 高速加工的工艺知识 4. 细微加工的工艺知识
	（三）零件定位与装夹	1. 能独立设计加工中心的复杂夹具 2. 能在四轴和五轴数控加工中对由夹具精度引起的零件加工误差进行分析，提出改进方案，并组织实施	1. 复杂加工中心夹具的设计及使用知识 2. 复杂夹具的误差分析及消减方法 3. 多轴数控加工的方法
	（四）刀具准备	1. 能根据零件要求设计专用刀具，并提出制造方法 2. 能系统地讲授各种切削刀具的特点和使用方法	1. 专用刀具的设计与制造知识 2. 切削刀具的特点和使用方法
二、零件加工	（一）异形零件加工	能解决高难度、异形零件加工的技术问题，并制订工艺措施	高难度零件的加工方法
	（二）精度检验	能够设计专用检具，检验高难度、异形零件	检具设计知识
三、机床维护与精度检验	（一）数控铣床维护	1. 能借助字典看懂数控设备的主要外文技术资料 2. 能够针对机床运行现状合理调整数控系统相关参数	数控铣床专业外文知识
	（二）机床精度检验	能够进行机床定位精度、重复定位精度的检验	机床定位精度、重复定位精度的检验和补偿方法

续表

职 业 功 能	工 作 内 容	技 能 要 求	相 关 知 识
	（三）数控设备网络化	能够借助网络设备和软件系统实现数控设备的网络化管理	数控设备网络接口及相关技术
四、培训与管理	（一）操作指导	能指导本职业中级、高级和技师进行实际操作	操作理论教学指导书的编写方法
	（二）理论培训	1. 能对本职业中级、高级和技师进行理论培训 2. 能系统地讲授各种切削刀具的特点和使用方法	1. 教学计划与大纲的编制方法 2. 切削刀具的特点和使用方法
	（三）质量管理	能应用全面质量管理知识，实现操作过程的质量分析与控制	质量分析与控制方法
	（四）技术改造与创新	能够组织实施技术改造和创新，并撰写相应的论文	科技论文的编写方法

5. 比重表

5.1 理论知识

项 目		中级（%）	高级（%）	技师（%）	高级技师（%）
基本要求	职业道德	5	5	5	5
	基础知识	20	20	15	15
相关知识	加工准备	15	15	25	—
	数控编程	20	20	10	—
	加工中心操作	5	5	5	—
	零件加工	30	30	20	15
	机床维护与精度检验	5	5	10	10
	培训与管理	—	—	10	15
	工艺分析与设计	—	—	—	40
合　　计		100	100	100	100

5.2 技能操作

项 目		中级（%）	高级（%）	技师（%）	高级技师（%）
机能要求	加工准备	10	10	10	—
	数控编程	30	30	30	—
	加工中心操作	5	5	5	—
	零件加工	50	50	45	45
	机床维护与精度检验	5	5	5	10
	培训与管理	—	—	5	10
	工艺分析与设计	—	—	—	35
合　　计		100	100	100	100

参考文献

［1］韩鸿鸾. 数控铣工、加工中心操作工（中级）[M]. 北京：机械工业出版社，2008.

［2］沈建峰 虞俊. 数控铣工、加工中心操作工（高级）[M]. 北京：机械工业出版社，2007.

［3］卜云峰. 加工中心操作工技能鉴定考核培训教程[M]. 北京：机械工业出版社，2006.

［4］机械工业技师考评培训教材编审委员会. 铣工技师培训教材[M]. 北京：机械工业出版社，2006.

［5］胡翔云. 数控加工实训指导书[M]. 武汉：武汉大学出版社，2009.

［6］田春霞. 数控加工工艺[M]. 北京：机械工业出版社，2006.

［7］周晓宏. 数控铣削工艺与技能训练[M]. 北京：机械工业出版社.2011.

［8］叶佰生，戴永清. 数控加工编程与操作（第二版）[M]. 华中科技大学出版社，2008.

［9］[美]彼得. 斯密得著，罗学科，陈勇刚，张从鹏译. 数控编程手册[M]. 北京：化学工业出版社，2012.

［10］张宁菊. 数控铣削编程与加工[M]. 北京：机械工业出版社，2010.

［11］《数控加工技师手册》编委会. 数控加工技师手册[M]. 北京：机械工业出版社，2007.

［12］黄华. 数控铣削编程与加工技术[M]. 北京：机械工业出版社，2011.

［13］胡翔云. 数控铣削工艺编程与加工[M]. 北京：电子工业出版社，2011.

［14］武汉华中数控股份有限公司[M].HNC-21M 数控系统编程说明书. 2010.

［15］北京发那科机电有限公司[M]. FANUC Series 0i MC 操作说明书. 2008.